卫星导航系列丛书

卫星导航定位工程

The Engineering of Satellite Navigation and Positioning

（第2版）

谭述森　编著

国防工業出版社

·北京·

图书在版编目(CIP)数据

卫星导航定位工程/谭述森编著.—2版.—北京:
国防工业出版社,2010.7
(卫星导航系列丛书)
ISBN 978-7-118-06711-8

Ⅰ.①卫... Ⅱ.①谭... Ⅲ.①卫星导航-全球
定位系统(GPS) Ⅳ.①TN967.1②P228.4

中国版本图书馆 CIP 数据核字(2010)第 121509 号

※

国防工业出版社出版发行
(北京市海淀区紫竹院南路23号 邮政编码100048)
北京嘉恒彩色印刷有限责任公司
新华书店经售
*
开本 700×1000 1/16 **印张** 17¾ **字数** 276 千字
2010年7月第2版第1次印刷 **印数** 1—5000册 **定价** 42.00元

国防书店:(010)68428422 发行邮购:(010)68414474
发行传真:(010)68411535 发行业务:(010)68472764

序

卫星导航系统已成为当今发达国家国防及经济基础的重要组成部分，是国家综合国力及科学技术发展水平的重要标志之一。自20世纪50年代人造地球卫星上天以来，最具有经济实力和空间技术水平的美国和苏联/俄罗斯先后建成了两代卫星导航系统。今天，GPS和GLONASS不但是导航史上的重大贡献，成为国防和国家兴旺发达最具影响力的因素，而且已步入人们的生活，成为方便交通、繁荣物流、丰富生活的工具。21世纪以来，以德国、法国、意大利为代表的欧盟，亚洲的日本、印度以及非洲的大国先后启动了卫星导航计划，形成了对空间导航资源的激烈竞争局面，以快速手段建成自己的导航系统，从而站在世界经济一体化的前列已成为共识。在卫星导航领域，世界各国的目标大体相同，但建设什么样的系统？如何建设卫星导航系统？各国有不同的答案。中国从20世纪90年代步入卫星导航领域以来，制定了适合中国国情的卫星导航发展计划和策略。希望在卫星导航理论、科学及工程实践方面能高瞻远瞩、勇于创新，也希望卫星导航知识迅速普及，让人们共同分享这一重大成果带来的喜悦。本书阐述了建设先进卫星导航系统的观点、理论及工程实践，可供卫星导航系统及应用科技人员参考。

前言

当代卫星导航系统已成为主要发达国家的重要基础设施。美国的全球定位系统（Global Positioning System，GPS）和俄罗斯的全球卫星无线电导航系统（Global Navigation Satellite System，GLONASS）均于20世纪90年代中期建成。这两大系统不但已成为重要军事装备，而且在全球导航定位、高精度时间传递、航天器测控等领域获得广泛应用。欧盟从20世纪末开始建设伽利略卫星导航系统。我国于20世纪90年代中期开始建设中国北斗卫星导航系统。由于不断增长的用户需求和各国国情的差异，当代卫星导航系统在工作体制、定位原理、集成功能、主要性能指标等方面向多样化、高需求发展。不但有工作在卫星无线电导航（RNSS）原理下的GPS、GLONASS，还有工作在无线电测定（RDSS）与RNSS集成方式下的中国北斗卫星导航系统。从单一的定位功能向导航、通信、识别高度集成方向发展。为了向卫星导航用户和科技人员介绍当代卫星导航系统技术和应用技术，从工程建设实际出发，编写了这本《卫星导航定位工程》（第2版）。

本书共分14章。第1章介绍了当代主要卫星导航系统的诞生，发展及未来计划。第2章～第6章介绍了工作在卫星无线电测定原理的卫星定位工程，内容包括业务类型、定位原理、系统工程设计、系统完好性与安全性、抗干扰与低暴露技术等，有助于读者了解中国卫星导航系统的起步与发展思路。从第7章～第12章，系统介绍了工作在RNSS原理下的卫星导航系统，帮助读者系统了解GPS、GLONASS等的定位测速原理、系统性能需求与总体设计、导航体制设计、运行控制系统设计、导航卫星及导航载荷设计、用户机设计；介绍了集RDSS与RNSS为一体的新型集成设计思路；提出了集导航、通信、识别为一体的发展方向。第13章通过对国外应用资料的编译，介绍了国外应用技术实例，包括惯性导航速度辅助、时域滤波抗干扰技术、调零天线抗干扰技术、卫星导航与惯导组合系统、美国在战术导弹防御系统拦截导弹上的应用技术、导弹投放与制导应用技术，通过上述内容的介绍可以帮助读者了解当代卫星导航应用水平。第14章为用户机测试技术，介绍了用户机模拟测试的基本方案。

在本书的编写过程中，得到各级部门和有关专家的关怀与支持。王刚研究员提供了静态用户相对运动的特性模拟计算结果，航天科技集团提供了 GLONASS 译文资料，陈向东博士、赵文军高工、张爱勇、莫中秋、瞿稳科、沈菲、杨华、魏刚、李艳艳、焦诚、朱伟刚、赵静、侯莉、闫建华、罗可可等为文稿录入、打印、插图绘制付出了辛勤劳动。许其凤院士和谢有才研究员对本书进行了认真的审改，并提出了宝贵的修改意见。在此，一并表示衷心感谢。

由于编写者水平和工程经验有限，书中错误在所难免，敬请广大读者指正。

作者

目 录

第1章 概 述

卫星导航定位是卫星无线电导航定位的简称。利用卫星发射的无线电信号确定用户的位置矢量$\boldsymbol{R} = (X,Y,Z,\dot{X},\dot{Y},\dot{Z},T)$的方法称为卫星无线电导航定位技术。$(X,Y,Z)$为用户在地固坐标系中的位置坐标,$(\dot{X},\dot{Y},\dot{Z})$为用户的速度分量,$T$为用户处于$(X,Y,Z)$坐标的时刻。实现卫星无线电导航定位目标的卫星、地面运行控制系统和应用系统三大部分组成卫星导航定位系统。

20 世纪 60 年代相继由美国、苏联建成的子午仪(Transit)和圣卡达只能获得用户在静态条件下的位置坐标(X,Y,Z),如果获得运动过程中的位置坐标,必须已知船舶的运动速度。由美国和俄罗斯建成的第二代卫星导航定位系统——GPS 和 GLONASS,可以为包括地球上或近地空间任一点上的航天、航空、航海及地面用户连续实现非应答式高精度定时、空间三维定位及运动速度测量。与第一代卫星导航系统相比,在系统的称呼、定位原理、定位方法等方面都有相当大的差异。中国的第一代卫星导航定位系统利用了与上述完全不相同的定位原理。由用户以外的地面控制系统完成用户定位所需的无线电导航参数的确定和位置计算,称为卫星无线电测定业务,英文全称为 Radio-Determination Satellite Service(RDSS)。RDSS 与现代卫星导航技术相结合,构成了集导航、通信、识别为一体的多功能航天应用系统。

在本书的相应章节,将只能确定用户位置坐标的系统称为卫星定位系统。能完整确定用户位置矢量的系统称为卫星导航系统,英文全称为 Radio Navigation Satellite System(RNSS)。

1.1 历史资料

在俄罗斯 B·H·哈里可夫等编辑、B·阿波金等撰写的《全球卫星无线电导航系统》中,B·Q·纳尔托布认为:第一个利用人造地球卫星进行导航的科学设想诞生在 1957 年 10 月 4 日苏联第一颗人造卫星发射之前。在 1955 年—1957 年间,列宁格勒马让斯基空军工程科学学院在谢布萨维奇教授的领导下,进行了用无线电天文学方法实现飞机领航的可行性研究。研究资料在1957年10月发表于各部门间的讨论会和研讨班中。

在列宁格勒马让斯基空军工程科学院、苏联科学院理论天文研究所、苏联科学院电动机械研究所及有关院所完成的有关“卫星”的课题研究中(1958年—1959年),低轨道卫星无线电导航系统的科学基础取得了实质性进展。一些专家不仅在分析力学与轨道计算等方面取得了进展,并将注意力集中到提高导航定位的精度,保证使用的全球性、全天候性上面。上述工作的结果,使苏联于1963年转向了第一个低轨道系统的工程研制。并命名为“圣卡达”(Цикада),有的翻译为“蝉”。并于1967年11月27日发射了第一颗导航卫星——“宇宙”-192(Космос-192)。卫星及运载火箭由克拉斯纳亚尔斯克(Красноqрский)的应用力学科研生产联合体研制。导航卫星采用150MHz和400MHz频率发射导航信号。这颗卫星的定位均方根误差为250m ~300m。

1979年交付使用的第一代圣卡达导航系统由4颗导航卫星组成,位于高度在1000km的圆轨道上,倾角83°,轨道面沿赤道均匀分布。它允许用户平均每1.5h ~ 2h与其中一颗导航卫星进行一次无线电联系,并在5min ~ 6min的一次观测中确定自己的位置坐标。

在实验中发现,导航的主要误差来自于卫星广播的星历误差。卫星星历由地面综合控制设施测定并注入卫星。努力提高星历精度是提高定位精度的关键,因为电离层传播时延误差已有双频无线电导航信号予以削弱。在“宇宙”-842和“宇宙”-911上所进行的大地测量工作和地球物理研究工作的成果,促进了卫星导航的发展。将星历昼夜的预报精度提高到70m ~ 80m,船舶的定位精度提高到80m ~ 100m,在用户设备的研制方面,成功研制了“史胡娜”和“切恩”。其中,“切恩”还可为美国的子午仪无线电导航系统提供校正。

在后来的“圣卡达”卫星上还装备了用于发现灾祸目标的测量接收机。灾祸目标上装备了专门的无线电信标,它们可以发射频率在121MHz ~ 406MHz的灾难信号。这些信号被“圣卡达”卫星接收后,传输到专门的地面站。在那里计算出发生灾祸的目标(船、飞机等)的准确位置坐标。

装备了灾祸发现设备的“圣卡达”卫星组成了“卡司帕司”(Коспас)系统。它和美国—法国—加拿大的“萨尔撒特”(Сарсат)系统共同形成了统一的发现灾祸的救助系统。

低轨道卫星导航系统的成功,吸引了包括航空、陆上车辆、海洋、飞船在内的用户的广泛关注,由于上述系统难以满足用户需求,于是开展了高度为20000km的卫星导航系统的研究,这就是GLONASS的诞生和发展史。

与此同时,美国在1958年建造第一代“水下导弹”巴列里斯时,建立了子午仪导航系统,于1964年服役。

GPS联合办公室首次负责人帕金森撰写的“卫星导航历史”[1,17]文章中介绍,自1957年10月4日苏联第一颗人造卫星上天,在约翰霍普金斯大学应用物理研究所的弗兰克T·麦柯卢尔利用了乔治C·韦范巴赫和威廉H·吉尔发现的多普勒效应,发明了第一个卫星导航系统。他们仔细地测量了由星载发射机与旋转地球上固定接收机间相对运动而产生的多普勒频移,通过对多普勒曲线的分析,就能相当准确地测定人造地球卫星的轨道,而麦克卢尔的概念就是让在轨卫星发射稳定的频率信号,地面固定接收机首先测出多普勒频率,为卫星精确定轨。而需要导航的用户测量多普勒频移,利用精确的轨道参数确定自己的位置,达到导航定位的目的。而且,卫星轨道参数是利用测量卫星发射的信号传播的,子午仪的卫星轨道高度为1075km,轨道周期167min,由6颗卫星组成的轨道犹如一个笼子,交点在两极的上空。同样采用150MHz和400MHz两个频率发射无线电导航信号。1960年发射第一个子午仪卫星,1963年系统建设成功,1967年向民用开放。与苏联的“圣卡达”相比,先于12年投入使用。子午仪的名声和效率超过了“圣卡达”。截止1996年子午仪正式退役,连续为美国海军和民用用户服务了33年。

中国卫星导航系统的研究虽然在20世纪60年代末有过研制一个类似于“子午仪”的计划,直到1983年初才开始酝酿利用地球静止轨道卫星进行导航定位的技术方案,首先由中国学者陈芳允院士,提出了利用两颗地球静止轨道卫星测定用户位置的卫星无线电定位系统的概念,可见差距和难度之大。与此同时,美国PRINLETON大学物理学教授Gerard K. o’Neill博士进行了同样的研究,并于1985年7月,美国联邦通信委员会(FCC)以导航和个人通信为目标,命名为卫星无线电测定业务,英文全称为Radio Determination Satellite Service(RDSS),1986年6月,FCC批准了这个标准,并得到国际电信联盟(ITU)的认可。中国的卫星导航在RDSS基础上起步,这种导航系统的特点是,由用户以外的中心控制系统,通过用户对卫星信号的询问、应答获得距离观测量,由中心控制系统计算用户的位置坐标,并将此信息传送给用户。这种具有定位和个人通信功能的系统,有效地将导航定位与通信相结合。在中国卫星导航起步的关键时刻,特别值得记忆的重要人物除以陈芳允院士为代表的科研工程专家外,还有时任国防科工委副主任的沈荣骏,参与军事测绘和航天技术部门领导的卜庆君、艾长春等,他们在推动卫星导航的迫切性和经济可行性的结合上发挥了重要作用。1994年“双星导航定位系统”立项,2000年10月31日、12月21日成功发射了两颗北斗导航卫星,建成了中国第一代卫星导航定位系统,2003年5月25日发射了第三颗北斗导航卫星,使系统进入稳定运行阶段。

在经历了第一代卫星导航系统研制与应用以后,各国在不同的条件下,开始了第二代卫星导航系统的研制与建设,ITU成员国于1979年召开WRC-79大会规定了卫星无线电导航频率,形成了完整的卫星导航概念。获得在世界无线电通信会议(WRC)的认可。世界各国发展无线电导航系统的基本路线是:(1)采用约20000km高度的中高地球轨道(MEO)卫星组成全球导航星座,以地球静止轨道(GEO)卫星为区域增强卫星,实现区域增强能力;(2)采用两个以上的L频段导航频率信号,实现电离层传播时延的精确校正;(3)以高精度卫星钟控制下的导航信号为测量对象,用户通过对至少4颗卫星的伪距测量和伪距变化率的测量完成用户位置坐标和运动速度的确定。

1.2　GPS进展和未来计划

1973年美国国防部正式批准了GPS方案,命名为NAVSTAR Global Positioning System[28]。其目的是:(1)用于精确武器投放;(2)提供统一的导航定位,扭转军用导航种类激增的局面。星座方案为:卫星总数24颗,分布在3个圆形轨道平面上,每个轨道平面为8颗,倾角63°,轨道平面等间隔沿赤道分布,轨道高度为10980 n mile。这样的轨道高度为半同步轨道,可产生重复地迹。在美国大陆设置上行注入站的大型天线能按计划指向完成对卫星的注入,并安全可靠。3个轨道平面的选择,不但有良好的覆盖特性,且便于备份星的分布,每个轨道平面一颗备份星,亦能完成故障星的良好备份。这个星座可使用户在任何时间、地点均有6颗~11颗可观测卫星。

每颗卫星发射两个L频段的无线电导航信号,L_1为1575.42MHz,L_2为1227.6MHz,L_1调制两路正交的扩频码信号,I支路为C/A码,称为粗码或捕获码,码速率为1.023Mb/s,用于民用导航;Q支路为精密测距码,即P码,码速率为10.23Mb/s,授权用户使用。L_2只调制P码,仅供授权用户使用。在工程实施过程中,由于对GPS前景的担扰,经费必然会成为其制约因素。为了保障设在尤马试验场的有效试验,将有限的试验卫星,集中体现在试验区域上,改3个轨道平面为6个轨道平面。每平面为4颗星。虽然对试验起到了良好作用,但为正式星座布设造成了困难。为了既不造成卫星数量的浪费,又不形成覆盖的空白,目前仍然维持6个轨道平面。但GPS现代化计划仍推荐3个轨道平面方案,且在L_2上增加新的民用导航信号L_{2C}。计划2015年提供第3个民用信号L_5,频率为1176.45MHz;2013年—2021年提供第4个民用信号L_{1C},频率为1575.42MHz的BOC调制导航信号。

从1973年批准的方案来看,GPS以军用为主要目标。GPS可以有两个导航频率,用于电离层传播延迟的校正,而民用仅有L_1导航频率。为了满足民用需求,在L_1导航电文中提供了电离层校正参数。在模型的支持下,利用这些电离层校正参数,可完成70%的电离层传播误差的校正。所以,民用用户只能达到几十米级的定位精度。在美国政府早先的政策中，只允许对民用用户提供100m(95%)的定位精度，曾在民用导航信号上增加了降低精度的SA措施。由于民用的需求日益增长，于是出现了各种差分导航定位技术，可以将精度提高至米级。美国联邦航空局(FCC)提供的广域增强系统(WAAS)方案是典型的代表。于是，2000年美国总统发布了取消降低精度的SA政策，使民用精度提高到25m。为了进一步拓展民用市场，积极主张提供民用导航频率，决定在L_2上也调制民用信号，实行I/Q复用的QPSK调制方式。但这种方案，军民用户仍然在同一频率上复用，为导航战的施展带来了困难。于是，美国政府率先提出使用L_5频率，即1176.45MHz为工作频率，在ITU注册了该导航频率。当后继的中国及欧洲等国在2000年世界无线电大会(WRC－2000)提出将卫星无线电导航频率扩展至1164MHz～1215MHz的建议时，又遭到美国的拒绝，只同意将该频段扩展至1188MHz～1215MHz，理由是GPS已占有(1176.45±12)MHz频段。无奈，国际无线电大会只能同意该建议。现在GPS实际占有了(1575.42±12)MHz、(1227.6±12)MHz和(1176.45±12)MHz 3个频段，尽管导航频率如此丰富，仍然难以开展有效的导航战，尤其是军用信号在战区增强不可避免地会影响民用，而战区民用信号的干扰也将影响军用。于是出现了BOC调制方式，利用空间谱频分割，增加导航频率的复用。当然，理想的解决方案是军民用户各有两个独立的导航频率，对民用是较为有利的。但是，目前的频率资源如此紧张，在L频段寻找另外的频率资源已相当困难。

GPS另一个变化较大的技术问题是军用P码的加密。初始阶段为P码的精密测距码，具有较高的保密性能。为了提高防盗用的难度，经加扰码后变为Y码，而后又独立为M码。

GPS的最新进展是不断在原有轨道和频率资源上提高GPS导航性能，而主要是提高导航战性能，比如采用军码战区功率增强措施，加强对民用码的控制能力等。在BLOCK－IIR卫星上增加了时间保持系统(TKS)和自主导航(Auto－NAV)能力。具有180天的自主工作能力，而不需要地面系统的干预。自主导航能力是通过UHF星间链路进行测距和信息交换，星上自主更新星历并完成星钟校正。使用高稳定性的铯原子钟、铷原子钟维持时间系统。还具有卫星空间程序可改编性能，即工作的飞行软件可根据地面指令进行全新编程。在冷启动后，处理器就会执行存在PROM(可编程只读存储器)内的程序，然后该程序通过了波束上行链路保持工作程序。

2020年GPS的基本目标是：(1)实现导航信号对植被和陆地表面的穿透能力；(2)定位精度(SEP)达1m；(3)通过广域差分实现着陆系统的全盲降能力；(4)定时精度提高到1ns；(5)具有优良的导航战性能，至少在战场区域可使导航信号增强30dB(1000倍)；(6)导航信号全自动预警。

1.3 GLONASS 进展和未来计划

俄罗斯的卫星无线电全球导航系统——GLONASS 基于成功的苏联低轨系统"圣卡达",起步于20世纪70年代,提高了轨道预报精度及空间原子钟的长期稳定性,对流层和电离层传播时延修正精度和数字信号处理技术。研究目标是为地球上或近地空间任一点上的航天、航空及地面用户提供连续和高精度定时、空间(三维)定位以及运动速度矢量。GLONASS 也由三部分组成:(1) 卫星系统,由在3个轨道平面上的24颗卫星组成;(2) 监视控制系统,由地面监测站和控制站组成;(3) 用户设备。

同GPS一样,GLONASS导航定位由用户设备完成无询问的伪距和伪距变化率测量,自主进行位置和速度解算。为典型 RNSS 定位体制。

第一颗非动态用户使用的"圣卡达" 卫星在 1967 年发射入轨一年后,论证了建立满足地面、海上、空中及空间用户高精度要求的无线电导航系统的合理性和可行性。1982 年 10 月 12 日发射了第一颗 GLONASS 卫星,即 KOCMOC 1413,至 1995 年共发射了65颗卫星。1995 年12 月 14 日,俄罗斯一箭三星发射成功,将 GLONASS 星座布满,总卫星数超过 24 颗。1996 年 1 月 18 日宣布 GLONASS 建成。俄罗斯政府批准了在 ICAO 第十届航空导航会议上所做的建议。该建议提出向世界航空用户提供 GLONASS 标准精度通道,并保证定位精度满足表 1-1 所列要求。从第一颗 GLONASS 卫星发射成功,到系统建成共发射了 73 颗 GLONASS 卫星,其中 67 颗成功。由于卫星寿命短和组网周期长的矛盾,持续发射卫星周期达 12 年之久。GLONASS 承诺不使用任何降低精度的方法。

表 1-1 GLONASS 精度特性

参数	测量精度	
	GPS(P = 0.95)	GLONASS(P = 0.997)
水平面/m	100(72/18)(C/A 码) 300(P = 0.9999)(C/A 码) 18(P 码.Y 码.)	60(CT 码) (39)
垂直面/m	< 200 (C/A 码) 20 (P 码.Y 码.)	75(CT 码) (39)
速度/(cm/s)	< 200 (C/A 码) 20 (P 码.Y 码.)	15(CT 码)
加速度/(cm/s^2)	8 (C/A 码) < 19 (C/A 码)	—
时间/μs	0.34 (C/A 码) 0.18 (C/A 码)	1(CT 码)

GLONASS 卫星寿命不低于3年。2000年后计划发射的卫星寿命为5年。

GLONASS 采用了频分(FDMA)识别体制,每颗卫星使用一个固定的频带宽度。其设计是出于提高抗人为干扰的能力,但由于每颗卫星的频率间隔不大,仅0.5625MHz,对于现代宽带干扰的抵御能力非常有限,反而增加了接收机的设计负担,要为每颗卫星提供不同的基准频率;由于 GLONASS L_1 频率使用了射电天文的工作频段,世界无线电大会建议更改,又为 GLONASS 卫星的频率设计增加了困难,只有用两颗与地球相对应卫星使用同一个频率的办法才能解决,无疑为低仰角卫星识别造成了困难。FDMA 是否适合导航系统?持否定态度的多。欧洲的伽利略系统仍然采用 CDMA 体制。表1-2列出了 GLONASS 频率分配。

表1-2 GLONASS 频率分配

通道	频率/MHz		通道	频率/MHz	
编号	L_1	L_2	编号	L_1	L_2
00	1602.0	1246.0	13	1609.3125	1251.6875
01	1602.5625	1246.4375	14	1609.875	1252.125
02	1603.125	1246.875	15	1610.4375	1252.5625
03	1603.6825	1247.3125	16	1611.0	1253.0
04	1604.25	1247.75	17	1614.5625	1253.4375
05	1604.8125	1248.1875	18	1612.125	1253.875
06	1605.325	1248.625	19	1612.6875	1254.3125
07	1605.9325	1249.0625	20	1613.25	1254.75
08	1606.5	1249.5	21	1613.8125	1255.1875
09	1607.0625	1249.9375	22	1614.375	1255.625
10	1607.625	1250.375	23	1614.9375	1256.0625
11	1608.1875	1250.8125	24	1615.5	1256.5
12	1608.75	1251.25			

1987年 WRC-87、1992年 WRC-92决议将1610MHz ~ 1626MHz 分配了卫星移动 MSS 地面至空间服务。GLONASS 在1998年前给射电天文让出1610.6MHz ~1613.8MHz 频率。因此1998年—2005年,GLONASS 卫星只使用0~12通道(1602.0MHz ~ 1608.25MHz,1246.0MHz ~ 1251.25MHz)。作为例外,才利用13通道。2005年以后,GLONASS-M 卫星将发射$K = -7 \sim 4$的通道频率,其高

端频率为1604.25MHz + 5.11MHz = 1609.36MHz。同时,GLONASS - M卫星将为民用用户辐射L_1和L_2两个频率的导航信号。其中L_2民用用户的辐射功率为12W。沿指向地面的卫星轴线方向的天线增益为8.8dB。相应此轴的对应角度±15°为11dB,±19°为9dB。L_2上的民用测距码与L_1一样为最大长度伪随机序列,多项式为$1 + x^5 + x^7$,周期1m,伪码速率为5.11Mb/s。并在电文中补充表征L_1与L_2频率卫星时延设备之差$\Delta\tau_n$。当L_2滞后L_1信号时,$\Delta\tau_n > 0$;L_2超前L_1时,$\Delta\tau_n < 0$,误差$\delta_{\tau_n} < 2 \times 10^{-9}$s。

在GLONASS - M卫星的导航电文中除$\Delta\tau_n$外,还引入n个提高用户定位可靠性的参数。

GLONASS卫星在导航电文中传送表征系统主钟时标相对UTC(SU)时标之差τ_c,卫星测距码相位以系统主钟为标准,而UTC(SU)为俄罗斯时间频率标准,导航卫星的星历用UTC(SU)计算。

为和天文时间相适应,UTC(SU)时标可以每年修正1次或2次。每次修正1s。修正可以在12月31日至1月1日、3月31日至4月1日、6月30日至7月1日、9月30日至10月1日的零时进行。

在GLONASS - M卫星的导航电文中引入UTC(SU)时标的修正特征:

10:暂未决定进行时间修正

00:将不修正

01:将修正 +1s

11:将修正 -1s

在准备对UTC(SU)时标进行修正的情况下,应在修正前不少于2个月将此信息引入导航电文中。

在导航电文中也准备引入卫星改型的特征:

00:GLONASS卫星

01:GLONASS - M卫星

在GLONASS - M卫星中计划传送GPS与GLONSS时标之差$\tau_{GPS-GLN}$,测距码的相位以GPS和GLONASS时标为准。此参数传送的最大数值范围为$\pm 1.9 \times 10^{-3}$s。

GLONASS将致力于提高卫星钟的长期稳定度,GLONASS - M卫星上将安装新型铯钟,将当前最大昼夜不稳定度5×10^{-13}s提高到1×10^{-13}s。

GLONASS - M卫星上将采用两种措施提高可靠性和完好性。

第一种方法:在卫星上不断进行基本功能的自主监测。在发现有影响导航信号质量现象时,在下行导航电文中自动接入标志Bn,表示本颗卫星不能用于导航。

第二种方法:由地面控制系统组成监测网,对导航信号实施检测。当发现导航信号出现影响定位质量偏差时,在导航电文中引入标志Cn,表示本颗卫星不能用于导航。

1.4 中国卫星导航系统进展和未来

中国卫星导航系统以 RDSS 模式为起步点,虽然在连续、自主导航方面存在弱点,但它孕育着一个先进的因子——导航与通信的集成。从 2000 年完成第一代北斗导航定位系统的建设以来,已完成了将 RDSS 与 RNSS 的完整集成的论证与飞行试验。未来的北斗导航系统,在区域导航系统内,用户可选择定位模式、位置报告模式和导航信息交换模式,实现对用户的识别与跟踪监视。

北斗导航系统将为民用用户提供两个频率的导航信号,以用于电离层校正。同时,还提供单频用户电离层传播延迟校正的校正参数,有格网表示的和以模型表示的两种校正参数。其中电离层模型参数为 8 个,α_n、β_n 各 8b 共 64b,见表 1-3。

表 1-3 北斗导航系统电离层校正参数

电离层参数			
参数	位数	量化单位	单位
α_0	8^1	2^{-30}	s
α_1	8^1	2^{-27}	s/π
α_2	8^1	2^{-24}	s/(π)^2
α_3	8^1	2^{-24}	s/(π)^3
β_0	8^1	2^{11}	s
β_1	8^1	2^{16}	s/π
β_2	8^1	2^{16}	s/(π)^2
β_3	8^1	2^{16}	s/(π)^3
注:标有"1" 的参数是 2 的补码,最高有效位(MSB) 是符号位			

卫星广播自检测完好性标志和地面检测的完好性信息,以提高定位的可靠性与完好性。

为满足多系统兼容需求,相继广播与 GPS、GLONASS、伽利略系统时间转换参数(表1-4、表1-5),卫星完好性和精密定位钟差校正参数与卫星位置校正参数见表1-6。

电离层参数误差标记信息排列见表1-7。

表 1-4 北斗时与 GPS 时转换参数

参数	位数	单位
A_0GPS	14[1]	0.1ns
A_1GPS	16[1]	0.1ns/s

注：标有“1”的参数是 2 的补码，最高有效位(MSB) 是符号位。

转换公式：

$$t_{GPS} = (t_E - \Delta t_{GPS})$$

其中

$$\Delta t_{GPS} = A_{0GPS} + A_{1GPS} \times t_E$$

t_E 为用户计算的北斗 BDT

表 1-5 北斗时与 Galileo 时转换参数

参数	位数	单位
A_0Galileo	14[1]	0.1ns
A_1Galileo	16[1]	0.1ns/s

注：标有“1”的参数是 2 的补码，最高有效位(MSB) 是符号位。

转换公式：

$$t_{Galileo} = t_E - \Delta t_{Galileo}$$

其中

$$\Delta t_{Galileo} = A_{0Galileo} + A_{1Galileo} \times t_E$$

t_E 为用户计算的北斗 BDT

表 1-6 GPS 卫星钟差、星历改正参数及误差信息

参数	T	PRN	Δx	Δy	Δz	A_0	A_1	$\Delta\dot{x}$	$\Delta\dot{y}$	$\Delta\dot{z}$	EPREI	ZOD
比较	9	6	11	11	11	13	8	8	8	8	4	8

注：T 为该组参数对应的时间，用当天的整分表示，单位为 3min。

PRN 为 GPS 卫星号。

Δx、Δy、Δz 为该卫星的广播星历改正数，单位为 0.25m。

$\Delta\dot{x}$、$\Delta\dot{y}$、$\Delta\dot{z}$ 为 Δx、Δy、Δz 的变化率，单位为 0.0025m/s。

A_0、A_1 为卫星钟差慢变改正，A_0 为钟偏，单位为 0.5ns；A_1 为钟速，单位为 0.005ns/s。钟差改正是相对于 GPS 导航电文中的卫星钟差改正，用户计算时要加上导航电文的广播值。

ZOD 为数据发布日期。

EPREI 为卫星星历改正数的等效距离误差状态参数指针(略)

北斗导航系统的时间同步和卫星轨道确定，考虑了仅在本国设站完成上述任务的独特方法，尤其为区域高精度导航定位创造了条件。

北斗导航系统是一个独立的卫星导航系统，具有与先进卫星导航系统兼容应用的突出优点，将成为国际全球卫星导航系统(GNSS) 的组成部分。

表1-7 电离层参数误差标记信息排列

参数	IGP	$\Delta\tau_i$	GIVE1
比较	8	9	4

注:IGP为网格点编号。
$\Delta\tau_i$ 为网格点的电离层垂直延迟,用距离表示系统为0.125m。
GIVE1为该网格点的电离层垂直延迟改正数误差标记

1.5 伽利略卫星导航系统

伽利略卫星导航系统计划已久,直到2005年3月正式获悉采用(27 +3)MEO星座,不采用GEO卫星星座,并正式向频率协商国公布了具体频率计划。2005年12月28日发射了第一颗导航试验卫星Giove A,2006年发射Giove B另一颗试验卫星。后来,Giove B试验卫星并未发射,2011年前再发射2颗卫星,采用至少4颗工作星的模式进行在轨试验,然后发射其余26颗卫星,组成全星座状态。

伽利略测控采用S频段,上行注入为L频段1300MHz ~ 1350MHz。信号监测为C频段5000MHz ~ 5010MHz。

本书分别介绍了RDSS和RNSS两种系统的定位原理,服务性能、导航体制、系统组成及工程设计;从21世纪信息社会的需求出发,提出了集导航与通信为一体的集成概念;讨论了如何应用已建成的卫星导航系统的方案设想。

第2章　卫星定位工程概念与应用前景

2.1　卫星定位业务

服务于用户位置确定的卫星无线电业务有两种方式，一种是众所周知的卫星无线电导航业务，即 RNSS。由用户根据接收到的卫星无线电导航信号，自主完成定位和航速及航行参数计算，可称为卫星导航工程。

另一种是卫星无线电测定业务，即 RDSS。用户的位置确定，无法由用户独立完成，必须由外部系统进行距离测量和位置计算，再通过同一系统通知用户。这种方式不便于提供用户运动速度，所以难以提供人们所需的多种导航参数，如速度、偏航差、到达目的地的预测时间等，而是以提供用户位置信息为主。当 RDSS 概念扩展为广义含义时，在高精度准实时定位领域有很好的应用前景。研究这种卫星定位服务的工程设计与设备制造工程可称为卫星定位工程。其主要特点是可以在定位的同时完成位置报告，卫星定位工程与卫星导航工程的性能见表2－1。

表2－1　卫星定位工程与卫星导航工程比较

性能＼名称	卫星定位工程(RDSS)	卫星导航工程(RNSS)
原理	由用户机以外系统确定用户位置	用户机自主完成位置、速度测定
可用卫星星座	地球静止轨道(GEO) 卫星星座	地球静止轨道(GEO) 卫星星座，中圆轨道(MEO) 卫星星座，地球倾斜同步轨道(IGSO) 卫星星座
服务业务	定位，授时，位置报告，通信	定位，测速，授时
用户发射响应信号	需要	不需要
观测量	用户经卫星至中心控制系统距离和	星地伪距，多普勒测量值
卫星载荷复杂性	较简单	复杂

（续）

名称 / 性能	卫星定位工程(RDSS)	卫星导航工程(RNSS)
覆盖特性	区域＋区域＋……	区域,全球一体化设计
用户动态适应性	中、低动态用户单次服务	低、中、高动态连续服务
应用范围	定位,位置报告,通信,救援	导航,武器制导

2.2　业务类型与频率分配

卫星定位工程采用两颗地球静止轨道卫星实现对各种移动载体或固定载体的精确定位。也可方便地实现用户双向数据通信和精密时间同步,根据国际电信联盟卫星无线电业务划分方法,卫星定位工程可运行 RDSS 和卫星移动业务(Mobile Satellite Service,MSS)。对于馈送链路还可运行固定卫星业务。安排 RDSS 的无线电频谱范围始终是一个十分困难的任务,适合于移动用户定位的频率范围,其业务十分拥挤。RDSS 的业务重要性关系到生命救援,L、S 频段是首选频段。RDSS 频谱与 MSS 频谱争夺十分激烈。1985 年在 O'Neill 创建的 Geostar"三星"商业概念基础上,美国联邦通信委员会正式认定了基于扩展频谱码分多址调制的 RDSS 技术标准,并授权 3 个公司开始建立 RDSS 系统。表 2－2 ～ 表 2－4 分别介绍了官方对 RDSS 频谱的再分配表[2]。

表 2－2　美国 1618MHz 的频谱管理表①

政府频率分配/MHz	非政府频率分配/MHz
1610 ～ 1626.5 航空无线电导航	1610 ～ 1626.5 航空无线电导航
①1610MHz ～ 1626.5MHz 频率同时分配给卫星无线电测定业务地对空方向	

表 2－3　美国 2492MHz 的频谱管理表①

政府频率分配/MHz	非政府频率分配/MHz	联邦通信委员会使用指定者	
		规划部分	未用频率/MHz
2450 ～ 2483.5	2450 ～ 2483.5 固定的移动无线电定位	辅助广播(74) 私人经营—固定的(94) 私人经营—移动的(90)	2450 ± 50 工业的、科学的和医疗的频率
2483.5 ～ 2500	2483.5 ～ 2500 卫星无线电测定(空对地)	卫星通信(25)	
① 在主要用作卫星无线电测定业务的基础上,持有 1985 年 7 月 25 日许可证的辅助广播业务和私人无线电站可以继续运行			

表 2－4　美国 5100MHz 频谱管理表①

政府频率分配 /MHz	非政府频率分配 /MHz	联邦通信委员会使用指定者	
		规划部分	专用频率 /MHz
5000 ~ 5250 航空无线电导航	5000 ~ 5250 航空无线电导航	航空(87)	

①5117MHz ~ 5183MHz 频带分配给固定的卫星业务进行空对地传输，此业务与运行于 1610MHz ~1626.5MHz 和2483.5MHz ~ 2500MHz 频带的卫星无线电测定业务相连用。所有到达地球表面的总功率通量密度不得超过 －159dBW/(m^2 · 4kHz)

在美国联邦委员会的安排下，找到了认定 RDSS 业务的途径，但与国际无线电频率分配是不一致的。于是，开始了在国际电信联盟争取频率分配的努力。经过同国际电信联盟(ITU)、国际无线电咨询委员会(CCIR)、国际海事组织(IMO)、国际民用航空组织(ICAO)的协调，争取被列入 1987 年 10 月在日内瓦召开的 WARC MOB －87 会议议程。在大会召开之前的 1985 年 7 月 ITU 的行政委员会正式决定将 RDSS 频率分配列入大会议程。并在 1986 年初，CCIR 工作组会议上一些国家为 RDSS 制定了意见一致的标准，1987 年 RDSS 频谱获得认定。

RDSS 使用频段为：

中心站至卫星	6525MHz ~ 6541.5MHz
卫星至中心站	5150MHz ~ 5200MHz
卫星至用户	2483.5MHz ~ 2500MHz
用户至卫星	1610MHz ~ 1626.5MHz

由于两个原因导致 RDSS 使用的 S、L 频段发生重新分配，一是美国经营 RDSS 业务的 GeoStar 公司因经营不善而破产；二是在世界范围内发展同步轨道卫星大区域覆盖通信网的共同呼声，为降低用户终端费用，1992 年 2 月至 3 月，负责分配专用频段的世界无线电行政大会 WARC －92 在西班牙 Torremolinos 召开，移动卫星业务再一次分配 L 频段 1610MHz ~ 1626.5MHz(地对空)和 S 频段 2483.5MHz ~ 2500MHz(空对地)为全球主用业务，而 RDSS 被列入次要业务。由于中国政府的努力，在第三区的中国及其 28 个国家在 S 频段的 2483.5MHz ~ 2500MHz 为 RDSS 主要业务。这就意味着空对地 S 频段取得了作为我国 RDSS 业务为主要业务的地位。但地对空 L 频段的 1610MHz ~ 1626.5MHz，RDSS 仍然是次要业务，次要业务电台不得对已经指定的主要业务产生有意干扰。该频段上的主要业务有 MSS 的地对空业务、航空无线电导航、射电天文等。所以在卫星网络频率申请的技巧上，在申请 RDSS 业务的同时还应申请 MSS 业务，以使协调地位优于后来申请的卫星网络系统。这种处理符合 RDSS 系统兼有 MSS 业务的实际情况。目前在该频段的 MSS 业务

的全球系统有 GlobalStar、Odyssey 及 Iriaum。在实施卫星定位工程设计时，必须与上述系统完成协调并做干扰分析，采取相应地消除干扰的措施。

RDSS 系统地面中心至卫星、卫星至地面中心的馈送链路，虽然在 1987 年得到认可，由于在 C 扩展频段，缺乏价格低廉的通用 C 频段通信系统的支持，一般运用另外的 C 或 Ku 频段进行设计，但应纳入卫星固定业务进行协调，由于地球静止轨道卫星极其拥挤，在器件成熟的频段上的频率协调难度极大，工程设计必须给予极大的注意，并进行消除干扰的详细设计。

由于全世界对移动通信的需求大增，而可能安排的频率资源又十分短缺。ITU 的相关组织提出了将 RDSS 的空对地频率 2483.5MHz ~ 2500MHz 和地对空频率 1610MHz ~ 1626.5MHz 分配给全球移动通信业务。在2000 年的 WARC 大会上中国代表团为保护我国已取得的卫星定位工程成就，团结一切可团结的力量，最终在第三区维持了以各国政府自主决定使用上述频段的建议。上述频段由于器件制造上的方便性和良好性能指标，今后的频率争夺还会继续进行下去。多系统共用的相互干扰必须解决。中国北斗成功使用S频段的经验引起国际导航界的关注。2007 年世界无线电大会上德国、意大利等22 国提出了将S频段2483.5MHz ~ 2500MHz 频率扩展为全球导航频段，中国表达了积极支持的态度。

2.3　系统干扰分析及对策

由于2483.5MHz ~ 2500MHz 和1610MHz ~ 1626.5MHz 频段分配给多种业务系统共同使用，工程设计的干扰分析尤其重要。由于 MSS 网络系统采用 CDMA、FDMA 等多种体制，使得干扰分析更加复杂。应分别按照系统设计，对 L、S 频段在接收解调端产生的性能恶化，对系统的容量影响做具体分析。

2.3.1　L 频段干扰分析

地对空 L 频段 1610MHz ~ 1626.5MHz 入站链路的干扰直接影响中心系统的信号捕获、跟踪解调、距离测量，对 RDSS 系统的用户容量产生影响。应根据同一空域下 MSS 和 RDSS 系统的网络个数、用户发射 EIRP、用户工作频度，以及用户容量、调制方式、共同使用的频带宽度等因素，对系统的捕获性能、测量精度、解调误码率、系统用户容量分别进行评述。这种评述，除了其他系统对本系统的干扰应进行分析外，由于频率协调是要消除双方的有害干扰，还要评估本系统对欲协调的网络系统的影响。具体地说，中国系统 L 频段的相互干扰分析应包括前面提到的 GlobalStar、Odyssey、Iriaum 及亚洲地区的其他系统的干扰分析结果，如果多系统在同一区域运行，不进行相互协调是无法共同工作的。只有双方在既采取技术对策，又分配相应业务种类及用户容量的前提下，才能共同工作。

技术分析表明，根据用户接收的信号功率适当设计用户L频段的发射功率，使其功率水平仅达到中心系统的门限接收水平，无论对自身系统，还是对其他系统，都是有益的。

降低L频段入站干扰的第二项措施是用户设备采用波束形成方案。根据接收的S频段卫星信号的方向，确定L频段发射波束的去向。放弃L频段全向发射天线是非常有益的，与此同时，也降低了自身暴露的机会，用户机调零多波束天线系统是解决系统间干扰的较好选择方案。下面对接收S频段的干扰分析，与此有相同的结论。

2.3.2 S频段干扰分析

空对地S频段2483.5MHz ~ 2500MHz出站链路的干扰直接影响到用户接收信号的捕获、跟踪、解调的性能。应根据同一空域条件下，各同时工作的卫星系统的全向有效发射功率EIRP调制方式等与拟采用的RDSS系统方案设计指标，如信息传输速率、扩频码速率及长度等因素进行干扰分析，以确定可同时工作的系统数量和对策。由于多系统往往在同一地区工作，所以不能采用卫星信号波束空分的措施，但在用户端接收天线系统采用调零天线是合适的。调零天线指标设计的出发点应满足对RDSS系统两颗卫星S频段信号的接收测距条件，即产生两个增益显著的接收波束，以确保接收两颗卫星的信号，并测量两颗卫星信号到达用户的时间差，从而按最低接收功率确定发射信号的波束指向和功率电平，使用户产生的互干扰为最小。一个适用的接收系统调零天线的指标如下：

接收波束个数　　　　2个
接收波束合成增益　　> 3.0dBi

从上述分析可以得出结论：为了解决多系统的相互干扰和人为干扰，RDSS系统用户设备的收发天线采用多波束调零天线技术是较好的选择。

当然，采用多波束调零天线要增加用户机的成本，因此研制低成本的多波束调零天线是上述措施能否获得广泛应用的关键。

2.4 卫星定位工程的业务优化

卫星定位工程是耗资极大的应用卫星及卫星应用工程，它占有极其宝贵的地球同步轨道位置，占有较多的卫星应用频段，包括L、S、C或Ku频段，只设计一种业务是极大的浪费，也不可能降低用户使用费用。从系统集成的角度出发，卫星定位最容易做到多应用系统在系统级的集成和用户端的集成。

2.4.1 RDSS 与 MSS 集成

RDSS 与 MSS 的集成是指卫星无线电定位业务和卫星移动通信业务可以在同一信道完成,在用户终端的定位机和通信机为相同的功能模块。为处理成千上万随机用户定位需求的措施,同样适用于用户通信的随机接入,让短消息的通信响应在 1s 时间内(出站排队顺畅时)完成。

由于定位与通信的高度集成,那么定位与位置报告也在系统中集成,在同一用户终端实现。取得了比卫星导航系统加通信系统完成定位及位置报告更简单、更经济、更有市场竞争力的效果。同时获得了位置现场监视的效果。可将 RDSS 系统应用于物业流通、艰苦危险场地的现场监视,让指挥调度机构实时掌握故障事件发生的地点及故障表征。

2.4.2 RDSS 与广域增强系统(WAAS)集成

自 GPS 运用以来,为了提高用户的定位精度和完好性性能,提出了各种在 GPS 基础上的广域增强系统。其目的是既为用户提供广域差分改正数和完好性信息,又为用户增加一颗与 GPS 卫星性能一样的增强卫星,从而进一步提高用户的定位精度和更充分的星座选择余地。于是,往往是在地球静止轨道(GEO)上增发一颗卫星以满足上述要求。对已建成 RDSS 的区域和国家,就可以直接利用 RDSS 的 GEO 卫星完成上述功能。其数据链路可以与 RDSS 的数据链路共用,当在 RDSS 卫星上直接搭载与 GPS 卫星相同工作频率的射频载荷时,RDSS 的这种卫星就成为名副其实的 GPS 增强卫星,其经济性是不言而喻的。尤其是 RDSS 的双向 L/S 频段短电文工作体制,为中心控制系统与用户间的多层次交互式按需服务奠定了基础。

2.4.3 RDSS 与中继卫星系统(TDRSS)集成

20 世纪 80 年代以来,许多国家竞相发展以数据中继系统为核心的航天通信测控网,即航天通信测控天基网。例如,利用两颗同步轨道 GEO 卫星的中继卫星系统 TDRSS,就可以基本覆盖中低轨道的空域,实现对中、低轨道的卫星和航天系统的实时测控。既然 RDSS 的 GEO 卫星具有 MSS 业务能力,就可以在该系统上对近地卫星的测控进行试验,近地卫星上的天基测控终端就是 RDSS 的星载用户机。一个 RDSS 系统对以近地卫星为主题的天基测控能力的支持是有能力的。它们覆盖区域可能较小(与 RDSS 覆盖相当),但可支持的卫星数和可靠性是引人瞩目的。在中国北斗 GEO 卫星上扩大 S/L 频段覆盖区,可以实现全球 85% 以上地区对近地卫星的覆盖,从而实现近地卫星数传、测控一体化。

同时,由于 RDSS 功能需求和 WAAS 的功能需求,RDSS GEO 卫星的定轨精度比一般中继卫星定轨精度要高得多。具有 WAAS 载荷的定轨精度外推 12h 的位置误差优于15m,径向优于1.5m。通过RDSS系统获得的用户距离测量数据,可为用户星提供精密定轨资源。同时,也可通过RDSS的双向授时得到20ns的时间比对精度。

但也有其不足之处,由于RDSS以服务于MSS用户为目标,其数据中继能力有限。通过一体化设计,可以满足航天器基本测控参数的传输需求。对某些重要阶段的控制指令的中继和局部目标的影像传输有一定潜力。为了解决RDSS系统数据传输速率低与中继信息量大的矛盾,可以利用码分体制对入站链路的卫星资源进行分割。将星载用户的入站数据传输速率提高到满足基本需求的程度。

2.5 RDSS应用

RDSS是联系导航与通信的合适手段,有可能成为应用最广泛的卫星无线电短消息通信系统,在航空、航天、航海及陆地交通等领域有广泛的应用前景。初步应用表明,其效费比是令人满意的。

2.5.1 航空应用

RDSS在航空应用的突出贡献是空中交通管理。当同气压高度表及卫星无线电导航(RNSS)相结合的时候,可以完成空中交通管理所需的导航、监视与通信任务。

RDSS与气压高度表的结合可以独立完成航空用户向航管中心的位置报告。目前气压高度表的测高精度,在飞行高度为12000m空域,相对测高精度优于80m,绝对精度优于200m,完全满足航线分层的需要。以我国陆地和海上服务的定位精度分布为例,北纬18°以北定位精度优于500m,即使南沙海域也优于1200m,完全满足航路位置精度需要。

RDSS与RNSS相结合后,用RNSS业务满足用户的定位需要,RDSS满足位置报告和通信调度需要。以更加方便的手段,满足航空用户空中管理之需要。

飞机通常在机场区域的分布约为20%,近机场区域约为20%,飞机途中,即航路航行60%,从而可以根据飞行的不同阶段,对定位及位置报告的速率进行调查。根据如下条件,每架飞机平均申请定位或位置报告的间隔为10s,其余时间采用RNSS定位或航路推算即可。

(1)在中国,平均飞行时间为90min。

(2)平均巡航时间为20min,位置报告时间间隔为20s。

(3)平均爬行时间为20min,位置报告时间间隔为20s。

(4)平均下降时间为20min,位置报告时间间隔不等,距机场600m以外为10s,300m为5s。

按时间间隔每10s进行一次RDSS定位或位置报告，每架飞机每分钟申请6次服务，每小时360次服务，即使500架飞机在同一时间需要航空管理服务，航行时的服务申请为每小时1.8×10^4次，这个需求是容易满足的。

当然，上述飞行计划的执行，需要一个周密的协调过程和权威的协调机构，将进入空域的用户进行统一管理，并建立技术管理标准，强制执行。它不仅是航行者的安全需要，也是国家安全需要。

根据上述分析，RDSS是一个完整的通信、导航及空中监视(Communication Navigation Surevelliance，CNS)系统，不但能完成地面指挥人员对空中飞机位置的监视，还能提供机上人员对航线上相邻飞机位置的监视能力。各个机场的监视系统只要与RDSS中心控制系统联网即可。同仅依靠地面雷达站高度表及机组人员的报告构成监视系统相比要更经济、准确、安全，尤其能弥补因雷达作用距离有限而产生的对海上航行监视不足的缺陷。

如果需要，通过RDSS地面中心向飞行员提供一幅30n mile ~ 60n mile空中交通管制(ATC)形势图，飞机自身的位置显示在中心附近，就可以避免碰撞事故的发生。当然，这个ATC形势图还可以显示机场跑道、导航设备、领航坐标、空中交通管制滑行坡度以及其他飞行用户的航迹。其信息都可以通过RDSS控制中心提供。这样，RDSS有潜力成为ATC的基本手段，并有可能成为CNS的基础设施。

RDSS作为飞行员的救生装置已成为现实，用户终端设备的紧急定位按钮与救援设施相关联，当飞机失事时，启动用户终端工作，即可由地面中心做出坠落轨迹，其定位精度至少比常规的应急定位发射机(ELT)定位高出一个数量级，普通ELT的定位精度在16km。

2.5.2　航天应用

RDSS在航天领域可为低轨近地航天用户提供精密时间同步信号。由于RDSS双向授时基本不受用户动态性能、位置坐标精度影响，只与中心控制系统经RDSS卫星至用户的双向往返时延测量精度有关。所以，RDSS是为动态用户精密时间同步的良好手段。如果自中心控制系统经卫星至用户的往返时延一致，只与时延测量的随机误差有关。而往返的时延差仅与RDSS卫星出站转发器与入站转发器的时延差、中心控制系统发送与接收系统时延差、用户接收及发送与接收系统时延差和空间电离层正反向传输的时延差有关。经标定后的各部分时延差均可控制在20ns以内，那么这种时间同步的精度可优于50ns ~ 100ns，避免了GPS为动态用户进行时间同步的复杂轨道交互运算及精度低的不足。

第二种应用为近地卫星提供定轨手段。当用户星进入RDSS卫星波束时，其观测量为中心控制系统经RDSS卫星至用户量的往返距离和，有两颗RDSS卫星就有两个距离和，以近地卫星开普勒加调和项为模型利用多次长时间观测数据可以求出近地卫星的轨道参数，精度可在几百米以内。其各近地卫星的轨道相对精度可优于100m。可以作为航天小卫星定轨的补充。

第三种应用为近地卫星传递遥测、遥控信息。通过 RDSS 通信链路，作为遥控命令传输的补充手段。

2.5.3 航海应用

航海应用是通过 RDSS 指挥型用户机的工作原理，实现舰船编队相互间的位置报告，达到协调编队队形和航行速度的目的。更广泛的应用是海上救生，RDSS 位置报告可以实现任何舰船、个人划艇的位置报告与跟踪监视，达到迅速救援，甚至报告伤情，远程抢救诊断报告的目的。

2.5.4 陆上交通应用

RDSS 最有吸引力的应用方式是城市交通信息报告。通过在汽车上的 RDSS 用户机定位及位置报告功能，加上速度响应控制机构，在行进受阻时可以自动向中心控制系统报告道路拥堵信息，对超速车提供超速报警。

大型物流车辆可通过 RDSS 用户终端报告车辆行进动态、安全状态及货物完好性，实现全数字化物流管理。

2.5.5 危险困难场地监控

中国北斗卫星导航系统已经实现了长江、黄河、黑龙江等主要区段的水文信息自动测报，为防汛提供实时水文变化资料。

对于居住条件十分艰苦的高危岗位，如石油输油管道的安全监视与报警，RDSS 系统可以实现其信息报告与简单的安全操作，避免重大损失。

通过身临火场监视直升机的位置报告，可以准确而迅速地向指挥中心报告火场形势图。只需要飞机沿火场飞行记录下飞机的航迹，就可以迅速判断火情的蔓延区域，为森林防火快速决策提供支持。

第3章 卫星定位基本原理

卫星定位的定义在 RDSS 的范畴内，是由定位用户机以外的测量控制中心（MCC）测得卫星与用户间的距离，并由外部 MCC 系统确定（Determination）用户位置。是一种非自主式定位或被动式定位。系统的最简构成包括：一个 MCC，两颗运行在地球静止轨道（GEO）的转发式卫星，还有一定数量的标校站 B_n。基本组成如图 3-1 所示。

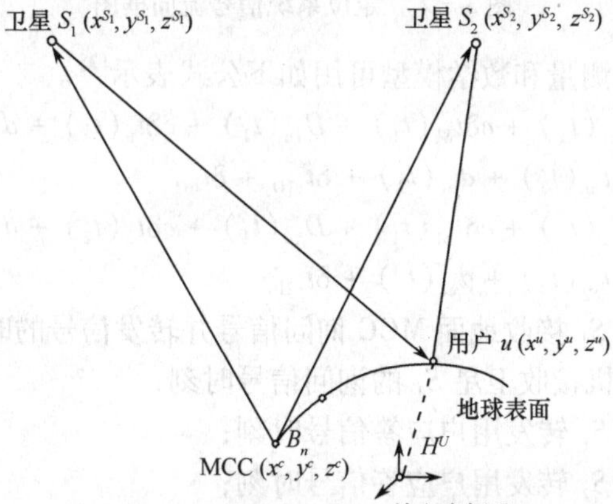

图 3-1　定位原理

3.1 定位理论

三球交会测量定位是卫星定位的基本原理。由于由 MCC 完成距离测量，卫星不需要有高精度的时间频率标准。而 MCC 可用 1×10^{-14} 以上频率标准，比目前导航卫星的频率标准高一个数量级，可以获得很高的测距精度和定位精度，以后的章节将专门讨论。

MCC 通过卫星 S_1、S_2 发射用于询问的标准时间信号，当用户接收到该信号时，发射应答信号，经卫星 S_1、S_2 分别回到 MCC，由 MCC 分别测量出由卫星 S_1、S_2 返回的信号时间延迟量。由于卫星 S_1、S_2 在各时刻的位置已知，在数据处理过程中，考虑上述信号传输过程中卫星 S_1、S_2 的相对运动及 MCC、卫星 S_1、S_2 转发器的传输延迟、用户机的传输延迟和电离层、对流层的影响，从而可获得用户至两颗卫星之间的距离量，并根据用户所在点的大地高程数据（高层数据的获得将在以后有关章节叙述），计算出用户坐标位置。为便于分析、说明，将图 3-1 改成图 3-2。

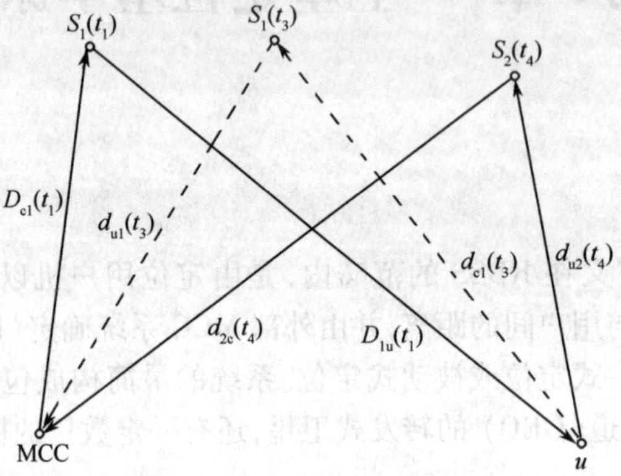

图 3-2 定位系统信号流向框图

构成的基本观测量和数学模型可用如下公式表示[3]。

$$S_1 = D_{c1}(t_1) + c\delta t_{S1}(t_1) + D_{1u}(t_1) + c\delta t_u(t_2) + d_{u1}(t_3) + c\delta t_{S1}(t_3) + d_{c1}(t_3) + \delta t_{c1O} + \delta t_{c1I} \quad (3-1)$$

$$S_2 = D_{c1}(t_1) + c\delta t_{S1}(t_1) + D_{1u}(t_1) + c\delta t_u(t_2) + d_{u2}(t_4) + c\delta t_{S2}(t_4) + d_{c2}(t_4) + \delta t_{c2I} \quad (3-2)$$

式中 t_1—— 卫星 S_1 接收地面 MCC 询问信号并转发信号的时刻；

t_2—— 用户机接收卫星 S_1 的询问信号时刻；

t_3—— 卫星 S_1 转发用户应答信号时刻；

t_4—— 卫星 S_2 转发用户应答信号时刻；

$\delta t_{S1}(t_1)$—— 卫星出站转发器的设备时延；

$\delta t_{S1}(t_3)$—— 卫星 S_1 的入站转发器的设备时延；

$\delta t_{S2}(t_4)$—— 卫星 S_2 的入站转发器的设备时延；

δt_u—— 用户机转发信号的时延；

δt_{c1O}——MCC 至卫星 S_1 出站链路设备时延；

δt_{c1I}——MCC 至卫星 S_1 入站链路设备时延；

δt_{c2I}——MCC 至卫星 S_2 入站链路设备时延；

c—— 光速；

D_{c1}—— 第一颗卫星 S_1 至 MCC 的距离；

D_{1u}—— 第一颗卫星 S_1 至用户的距离；

d_{u1}—— 由用户机返回第一颗卫星 S_1 的距离；

d_{u2}—— 用户返回卫星 S_2 的距离;

d_{c2}—— 用户返回 MCC 时,卫星 S_2 至 MCC 的距离。

信号在设备中的时延可以精确测定,所以对信号的接收与发射的时差为已知。信号经卫星出站再经用户入站的转发时刻在几百毫秒级,考虑卫星的运动,在图 3-2 中卫星 S_1 的位置相对拉开了。将各级距离用点坐标表示如下:

$$
\begin{aligned}
d_{u1}(t_3) &= \sqrt{[X^{S_1}(t_3)-X_u(t_2)]^2+[Y^{S_1}(t_3)-Y_u(t_2)]^2+[Z^{S_1}(t_3)-Z_u(t_2)]^2} \\
d_{1c}(t_3) &= \sqrt{[X^{S_1}(t_3)-X_c]^2+[Y^{S_1}(t_3)-Y_c]^2+[Z^{S_1}(t_3)-Z_c]^2} \\
d_{u2}(t_4) &= \sqrt{[X^{S_2}(t_4)-X_u(t_2)]^2+[Y^{S_2}(t_4)-Y_u(t_2)]^2+[Z^{S_2}(t_4)-Z_u(t_2)]^2} \\
d_{2c}(t_4) &= \sqrt{[X^{S_2}(t_4)-X_c]^2+[Y^{S_2}(t_4)-Y_c]^2+[Z^{S_2}(t_4)-Z_c]^2} \\
D_{c1}(t_1) &= \sqrt{[X^{S_1}(t_1)-X_c]^2+[Y^{S_1}(t_1)-Y_c]^2+[Z^{S_1}(t_1)-Z_c]^2} \\
D_{1u}(t_1) &= \sqrt{[X^{S_1}(t_1)-X_u(t_2)]^2+[Y^{S_1}(t_1)-Y_u(t_2)]^2+[Z^{S_1}(t_1)-Z_u(t_2)]^2}
\end{aligned}
\tag{3-3}
$$

式中,上标表示卫星号,下标 c 表示 MCC,下标 u 表示用户站。

计算卫星位置的时间参数由中心 MCC 根据出站时标和测量的距离和分离出来。

准确描述用户机到坐标原点的距离是

$$S_3 = r + h\cos\theta \tag{3-4}$$

式中 r—— 用户机在参考椭球面上的投影到坐标原点的距离;

h—— 用户机所在点的大地高;

θ—— 用户机所在点的矢径与参考椭球法线的夹角。

有关系式:

$$r + h\cos\theta = \sqrt{(X_u)^2 + Y(u)^2 + Z(u)^2} \tag{3-5}$$

以上给出了用户响应卫星 S_1 的询问信号,并向两颗卫星发射应答信号的情况。

同样可以给出用户响应卫星 S_2 询问信号,并向两颗卫星发射应答信号的表达式,只不过将卫星 S_1 的标号与卫星 S_2 的标号相互调换而已。

为了将用户的发射信号控制到合适的水平,即将既能满足 MCC 测量及解调需要,又能使 CDMA 系统用户间干扰为最小,用户可接收两颗卫星的询问信号进行时差测量,按最低功率响应其中一颗卫星的询问信号。此时,只能有一颗卫星的返回信号构成测距方程。同样可以恢复出可供定位的方程组,这里不再一一叙述。式(3-1)、式(3-2)、式(3-4) 构成用户定位求解方程。

基于式(3-1)、式(3-2)、式(3-4) 进行线性化后,得

$$e_x^1(t_3)\delta_x + e_y^1(t_3)\delta_y + e_z^1(t_3)\delta_z + F[r^1(t_1), r^1(t_3),$$
$$R_c, R_u^0, \delta_t^{S1}(t_1), t_u(t_2), \delta_t^{S1}(t_3)] - S_1 = 0$$
$$e_x^2(t_4)\delta_x + e_y^2(t_4)\delta_y + e_z^2(t_4)\delta_z + F[r^2(t_1), r^2(t_4),$$
$$R_c, R_u^0, \delta_t^{S2}(t_1), t_u(t_2), \delta_t^{S2}(t_4)] - S_2 = 0$$
$$\cos L\cos B\delta_x + \sin L\sin B\delta_y + \sin B\delta_z + F[R_u^0] - S_3 = 0 \tag{3-6}$$

式中 $e_x^1(t_3)$——在 t_3 时刻卫星 S_1 对 x 轴的方向余弦，其他 e_y^1、e_z^1、e_y^2、e_y^2、e_y^2 依此类推；

B——用户机所在位置的经度；

L——用户机所在位置的纬度；

δ_t——按其上下标为设备的传输时延；

$F[C_1, C_2, \cdots, C_n]$——以参数 C_i 为参变量的表达式。

根据式(3-6)可解用户机的坐标，经化简为

$$\begin{cases} e_x^1(t_3)\delta_x + e_y^1(t_3)\delta_y + e_z^1(t_3)\delta_z + 1 = 0 \\ e_x^2(t_4)\delta_x + e_y^2(t_4)\delta_y + e_z^2(t_4)\delta_z + 1 = 0 \\ \cos L\cos B\delta_x + \sin L\cos B\delta_y + \sin B\delta_z + 1 = 0 \end{cases} \tag{3-7}$$

或

$$\boldsymbol{A}x + \boldsymbol{L} = 0 \tag{3-8}$$

$$\boldsymbol{A} = \begin{bmatrix} e_x^1 & e_y^1 & e_z^1 \\ e_x^2 & e_y^2 & e_z^2 \\ e_{ux} & e_{uy} & e_{uz} \end{bmatrix} \tag{3-9}$$

$$\boldsymbol{L} = \begin{bmatrix} F_1 - S_1 \\ F_2 - S_2 \\ F_3 - S_3 \end{bmatrix} \tag{3-10}$$

$$\boldsymbol{X} = \begin{bmatrix} \delta_x \\ \delta_y \\ \delta_z \end{bmatrix} \tag{3-11}$$

$$\boldsymbol{X} = \boldsymbol{A}^{-1}\boldsymbol{L} \tag{3-12}$$

由式(3-7)迭代计算用户位置坐标。

3.2 影响定位精度的主要因素

从上述定位过程和定位几何关系出发,影响定位精度的因素可以概括如下。

(1) 卫星位置精度。

(2) MCC 时延测量精度。

(3) 系统设备时延精度(包括 MCC、卫星转发器、用户设备传输时延)。

(4) 空间传播时延修正精度(包括对流层、电离层时延误差)。

(5) 卫星与用户间的相对位置关系(几何图形)。

(6) 系统或用户可能提供的用户高程精度。

(7) MCC 的位置精度。

本节将对(2)、(4)、(5)、(6) 进行讨论。其余误差影响及其消弱方法将在双星广域差分中做专门叙述。

3.3 MCC 时延测量精度

从定位原理已知,用户定位所需观测量由地面测量与控制中心完成。其观测量为式(3-1)、式(3-2) 表示的用户卫星距离和 S_1、S_2,如果传输路径上的设备时延是稳定的,其测距随机误差只与接收机输入端的解扩信号载波功率与噪声谱密度比、测量系统的设计指标有关,包括测量信号的码速率、DLL 延迟锁相环的带宽、信号积累时间或带宽。由非相干延迟锁相环实现相干解扩的时延测量标准差(RMS)可近似为

$$\delta_{\mathrm{DLL}} = T_{\mathrm{ch}} \sqrt{\frac{B_N}{2(C/N_0)}\left[1 + \frac{2}{T(C/N_0)}\right]} \quad (\mathrm{ns}) \qquad (3-13)$$

式中 T_{ch}—— 扩频码宽度(ns),$T_{\mathrm{ch}} = \frac{1}{F_{\mathrm{ch}}}$,$F_{\mathrm{ch}}$ 为扩频码码元速率;

B_N—— 环路带宽(Hz);

C/N_0—— 解扩信号载波功率与噪声谱密度比(dB/Hz);

T—— 相干积累周期(s)。

C/N_0 与卫星 G/T 值、转发器 EIRP、系统多用户相干干扰和噪声性能有关,是 RDSS 系统设计的重要指标。

在 RDSS 系统可能具备的码速率(8Mb/s) 条件下,C/N_0 的最低门限最好高于 48dB/Hz。应按这样的应用目标设计系统指标,使 MCC 的距离测量标准差在 5ns ~ 10ns 量级,与系统提供的高程误差相匹配。

3.4 空间传播时延误差

空间传播时延误差包括对流层、电离层引起的附加传播时延的影响。

对流层传播时延修正，一般采用 Hopfield 及改进模型。

$$\begin{cases} N = N_d + N_w \\ N_i(h) = N_{io}\left[\dfrac{H_i - h}{H_i}\right]^4 & h \leqslant H_i,\quad i = d,w \\ N_i = 0 & h > H_i,\quad i = d,w \end{cases} \tag{3-14}$$

$$\begin{cases} H_d = 40136 + 148.72(T_k - 273.16)(\text{m}) \\ H_w = 11000(\text{m}) \end{cases} \tag{3-15}$$

式中 $N_i(h)$—— 海拔高度为 h 处的折射率，分 $N_a(h)$、$N_w(h)$（干、湿）两项；

N_0—— 海平面的折射率。

在工程应用中，由大气折射的附加时延，采用其修正公式[6]：

$$\begin{cases} \tau_T = \dfrac{1}{c}\left(\dfrac{K_d}{\sin(E^2 + 6.25)^{1/2}} + \dfrac{K_w}{\sin(E^2 + 2.25)^{1/2}}\right) \\ K_d = 155.2 \times 10^{-7}\dfrac{P_s}{T_s}(h_d - h_s) \\ K_w = 155.2 \times 10^{-7}\dfrac{4810}{T_s^2}e_s(h_w - h_s) \\ h_d = 40136 + 148.72(T_s - 273.16) \\ h_w = 11000(\text{m}) \end{cases} \tag{3-16}$$

式中 E、h_s、h_d、h_w—— 测站的高度角、高程及干、湿项的虚高；

T_s、P_s、e_s—— 测站地面上的气温、气压和水汽压。

采用式(3-16)一般可修正至少70%的对流层误差，但上述方法繁琐，需要的测量设备和测量参数难以在大范围、多用户中实现。将采用双星广域差分的方法予以修正。

关于电离层修正，应小心进行，其影响比对流层强得多。电离层的高度从 60km 一直延伸到 1000km 高度。经典的电离层传播时延修正，利用电磁波传播路程上的电子总含量 TEC（Total Electronic Content）进行计算，而 $\text{TEC} = \int_s N\text{d}s$。

电波传播的附加时延为

$$\delta_\tau = \pm 1.3436 \times 10^{-7} \frac{\mathrm{TEC}}{f^2} \quad (\mathrm{s}) \tag{3-17}$$

式中　f—— 信号载波频率。

显然掌握信号传播路程上的TEC是很复杂的，所以产生了新的方法，利用双频信号来修正其传输时延。但RDSS系统中，信号频率关系已经含有出、入站不同的S、L频率和中心站到卫星的上、下行频率。增加双频工作体制，势必造成系统成本增加、用户机成本增加。所以，必须寻找更先进的空间传播时延修正办法。在4.7.4小节中将有详细介绍。

3.5　几何图形与定位精度[3]

用户与卫星的几何图形对用户的定位精度有极大的影响。一般用精度几何因子(Geometric Dilution of Precision, GDOP)表示。除GDOP外，还有以下参数：

PDOP—— 三维位置几何精度因子；

HDOP—— 水平位置几何精度因子；

VDOP—— 高程几何精度因子；

TDOP—— 时钟几何精度因子。

对于RDSS系统，用式(3-7) ~ 式(3-12)迭代计算用户位置坐标，上述几何精度因子可分别表示为

$$\boldsymbol{A} = \begin{pmatrix} e_x^1 & e_y^1 & e_z^1 \\ e_x^2 & e_y^2 & e_z^2 \\ \cos L\cos B & \sin L\cos B & \sin B \end{pmatrix}$$

定义通过卫星取得的距离观测量 S_1、S_2 的权为1，通过高程测定取得的观测量 S_3 的权 p_3 按其距离观测量的误差之反比平方定权。

$$\boldsymbol{P} = \begin{pmatrix} 1 & 0 & 0 \\ 0 & 1 & 0 \\ 0 & 0 & P_3 \end{pmatrix}$$

$$\boldsymbol{Q} = (\boldsymbol{A}^{\mathrm{T}}\boldsymbol{P}\boldsymbol{A})^{-1}$$

$$m_x = \sqrt{q_{11}}$$

$$m_y = \sqrt{q_{22}}$$

$$m_z = \sqrt{q_{33}}$$

$$\text{PDOP} = \sqrt{q_{11} + q_{22} + q_{33}}$$

$$\text{VDOP} = \sqrt{\boldsymbol{r} \cdot \boldsymbol{q} / |\boldsymbol{r}|}$$

$$\boldsymbol{q} = \begin{pmatrix} q_{11} \\ q_{22} \\ q_{33} \end{pmatrix}$$

$$\text{HDOP} = \sqrt{\text{PDOP}^2 - \text{VDOP}^2}$$

式中 q_{ii}——矩阵 $\boldsymbol{Q}$ 的对角线元素。

于是,定位误差与 DOP 值的关系可表示为

$$m_{\text{P}} = m_0 \text{PDOP}$$

$$m_{\text{H}} = m_0 \text{HDOP}$$

$$m_{\text{V}} = m_0 \text{VDOP}$$

式中 m_0——单位权中误差,物理含义为等效距离误差,是设备距离测量误差及空间传播时延误差的等效值。

假设两颗卫星分别定点在80°E、140°E 赤道上空,那么覆盖我国陆地和海洋的大部分区域定位精度优于30m,其中北纬28°以北优于20m,北纬17°以南的南沙在40m ~ 100m。

3.6 用户高程与定位精度

由用户位置求解方程(3-1)、方程(3-2)、方程(3-4)可知,用户的高程精度直接影响用户的定位精度。用户高程由两种手段提供,一种是 MCC 制作并存储于地面高程数据库,另一种是用户自己提供高程。

对于 MCC 高程数据库提供的高程,是以等高线数据和少量地物控制点数据,选择合适的算法生成的(DEM)数据。它是一种网格状结构,以一定区域内网格交叉点的高程值为属性来表示地面起伏形态。DEM 的规则网格采用以经纬度网格为基础和以高斯平面直角坐标为基础的两种结构。

地面高程数据库提供的数字高程属正常高系统[4]。高程系统按物理特性分正高系统和正常高系统两种。正高系统以大地水准面为高程基准面,地面上任一点 B 的正高,是该点沿垂线方向至大地水准面的距离,如图3-3所示。

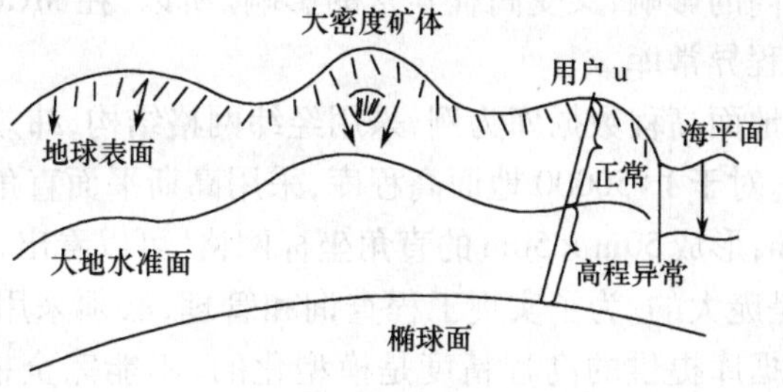

图3-3 大地水准面示意图

高程表达式为

$$H_g^B = \frac{1}{g_m^B}\int g\mathrm{d}h \tag{3-18}$$

式中 dh—— 由高程零点沿水准路线所测定的高差；

g—— 相应于 dh 处的重力；

g_m^B—— 沿 B 点铅垂方向由 B 至大地水准面的平均重力值。

由于 g_m^B 无法精确确定，所以正高无法精确求得，只能求其近似值。

正常高系统是将式(3-18) 中的 g_m^B 用正常重力 γ_m^B 代替，而求得的高程为

$$H_\gamma^B = \frac{1}{\gamma_m^B}\int g\mathrm{d}h \tag{3-19}$$

由于 γ_m^B 可由正常重力求得。所以，该系统的高程 H_γ^B 可以精确求得。我国采用正常高系统作为计算高程的统一系统。显然，正常高已不是点位至大地水准面的距离，而是至某一个假设曲面的距离，此曲面称为似大地水准面。似大地水准面在海洋面与大地水准面吻合，而在陆地部分与大地水准面略有差异。所以，H_g 和 H_γ 的高程起算面是相同的。我国的高程起算面即高程基准面有"1956 国家高程基准" 和"1985 国家高程基准"，均以我国青岛验潮站求得的黄海平均海水面作为全国高程的统一起算面，二者之差为

$$H_{85} = H_{56} - 0.0286\text{m} \tag{3-20}$$

大地似水准面与地球椭球面并不重合。于是，在卫星导航定位实际应用中又引入了大地高的概念，有

$$H = H_\gamma + \xi \tag{3-21}$$

式中 H—— 大地高，是该点至椭球面的距离；

ξ—— 似大地水准面至椭球面的距离，称高程异常。

高程异常通常用天文水准或天文重力水准方法求得。

上述概念的引入，由数字地形库提供高程(正常高)，用于导航定位求解的为

大地高,既受正常高的影响,又受高程异常的影响。所以,在 MCC 中存储的既有数字高程库,又有高程异常库。

以 1∶250000 地面高程数据库为例,采用经纬网格结构,纬差间隔为 3″,经差间隔有 3″和 6″两种。对于 1∶50000 地面高程库,采用高斯平面直角坐标网格,南北和东西间隔均为 50m,形成 50m × 50m 的直角坐标网格。可以看出,一个 RDSS 覆盖区域的高程数据库是庞大的。为了实现工程查询和管理,必须采用压缩和解压技术。另外,地面高程数据库提供的高程精度是模型化的。不能完全描述复杂的地形起伏,高程精度受地面复杂度的限制。根据1∶50000 等高线间距为 10m 制作的地面高程数据库,对于一般缓变起伏的平原、丘陵地区其精度可达 5m。在卫星定位工程中,由高程误差引起的等效距离误差为

$$\Delta R_u = \Delta h \sin\beta \tag{3-22}$$

式中 Δh—— 数字高程图误差;

β—— 用户点观测卫星的仰角。

接近赤道地区,ΔR_u 接近 Δh。

在中纬度地区,β 接近60°,PDOP 值为 3 左右,由 1∶50000 地面高程库提供的高程数据引起的定位误差为

$$\Delta P = \text{PDOP} \times \Delta h \sin\beta = 3 \times 5 \times \sin 60° = 13(\text{m})$$

如果利用用户携带的气压测高仪提供高程,气压测高仪的高程与正常高属同一高程系统。其精度对定位影响与地面高程库的影响属同一性质。其具体精度随气压测高仪的校准精度而异。一般来说,不可能在不同高度已知点上设站,所以对气压测高的校准是困难的。

如果用无线电(含激光)测高仪确定用户高程,其精度不但要计无线电测高仪的误差,还要加上地面高程数据库误差的影响。

第4章 卫星定位系统工程设计

根据卫星定位系统的业务类型和定位原理，可以设计一个完整的卫星定位系统。它应当兼容卫星移动业务（MSS），卫星导航广域增强系统业务（WAAS），中继卫星系统业务（TDRSS）。具有强大功能的卫星定位系统，在系统级的集成和业务融合还应考虑国际电信联盟的有关业务规则，使其能与其他网络系统安全运行。

4.1 系统组成

卫星定位系统由空间段卫星系统、地面测量与控制系统（简称地面系统）和用户系统三大部分系统组成，如图4-1所示。

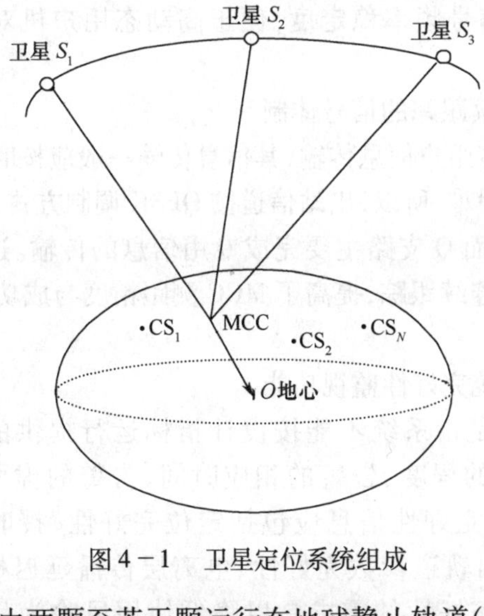

图4-1 卫星定位系统组成

空间段卫星系统由两颗至若干颗运行在地球静止轨道（GEO）的卫星组成。两颗卫星组成一个基本的RDSS。1颗～3颗卫星可用于备份并提高系统覆盖区域及MSS、TDRSS的业务能力。卫星系统的主要载荷是C/S（或Ku/S）转发器，L/C（或

L/Ku）转发器及相应的频率综合系统。

地面系统至少包括一个测量与控制中心（MCC）和一个标校系统（CS）。标校系统由 20 个 ~ 30 个标校站（CS_1，CS_2，…，CS_n）组成。

用户机系统由各类陆、海、空及星载用户机组成。

4.2 系统功能设计

系统功能设计应当充分考虑用户的需求。RDSS 从无线电业务的兼容能力出发，可以同时完成授时、通信功能。集成的功能越多，系统总的性能价格比越高，但同时带来的困难是增加了卫星系统的复杂度，上述不同性质业务优化是功能设计的重点。

4.2.1 出站功能设计

所谓系统出站功能是指由地面系统测量与控制中心通过卫星系统向用户发送出站信号的能力，应包括以下几个功能。

1. 具有多用户连续并行出站能力

RDSS 的用户量主要由出站信道的容量和系统的工作体制决定。出站能力主要表现在以下两个方面。

（1）足够的有效发射功率，从而使用户终端简单，价格便宜。

（2）较高的发射信号频率稳定度，便于高动态用户机对发射信号的接收和解调。

2. 具有多用户连续跟踪的信号体制

在同一信道完成多用户信息传输，其信息传输一般应按时分体制进行，势必为用户的信号跟踪造成困难。所以，出站信道按 QPSK 调制方式，I 支路提供公用信息和部分专用信息传输，而 Q 支路主要完成专用信息的传输。这样既确保了用户对 MCC 系统出站信号的连续跟踪，提高了 MCC 测距精度与成功率，又完成了不同用户的信息传输。

3. 具有丰富的系统完好性监视功能

所谓系统完好性是指系统不能按设计指标运行提供的告警能力，这种告警应区分出降低指标的程度、告警的相应时间、告警的虚警概率和漏警概率。在卫星定位工程中的完好性信息应包括定位完好性、授时完好性、通信完好性、从它们之中分离出轨道参数完好性、电离层传播延迟校正完好性、时间信息完好性等。用户对完好性的需求是以降低使用风险为目标的，完好性越准确、及时，对用户造成的使用风险越低。即使做不到实时完好性告警，也应该做出完好性监视。

4. 为用户提供抗干扰及抗欺骗能力

出站链路为用户提供接收信号，但根据国际电信联盟的规定，对RDSS业务其到达地面的功率通量密度不得超过$-139\text{dBW}/(\text{m}^2\cdot 4\text{kHz})$。

对于如此小的卫星信号，其抗干扰能力是很低的，必须通过系统编码得以提升，RDSS均采用CDMA体制。出站信号采用了QPSK调制，I支路的编码及纠错方式应充分考虑其抗干扰能力，有合适的码长度，既提高扩频增益以增强抗干扰能力，又不影响对信号的首次捕获时间和用户容量。I支路的扩频码速率不超过8.25Mc/s条件下，其码长在255b ~ 1023b，较短的码长度抗干扰能力弱，而较长的码长度会影响系统的出站容量和用户对出站信号的首次捕获时间，使用户的响应能力降低。实际应用表明，选择在255b ~ 1023b之间，可使用户的首次捕获时间在1s ~ 2s内完成。为了防止用户遭受欺骗，进行信息加密是必要的。

5. 出站馈送链路的抗攻击能力

出站馈送链路是指地面系统测量控制中心至各卫星的C(Ku)频段链路。由于系统工作在转发器体制下，任何来自地面的上行馈送信号，都会通过转发器造成对用户接收信号的干扰，直至造成用户链路S频率信号严重实效。最有效的办法是卫星C(Ku)频段MCC馈送链路使用点波束，只覆盖MCC所在区域。虽然1987年WARCMoB-87会议制定的扩展C频段作为RDSS的馈送链路频率，但由于扩展C频段的器件价格等原因并不适合RDSS的馈送链路。为了满足馈送链路抗攻击能力，实施波束的空间分割是合适的措施，那么Ku频段具有较大的优势，相同尺寸的馈送接收天线，其波速宽度比$\dfrac{Q_c}{Q_{ku}}=\dfrac{6.5\text{GHz}}{14\text{GHz}}=0.46$。

4.2.2　入站功能设计

所谓系统入站功能设计是指由用户端经卫星向地面系统测量与控制中心接收入站信号的能力，主要包括以下功能。

1. 低信噪比、多用户、随机短促突发信号的接收处理能力

为了降低用户机的体积、重量、功耗，用户端的应答发射信号具有功耗低、短促、突发特性。每个用户通过卫星转发处理的入站信号载噪比C/N_0可低至45dB·Hz ~ 47dB·Hz，信号的持续长度30ms ~ 100ms，测量与控制中心要完成对信号的捕获、跟踪、解调及距离测量。必须精心对入站信号进行编码设计，使整个信道具有良好的传输特性，卫星的品质因素G/T值要高、测量与控制中心的信号处理能力要强。

2. 高精度距离测量能力

按 RDSS 的定位精度与双向授时精度的要求,测量控制中心的时延测量精度应控制在 5ns ~ 10ns。

3. 入站链路抗攻击能力

卫星入站链路工作在高 G/T 值状态,卫星通道放大系数在 170dB 左右,对其他系统的大功率攻击较敏感,轻者使系统难以正常工作,重者可造成转发器损坏。为此,其抗毁能力,即干扰载噪比 $J/N_0 > 130\text{dB} \cdot \text{Hz}$。

4. 瞬时大数据量入站能力

为满足 TDRSS 功能,系统应具有瞬时大数据量的传输和接收处理能力。这就要求入站链路可工作在多信号体制。应当处理好不同功率电平、不同信号编码的入站信号。

4.2.3 系统处理能力

系统具有实时处理定位、通信、授时的业务能力,主要包括以下几项。

(1) 用户身份认证,包括用户的编码及全部注册信息的认证。

(2) 定位计算及定位精度验证功能。

(3) 为用户提供高程计算能力。为地面未携带高程的定位请求用户提供高程数据查询能力,为携有部分高程数据的用户完成高程变换。

(4) 定时计算功能。为双向授时用户提供时间同步计算。

(5) 信息交换处理。完成用户至用户的信息交换处理,包括个人通信、集团用户信息通播,按行政隶属关系进行用户定位、通信信息的分发。

(6) 系统完好性信息生成和发播,包括卫星系统、MCC 对用户信息达不到指标要求的告警处理与发播。

(7) 用户计费。

4.3 系统技术指标设计

4.3.1 系统覆盖区域

由两颗卫星完成的 RDSS 功能可覆盖区域的设计条件如下。

(1) 两颗卫星的轨道夹角。为了有较好的卫星 — 用户几何图形,两颗工作卫星在地球同步轨道的夹角约为 60°。应根据在轨卫星网络的可协调程度而定。

(2) 用户对卫星的观测仰角。为了有良好的通视环境和测距精度,观测仰角应大于 10°。

(3) 低纬度地区定位精度。RDSS 定位精度随用户所在的纬度降低而降低,获得 20m 定位精度的用户纬度约在 20° 以北，由上述约束条件设计的系统覆盖区域的经度方向：70° ~ 180°，纬度方向：北纬（南纬）20° ~ 50°，根据用户欲服务的范围选定卫星的定点位置。

4.3.2　系统容量设计

系统容量设计应服从以下设计条件。

1. 系统出站容量设计

系统出站容量是指通过测量与控制中心计算出每个用户的定位结果，应能发播给用户的通信广播能力，根据系统的总体技术要求提出。与系统出站链路的复杂性，每路出站信号的最高 EIRP，信息传输速率和信息长度等因素有关，以每小时用户数表示。

出站容量 C 与出站帧速率 F，每帧消息数 I_F，出站波束数 N 有如下关系式：

$$C = 3600 \times F \times I_F \times N$$

式中　F—— 每秒完成的定位用户的广播数；

I_F—— 每帧消息数，对 QPSK 编码调制，$I_F = 2$。

出站波束数 N 与卫星 S 频率信号覆盖方式有关，每颗卫星可按点波束方式共同覆盖全区域，N 为两颗星的波束总数。为了增大系统的出站容量，采用多个点波束的方式。N 的大小，由系统容量和卫星有关性能而定。目前我国的 RDSS 的 $N = 4$，即每颗卫星有 2 个出站波束。

2. 系统入站容量设计

系统的入站容量是指 MCC 在单位时间内（1h）接收处理用户发射入站信号的能力，由以下因素确定。

(1) 用户发射信号的$(\mathrm{EIRP})_u$。

(2) 星上接收端的$(G/T)_L$。

(3) 卫星入站信道的放大系数 A。

(4) MCC 接收端的$(G/T)_M$。

(5) MCC 在接收入站信号时允许的信道阻率 B。

(6) MCC 接收信道配置的数据解调终端数目 N。

在设计系统的入站容量需满足以下条件。

(1) 入站容量大于出站容量，可按出、入站容量比为 1∶1.3 ~ 1∶1.5 设计。

(2) MCC 接收机数据解调、测距输入端口的 C/N_0 值（或接收机输入端口的等效 C/N_0 值）满足测距与数据解调的要求。

① 测距要求的 C/N_0。按 3.3 节的分析，当测距码率 $R_C = 8\mathrm{Mb/s}$，时延测量精度为 5ns ~ 10ns 时，所要求的 $C/N_0 = 47\mathrm{dB \cdot Hz}$。

② 数据解调要求的 C/N_0。数据解调要求的 C/N_0 可用下式来表示：

$$C/N_0 = E_b/N_0 + R_b + L - G \quad (\mathrm{dB \cdot Hz})$$

式中　E_b/N_0—— 与信号采用的调制方式和数据的误码 P_e 有关，当采用 BPSK 调制，$P_e = 1 \times 10^{-5}$ 时，$E_b/N_0 = 9.6\mathrm{dB}$；

R_b—— 数据速率，可选择 $R_b = 8\mathrm{kb/s} = 39\mathrm{dB \cdot b/s}$；

L—— 终端解扩、解调损失，一般 $L = 1\mathrm{dB} \sim 2\mathrm{dB}$；

G—— 数据编码处理增益，当采用约束长度为 7、效率为 0.5 的卷积码编码、解调端采用 Viterbi 译码时，$G = 5\mathrm{dB}$。

因此，数据解调要求的 $C/N_0 = 44.6\mathrm{dB \cdot Hz} \sim 45.6\mathrm{dB \cdot Hz}$

选择 $C/N_0 = 47\mathrm{dB \cdot Hz}$ 作为设计参数可以满足二者的要求。

为便于分析、计算，先假定系统无外界干扰，且只有一个用户工作时的情况。此时 MCC 接收机输入端等效的 C/N_0 表示为

$$\frac{1}{C/N_0} = \frac{1}{(C/N_0)_{上}} + \frac{1}{(C/N_0)_{下}} \tag{4-1}$$

其中

$$\frac{1}{(C/N_0)_{上}} = (\mathrm{EIRP})_u - L_{C1} + (G/T)_L - K \quad (\mathrm{dB \cdot Hz})$$

$$\frac{1}{(C/N_0)_{下}} = (\mathrm{EIRP})_u - L_{C1} + A - L_{C2} + (G/T)_M - K \quad (\mathrm{dB \cdot Hz})$$

式中　L_{C1}、L_{C2}——用户至卫星、卫星至 MCC 之间的信号传输损失；

K—— 玻尔兹曼常数，$K = -228.6\mathrm{dBW/(Hz \cdot k)}$。

式(4-1)C/N_0 中的 C 为 MCC 接收机输入端的用户信号功率，由下式确定：

$$C = (\mathrm{EIRP})_u - L_{C1} + A - L_{C2} + G_r \quad (\mathrm{dBW}) \tag{4-2}$$

式中　G_r——MCC 接收天线增益。

根据式(4-1)、式(4-2)，可计算 MCC 接收机输入端等效的噪声谱密度 N_0。

在系统无外界干扰，且有多个用户同时工作情况下，MCC 接收机接收处理第 i 个用户的入站信号，其他用户的入站信号将视为干扰。此时 MCC 接收机输入端等效的信噪谱密度比为 $C/(N_0 + I_0)$，由下式确定：

$$\frac{1}{C/(N_0 + I_0)} = \frac{1}{C/N_0} + \frac{1}{C/I_0} \tag{4-3}$$

式中　I_0—— 其他用户信号产生的干扰谱密度。

$$I_0 = \frac{4\Delta}{3T}\sum_{\substack{K=1\\K\neq i}}^{n} C_K/B_{\mathrm{IF}} = \frac{4\Delta}{3T}C_{K\sum}/B_{\mathrm{IF}} \tag{4-4}$$

式中　Δ——扩频码元周期；

T——数据码元周期；

$C_{K\sum}$——其他用户的入站信号到MCC接收机输入端的功率之和，当几个用户发射的信号功率基本相等时，$C_{K\sum} = (n-1)C_i$；

B_{IF}——数据解调单元输入窄带滤波器带宽，约为数据的2倍，如 R_b = 8kb/s，则 $B_{IF} \approx 16\mathrm{kHz}$。

计算式(4-3)，确定 I_0 值。计算式(4-4)，确定 n，即系统允许同时工作的用户数量。C/N_0 由链路电平计算获得，$C/(N_0 + I_0)$ 由 C/N_0 减去可接受的余量获得。

最后计算出满足MCC在接收入站信号时允许的阻塞概率 B 的条件下，需配置的测距、数据解调终端数量 N。

由于用户在不同的时域和空域下申请入站，在假设申请是随机的，按泊松状态在地域上均匀分布，可以用通信理论中描述系统阻塞率的欧兰B公式进行同时入站信号数的阻塞计算：

$$B(N,A) = \frac{A^N/N!}{\sum_{i=0}^{N} A^i/i!} \tag{4-5}$$

式中　$B(N,A)$——信道阻塞率，如 $B(N,A) = 1\times10^{-3}$；

N——同时入站数。

$$A = \lambda t \tag{4-6}$$

式中　A——通信量；

t——入站信号的平均长度(如 t = 40ms)；

λ——每个接收信道单位时间(每小时)内允许输入的平均信号数，即平均的入站能力。

根据式(4-4)、式(4-5)计算的 n 与 N，应满足 $n \geqslant N$。

目前我国的RDSS的入站接收通道为2，因此系统的入站 $C = 2\lambda$，且 2λ 应满足前述条件(1)的要求。

4.3.3　系统定位精度设计

根据上一章的分析结论，系统定位精度设计的条件如下。

(1) 系统PDOP随纬度变化的分布规律。在北纬20°以北优于3，纬度越低，变化越剧烈。

(2) 系统地面数字高程库所能达到的精度与该精度随纬度降低对定位精度的

影响程度。

采用1:50000数据高程图的等高线,间距为10m,那么其模型高程精度可达5m,一般为10m;采用无线电测高系统的精度应当与此相匹配,当其测高精度为1m ~ 2m时,用户高程的误差将主要取决于数字高程图的精度,最终误差可达5.4m,所以无限提高用户无线电测高仪的精度在工程上是不经济的。

(3) 卫星位置精度,采用差分技术予以削弱。

(4) 在综合考虑上述设计条件后,合理分配用户测量精度是定位精度的设计重点。根据用户定位精度的匹配分配原则,综合考虑数字高程图的模型在精度为5m时,与此相匹配的测量误差为1.0m ~ 1.5m是合适的。这就是说,式(4-4)中的$\Delta T/2 = 3\text{ns} \sim 5\text{ns}$,因为在定位和双向授时中采用的MCC经卫星至用户,再经卫星返回MCC的距离和,所以测距精度的分配采用$\Delta T/2$。于是可以根据式(4-4)中的C/N_0设计用户发射EIRP,卫星的总的放大系数,卫星入站链路EIRP和MCC环路跟踪参数。

RDSS下的卫星定位工程,当采用广域差分技术下的一组精度匹配参数如下。

(1) 地面数字高程库高程误差5m。

(2) MCC测量误差1.0m。

(3) 卫星星历差分残差1.0m。

(4) 电离层等传播残差5.4m。

(5) 用户等效距离残差7.5m。

(6) 当PDOP ≤ 3的地区的定位误差可控制在22m。

4.4 系统信号体制设计[1]

系统有两路传输信号,一路为出站信号,由测量与控制中心MCC经卫星至用户;另一路是入站信号,由用户经卫星至MCC。

4.4.1 出站信号设计

出站信号的功能有两个:一是为用户提供时间信号同步响应基准,二是传送用户定位信息和电文信息。那么出站信号的体制设计应遵循既提供连续稳定的跟踪信号,又确保足够的通信容量。为了提供连续而稳定的出站信号,必须有一个公共支路。为了传输专用信息,必须有专用信道,于是QPSK调制是出站信号设计的合适选择。

考虑到与一般卫星无线电导航系统(RNSS)的兼容,I、Q支路chip速率可选5.115Mb/s,信息速率也相同。I支路可选码长为1023b Gold序列,Q支路可选较长序列的PN码,其初始相位由I支路的地址ID1提供,以便Q支路既有更强的保密性，又有较强的快速捕获性能。一个按帧、超帧格式采用 QPSK 调制方式的出站信号格式如图 4－2 所示。

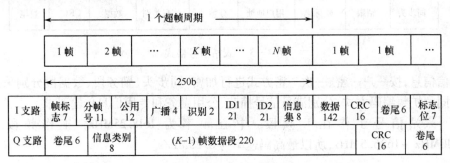

←　1个超帧周期　→

1帧	2帧	…	*K*帧	…	*N*帧	1帧	1帧	…

←　250b　→

I支路	帧标志7	分帧号11	公用12	广播4	识别2	ID1 21	ID2 21	信息集8	数据142	CRC 16	卷尾6	标志位7
Q支路	卷尾6	信息类别8	(*K*−1)帧数据段220							CRC 16	卷尾6	

图4－2　出站信号格式

其中帧标志可选 7 位巴克码。

公用段可用于广播其他系统的通用信息，如 GPS 广域增强系统的差分改正信息。

ID1 为 Q 支路用户地址码，表示 Q 支路的第 *K* 帧的数据段内的信息为 ID1 用户所有。

ID2 为 I 支路用户地址码，表示 I 支路的第 *K* 帧的数据段内的信息为 ID2 用户所有。

RDSS 出站信号工作在 S 频段，可选为 $f_s = 10.23\text{MHz} \times 487 = 2491.005\text{MHz}$，是扩频码 chip 速率的 487 倍，于是 S 频段出站信号可表示为

$$A_c C(t) D(t) \sin(2\pi f_s + \varphi_c) + A_p P(t) D(t) \cos(2\pi f_s + \varphi_p) \qquad (4-7)$$

式中　$C(t)$—— 码长较短的快速捕获码；

A_c—— 短码振幅；

$P(t)$—— 长码，具有较长的周期，保密性强；

A_p—— 长码振幅；

$D(t)$—— 数据段信息，均可按一户一密、一次一密方式实施信息加密。

由式(4－7)可知，出站信号具有 RNSS 系统导航信号相同的保密和安全性能。

4.4.2　入站信号设计

入站信号为伪码直接序列扩频、BPSK 调制、突发帧信息结构。其信号格式如图 4－3 所示。

其中同步头是为完成对突发信号的快速捕获而设计的特殊同步信息，约为 3ms。精跟段是为 MCC 实现高精度测距能力而设计的，约为 6ms。用户地址为用户识别码。分帧号为用户响应出站信号的分帧号，用于测量距离解模糊度。数据段为

	勤务段							
同步头	精跟	帧标志	用户地址	分帧号	信息类别	数据	CRC	卷尾

图 4－3　入站信号格式

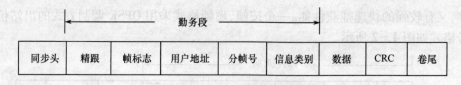

通信信息,按一户一密、一次一密方式进行加密。同步头、勤务段、数据段分别采用不同的扩频编码方式,分别满足信号捕获、公用勤务和专用信息传输要求。

入站信号工作在 L 频段, 中心频率为 1618.25MHz, 工作频段为 1610MHz ~1626.5MHz,所以最高码速率为 8.25Mb/s。

4.5　系统频率设计

根据 2000 年前历届世界行政无线电大会(WARC)对航空移动业务、RDSS、MSS 的频段分配,将 1610MHz ~ 1626.5MHz 频段划分为地对空上行工作频率,2483.5MHz ~ 2500MHz S 频段划分为空对地下行工作频率,而 MCC 至卫星的上、下行链路可按固定卫星业务选择在 C 频段(6.0GHz/4.0GHz)或 Ku 频段。其中规定 1610MHz ~ 1626.5MHz 频段内的所有用户产生的总辐射,在其同步轨道弧线处的功率密度不能有 0.01% 的时间超过 $-155\text{dBW}/(\text{m}^2\cdot 4\text{kHz})$,不能有 50% 的时间超过 $-158\text{dBW}/(\text{m}^2\cdot 4\text{kHz})$。2483.5MHz ~ 2500MHz 频段的卫星出站辐射,不得使地面得到的功率通常密度超过 $(-154 \sim -144)\text{dBW}/(\text{m}^2\cdot 4\text{kHz})$。一个典型的频率分配如图4－4 所示。

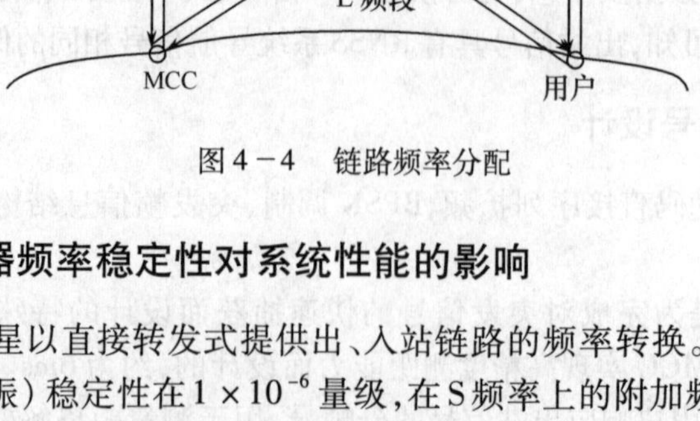

图 4－4　链路频率分配

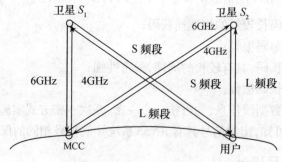

4.5.1　转发器频率稳定性对系统性能的影响

由 RDSS 卫星以直接转发式提供出、入站链路的频率转换。若卫星上应答机的本地频率(晶振)稳定性在 1×10^{-6} 量级,在 S 频率上的附加频偏为 ±3.5kHz,

将严重影响用户机的跟踪性能。同样,用户发射的 L 频率信号,经 L/C 转发器后的频偏为 ± 2.4kHz,严重影响 MCC 测量与控制中心的接收与跟踪性能。同时,也破坏了用户的速度测量机理。为了克服上述毛病,一是采用高精度的原子钟作为卫星的本地频率标准,二是采用星地校频方案。

4.5.2　星地校频方案

采用星地校频方案,不但能克服卫星本地频标稳定性带来的问题,同时可以消除卫星相对 MCC 运动带来的多普勒频率。当 RDSS 系统 S 频段信号用于 RNSS 定位服务方式时,只有用户与卫星间相对运动产生的多普勒频率。当系统在 S 频段的校频精度优于 1Hz 时。其直接速度测量精度优于 0.12m/s。一个典型的具有两个 L 频段入站信号波束的校频方案频率流程如图 4-5 所示。

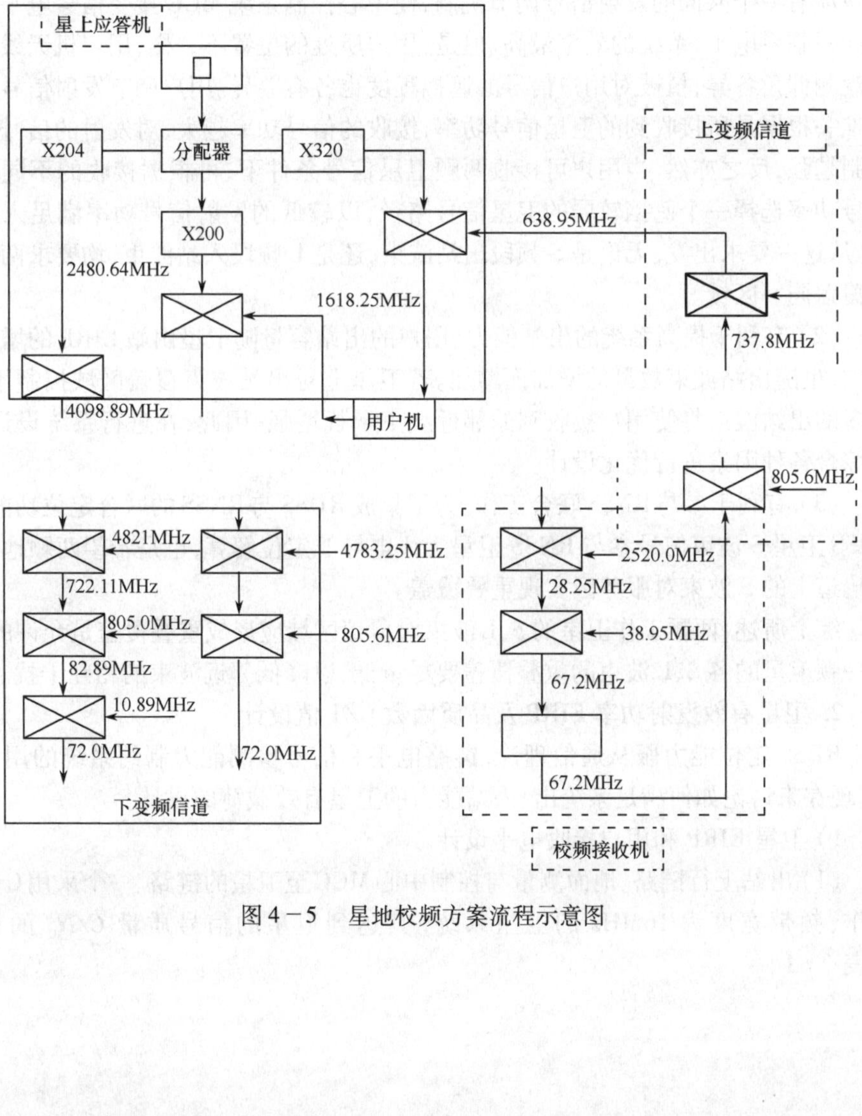

图 4-5　星地校频方案流程示意图

4.6 定位卫星工程设计

定位卫星为工作在地球静止轨道多频段转发式通信卫星，分别有 C/S(或 Ku/S)转发器和 L/C(或 L/Ku)转发器，与一般通信卫星相比必须具有以下性能特点。

1. 优良的波束覆盖能力

波束覆盖能力的设计应遵循以下原则。

(1) 满足用户发射信号功率自动调节能力。RDSS 入站链路为多用户随机接入体制，用户功率的差异较大时，将严重影响系统的工作性能，大功率用户信号对小功率用户信号的抑制，使入站用户量急剧下降，系统的测距解调能力减低。因此，各用户应有一个共同的发射信号调节机制，使中心控制系统 MCC 接受信号电平尽量在同一临界电平，系统的效率最高。但是，用户所处的位置不一样，用户机天线增益随观测仰角各异，植被对用户信号的遮挡程度也各有差异。用户调节发射信号功率的唯一根据是所接收到的卫星信号功率，接收的信号功率越大，对发射的信号功率抑制越强，反之亦然。当用户可接收两颗卫星信号条件下，可根据接收的不同卫星信号功率选择一个遮挡较弱的卫星信号路径，以较低的发射信号功率满足入站要求。从这一要求出发，无论是 S 频段出站波束，还是 L 频段入站波束，均要求两者同时覆盖同一区域。

(2) 有利于提高系统的出站能力。用户的出站容量随卫星出站 EIRP 的增加而增加，也随出站波束数量的增加而增加。若卫星上对出站波束覆盖区域控制不好，过多的出站波束将使用户接收到的邻近波束干扰增强。因此，在进行系统设计时，应综合各种因素进行优化设计。

(3) 有利于参与 RNSS 联合工作。为了集成 RDSS 与 RNSS 的联合定位功能，使 RDSS 卫星 S 波束信号参与 RNSS 卫星无线电导航定位解算，也是希望两颗地球静止轨道上的 S 波束对服务区实现重叠覆盖。

综上所述，两颗工作卫星的 S、L 波束对覆盖区域应形成重叠覆盖是允许的，但同一颗卫星的各 S、L 波束的重叠覆盖要尽量低，以降低邻近波束的相互干扰。

2. 卫星有效发射功率 EIRP 及品质因数 G/T 值设计

RDSS 定位能力服从通信理论，链路电平和信号检测能力制约系统的用户容量。现在来讨论如何满足系统出、入站能力的卫星有效载荷的设计。

1) 卫星 EIRP 和用户接收电平设计

(1) 出站上行链路。地面测量与控制中心 MCC 至卫星的链路。一个采用 C 频段工作、频带宽度为 16MHz 的卫星系统，其达到卫星的信号质量 C/N_0 的计算见表 4-1。

表4-1 MCC至卫星的6GHz频段中带宽为16MHz信道电平

地球站发射功率	24.0dBW(250W)	路径损耗	-200.2dB
馈入损耗	-2.5dB	卫星接收功率(对各向同性天线)	-128.6dBW
地球站天线增益	51.5dB	卫星 G/T 值	1.5dB/K
地球站 EIRP	73.0dB	玻尔兹曼常数 K	-(-228.6)dB
大气损耗	-1.4dB	C/N_0	98.5dB·Hz

(2) 出站下行链路。根据用户所能解调的最低接收功率(灵敏度)设计卫星的EIRP,然后根据EIRP和卫星接收的最低功率设计卫星的出站放大倍数。

卫星 EIRP = 用户最低接收功率 + 路径损耗 + 天气损耗 + 系统余量

一个典型的卫星下行链路电平见表4-2。

表4-2 典型的卫星至用户2491.75MHz频段信号电平

卫星 EIRP	48dBW	相同的 RDSS 波束干扰	-0.5dB
自由空间路径损耗	-191.8dB	C/N_0	59.6dB·Hz
天气损耗	0.7dB	数据速率	16kb/s
用户机接收功率(各向同性天线)	-144.5dBW	接收的 E_b/N_0	17.6dB
用户机 G/T 值	-24dB/K	解调所需的 E_b/N_0	6.6dB
玻尔兹曼常数 K	-(-228.6)dB	总余量	11dB

从表4-1、表4-2可知卫星的出站放大倍数为

$$K = \text{EIRP} - \text{卫星接收功率} = 42 - (-144.5) = 174\text{dB}$$

2) 入站链路卫星 G/T 值和 MCC 接收电平设计

根据用户可能发射的EIRP和MCC可解调的最低接收电平设计卫星入站链路 G/T 值。其计算步骤如下。

(1) 入站上行链路。根据可选择的用户全向有效功率EIRP进行上行链路电平计算,一个典型的用户至卫星链路电平计算见表4-3。

表4-3 用户至卫星1618.25MHz,带宽为16.5MHz链路电平

用户 EIRP	18dBW	卫星 G/T 值	-1.5dB/K
自由空间路径损耗	-188.35dB	玻尔兹曼常数 K	-(-228.6)dB
天气损耗	-0.5dB	C/N_0	56.25dB·Hz
卫星接收到的单用户功率	-170.85dBW		

(2) 入站下行链路。地面测量控制中心 MCC 接收并检测卫星转发的下行信号,其电平计算见表4-4。

表 4-4 卫星至 MCC 4GHz 频段 16.5MHz 带宽链路电平

卫星接收单个用户信号功率	-170.85dBW	MCC G/T 值	32dB/K
卫星总增益	174.85dB	MCC 接收功率	-161.92dBW
星上单个用户信号功率	4dBW	玻尔兹曼常数 K	-(-228.6)dB
自由空间路径损耗	-196.42dB	$(C/N_0)_{下}$	66.68dB·Hz
天气损耗	-1.5dB	$(C/N_0)_{总}$	56.64dB·Hz
MCC 天线接收功率	-193.92dBW		

MCC 设计可检测 C/N_0 为 47dB·Hz，上述系统有约 8.5dB 的余量。所以，一般情况下，用户 EIRP = 10dBW 时，有满意的信息接收效果。卫星的入站上行 G/T 值设计为 -1.5dB/K 是可行的。

根据工作在 S、L 频段的要求和卫星 EIRP 及 G/T 值的需求，卫星可设计一个 S/L 公用天线，其展开口径在 2.5m ~ 3.0m 即可。

4.7 测量控制中心 MCC 工程设计

测量控制中心 MCC 完成以下任务。

(1) 系统出站链路的信号发射和信号调制。

(2) 入站链路的信号接收和信息解调。

(3) MCC 经卫星至用户(标校)机往还距离和的测量。

(4) 卫星轨道确定和预报。

(5) 电离层等传播时延修正。

(6) 用户位置解算，定时解算和通信处理。

4.7.1 MCC 出站链路设计

MCC 出入站链路属卫星固定业务(FSS)，常用频段为 C、X、Ku 频段。上行频段分别为 5725MHz ~ 7075MHz、7925MHz ~ 8425MHz、14.0GHz ~ 14.5GHz。下行频段分别为 3400MHz ~ 4200MHz、7250MHz ~ 7750MHz、10.95GHz ~ 11.20GHz。选择 Ku 频段，可忽略 MCC 与卫星间电离层传播时延的影响。可根据国际频率的协调难度和经济可行性选择成熟的信道产品。其发射终端与系统时间同步，按出站信号格式发布定位或通信信息和卫星轨道参数。

4.7.2 MCC 入站链路设计

入站链路完成对突发用户信号的捕获、跟踪、解调与高精度距离和测量。

信号的快速捕获是通过对同步头的相关积累完成的。同步头由多段截断 m 序列码构成,应尽量避免相关积累后出现大量伪相关峰对真实信号的判决。为了增大处理增益可适当增加同步头的长度,当然,这要以增加入站信号长度为代价。权衡利弊,码的段数可增至10段以上,同步头总周期约3ms为宜,这样多普勒效应对增益的积累不产生显著的影响,同时有利于降低捕获虚警,增大捕获概率。基本原理如图4-6所示。由N个相关器对N段m序列长码实行分段相关积累后,再进行N个视频积累。

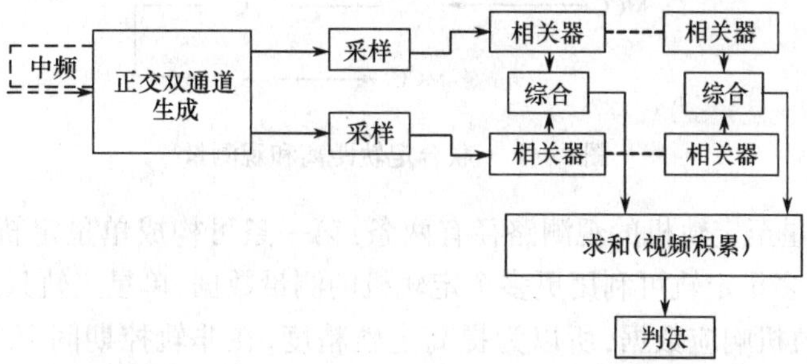

图4-6　快捕原理

精跟踪是在快捕完成后开始的,此时伪码精跟的精度已优于1/2个码片。通过约6ms的精跟达到≤1/20码片的精度,从而完成优于10ns的距离和测量。

信息解调是在满足精跟后进行的,与一般的连续信号解调原理一样。为了降低用户机的发射信号功率并获得低的误码率,往往采用约束长度为7,编码效率为0.5的卷积编码,而接收端通常采用软判决Viterbi译码,可以获得5dB的编码增益。

距离和的测量采用测量尾数、短周期启动和判模糊度的办法来缩短数万千米电波传播时延的测量。其时延测量的长度可控制在1ms以内,从而加快了MCC的时延测量能力,是增加系统用户容量的措施之一。

4.7.3　卫星轨道确定和预报

由于RDSS采用地球静止轨道(GEO)卫星,其应用特点是轨道机动频繁,需要每15天进行一次东西方向位置保持,30天进行一次南北方向位置保持。在进行位置保持的过程中,卫星受力影响,使精密定轨困难。欲达到精密卫星位置预报,一次轨控后的过渡时间长达12h以上,大大降低了系统的可用度。为此,RDSS卫星轨道确定将采用几何法、最小二乘法、卡尔曼滤波3种方法,以满足轨控等各个阶段的定轨精度,均可达到优于100m的定轨精度。以满足RDSS用户定位和定时精度的需要。

RDSS卫星定轨的特点是,既可实现单星定轨,又可实现双星联合定轨。在轨控期,以单星定轨为佳,可避免一个卫星的轨道控制引起对另一颗卫星的精度恶化。所谓双星(加备份星为三星)联合定轨,是系统的工作体制所决定的,MCC 测量的是一颗卫星至测轨站的距离和,都包含有至另一颗卫星的距离,如图 4-7 所示。

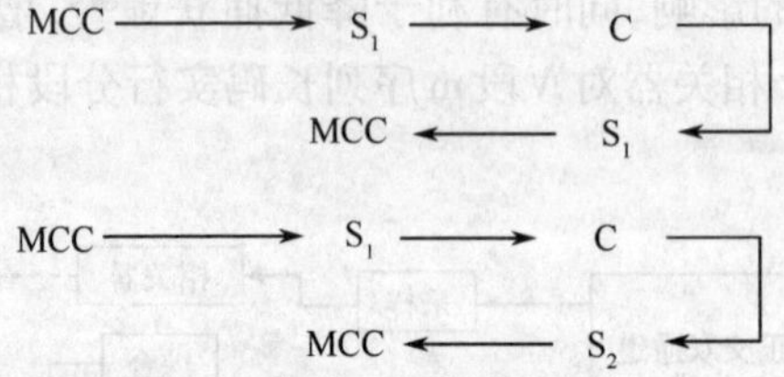

图 4-7 联合定轨距离和观测量

MCC 卫星至定轨机的观测路径有两条:第一条可构成单星定轨,第二条可构成多星定轨。多星定轨可利用更多个定轨机的测量数据,单星定轨只能利用直接响应波束的测轨机响应数据,所以为提高定轨精度,在非轨控期间以采用多星定轨为好。

在轨控期间,采用几何法定轨有较高的精度。为了进一步消除轨道误差对定位、定时的影响,将采用双星广域差分技术。

为了给单向定时用户和三星自主定位用户提供卫星位置坐标,MCC 通过卫星广播卫星位置和速度参数 X、Y、Z 和 $\dot{X}$、$\dot{Y}$、$\dot{Z}$。

4.7.4 双星广域差分处理

在 RDSS 系统中,引入了一个与 RNSS 卫星导航系统(例如 GPS)广域差分完全不同概念的双星广域差分技术。它既不做卫星钟差修正,也不做卫星轨道修正,而是直接对每一次定位、定时服务做距离修正。双星广域差分的原理是通过建立在全服务区中适当数量的标校站,借助测量与控制中心 MCC 经标校站获得的用户与卫星间的距离和(简称用户距离),建立全区域按经纬度(L、B)进行双星定位、定时的用户距离修正值,从而实现用户定位、定时修正,达到高精度定位、定时目的。

按双星广域差分建立的修正机制,有助于削弱以下误差来源。

(1) 卫星位置误差。由于用户距离校正提高了用户距离测量精度,卫星位置误差仅表现为对 DOP 值的影响,而微弱的卫星位置变化对 DOP 值的影响极其微弱。

(2) 空间传播时延误差。空间传播时延误差包括对流层、电离层的传播时延误差。按标校站已知位置进行空间时延误差修正,其残差仅与标校站的分布与数量有关。实验证明,在中国服务区,建立约 20 个标校站,可以使陆地部分的用户距离残差控制在 16ns,海洋 26ns。省去了对流层延迟修正对传播路径上空气湿度、温度和压力的繁琐计量，也省去了电离层校正复杂而繁琐的电子含量的测试与修正。

(3) 设备时延误差。RDSS属距离定位定时技术，与GPS、GLONASS等所持用的RNSS原理下的伪距定位定时方法不同，应精确测定在RDSS所有路径上，包括MCC、卫星转发器和用户机的设备时延，并予以扣除。由于系统通道复杂，难以精确测量。采用双星广域差分技术后，标校路径与定位定时路径所有相同的部分全部抵消。对定位、定时起作用的设备时延仅有标校机与用户机的时延之差，用同一设备进行二者设备时延差的标定，可将系统差控制在1ns ~ 2ns，大大提高定位、定时精度。

(4) 卫星轨控、姿控对定位、定时的影响。在双向定时中，附加时延修正与卫星轨道之差，在单向定时和定位处理中，将轨道偏差与空间距离偏差一起修正。轨控过程一般在1min ~ 2.5min，通过控制发动机脉冲式喷气完成。一旦外力停止，卫星进入平稳速度过渡历程，上述修正的频度可从10min缩短至1min，或者更短，使空间传播时延的修正精度更高。

下面分别简述定轨、定位、定时附加时延修正。

对于双向定时和定轨的附加时延修正与轨道误差无关，采用的模型为

$$\Delta\tau(L,B,t) = \sum_{n}\left[A_n(L,B)\cos\frac{2n\pi(t-t_0)}{T} + B_n(L,B)\sin\frac{2n\pi(t-t_0)}{T}\right] \tag{4-8}$$

其中

$$A_n(L,B) = \sum_{m_1,m_2}^{m_1+m_2\leqslant M} a_{m_1,m_2}^{(n)}(L-L_0)^{m_1}(B-B_0)^{m_2}\cos^{m_1}(B-B_0)$$

$$B_n(L,B) = \sum_{m_1,m_2}^{m_1+m_2\leqslant M} b_{m_1,m_2}^{(n)}(L-L_0)^{m_1}(B-B_0)^{m_2}\cos^{m_1}(B-B_0) \tag{4-9}$$

和电离层、对流层的附加时延一起修正，采用的模型为

$$\Delta\tau(L,B,t) = C(L,B) + D(L,B)(t-t_0) \tag{4-10}$$

其中

$$C(L,B) = \sum_{m_1,m_2}^{m_1+m_2\leqslant M} C_{m_1,m_2}(L-L_0)^{m_1}(B-B_0)^{m_2}\cos^{m_1}(B-B_0) \tag{4-11}$$

$$D(L,B) = \sum_{m_1,m_2}^{m_1+m_2\leqslant M} d_{m_1,m_2}(L-L_0)^{m_1}(B-B_0)^{m_2}\cos^{m_1}(B-B_0) \tag{4-12}$$

式(4-8) ~ 式(4-12)构成附加时延的时间空间数学模型。对于位于(L_0,B_0)

位置的用户若在 t_0 时刻进行传播修正,则有

$$A_n(L_0,B_0) = a_{0,0}^{(n)} \tag{4-13}$$

那么用户的时延修正为

$$\Delta\tau(L_0,B_0,t_0) = \sum_{n=0}^{N} a_{0,0}^{n} \tag{4-14}$$

或

$$\Delta\tau(L_0,B_0,t_0) = c_{00} \tag{4-15}$$

在工程实践中,MCC 首先获得全区域标校机测量数据,每个标校机按10min一个点采样,存放24h数据,新数据更新旧数据,并通过在MCC上的标校机计算MCC至卫星的附加时延修正差。对于定位用户,根据MCC粗定位结果的 L、B,计算各路径上附加时延修正值,随后用修正后的路径值进行定位计算。对于双向定时业务,与上述类似。对于单向定时业务,从MCC得到卫星至各标校站路径上的单程附加时延,并预测外推至定时时刻,以各服务区的几何中心进行建模,获得各服务区的电波修正参数。而定轨修正是以测轨站为中心,进行建模计算的,从而获得一段时间内测轨站距离测量的空间时延修正值。

经系统测试表明,全服务区的定位修正残差为12.63ns,单向定时残差为3.8ns,双向定时为3.26ns,定轨为10ns。即使在轨控期间,也能满足定位、定时的精度要求。

4.7.5 MCC 业务处理

MCC 业务处理包括:定位、定时(双向及单向)、通信及定轨处理。

由于MCC接收标校机、用户机的入站申请,在进行上述服务时,首先应进行身份认证、检验用户的合法性和享受的优先级别、服务类型。

MCC 将采用多用户并行处理机制分别完成定轨、定位、定时及通信任务。

MCC 还将完成所有出入站信号的加解密,以提高用户的保密性能。

MCC 对所有的通信和定位结果,按注册登记进行分发,利用地面传输系统送到指定的调度指挥系统。完成位置报告、跟踪、识别及报警。

定位处理按以下两种方式进行。

(1) 地形库高程定位方式。用户不携带任何高程辅助信息,由MCC从存储的高程数据库中查询定位所需的高程进行定位,适于地面、水面用户的快速定位和位置报告,也用于“弹”落点位置报告,以评估打击目标的精度。

(2) 自带高程定位方式。用户机在入站信号中携带地(水)面的高程信息进行定位,适于空中用户的定位和位置报告。当和RNSS联合应用时,为加强位置报告的保密性,可携带RNSS自主定位的高程信息完成位置报告。

4.8 RDSS 应用系统设计

由于 RDSS 将定位、授时、通信融为一体,其应用系统可根据不同场合,组合成相应的应用系统,既完成单一用户的定位、定时、通信服务,又完成相互间的位置报告和跟踪监视。为方便用户使用,将用户机划分为单址型用户机和多址型用户机两种类型。

4.8.1 单址型用户机

单址型用户机供普通指定用户使用。

单址型用户机的基本功能如下。

(1) 可接收多颗卫星、多个波束发送的出站询问信号,按询问信号的帧标识精确发送用户机响应信号,创造 MCC 进行用户距离测量的前提。

(2) 解调指定地址不同的信息,完成短电文接收处理。

(3) 按入站信号格式填写定位(或通信) 标识及信息。

(4) 兼有两星时差测量和发射功率控制能力。

普通用户机的关键技术如下。

(1) 快速捕获卫星信号,捕获时间 $\leqslant 1s$。

(2) 精密跟踪出站信号,使发射信号的响应精度优于 10ns。

(3) 收发天线低仰角增益尽量高,以降低用户机接收难度和发射功率。

对于定时用户机,还应有定时处理能力。

4.8.2 多址型用户机

多址型用户机是一个具有多个接收地址码的普通型用户机,可用于指挥调度机关和编队飞行的各用户载体。它的地址码数目涵盖了所辖用户的专用地址码,或编队行进的分队成员的地址码,以便 MCC 一次通报相应用户的实时位置和协调配合的通信电文,从而保持安全而有序的飞行队形和协调一致的行动。

第5章 RDSS系统完好性及安全性

完好性来源于RNSS导航性能，是系统提供的定位精度超标时，由系统为用户提供及时报警，用完好性风险、报警误差门限、报警时间3项指标表示。既然RDSS定位系统向用户提供定位、定时、通信服务，那么也应有一个精度超标和通信服务是否有障碍的报警功能，所以RDSS系统完好性是卫星导航完好性的广义化。

5.1 完好性监测可行性

RDSS系统是一个区域性的卫星定位系统，完全有能力完成完好性监测和报警，其有利条件如下。

(1) RDSS定位在MCC完成。定位精度在用户端仅与发射响应信号的跟踪精度有关。通过MCC对空间传播时延修正误差的评估和区域PDOP值的分布，完全可以在用户定位的同时给出其定位精度。

由双星广域差分技术分析得知，当系统采用差分改正高程误差时，满足精度条件下，精度为

$$\sigma^2 = \sigma_u^2 + \sigma_c^2 \tag{5-1}$$

$$\sigma_p = \sqrt{\sigma_u^2 + \sigma_c^2} \cdot \mathrm{PDOP} \tag{5-2}$$

式中 σ_u—— 用户跟踪误差；

σ_c—— 空间时延修正误差；

σ_p—— 用户位置精度。

(2) 具有相当数量的标校站。利用建立在已知点上的标校站对全区域定位精度进行检核。与(1) 项检测再次进行复核，以确认定位精度的可靠性。

(3) 在MCC设立出站信号监测接收机，对全部出站波束的时间同步及电文内容进行有针对性的检核，以确定定时和通信的完好性。

5.2　完好性监测与报告流程

5.2.1　完好性系统基本组成

完好性由分布在全区域若干已知点上的标校站组成外场监测系统。一台与MCC并置的标校机除完成普通标校站的功能外，还应完成MCC至每个卫星的传播时延校正。各出站波束正确性检验，事实上是一台多波束接收、解调用户机。MCC传播时延修正分系统增加传播时延标准差处理任务，完好性处理分系统进行用户PDOP计算，接收传播时延实时标准差，根据定位、定时任务分别向用户提供定位、定时估计标准差。全区域标校机还作为用户机，完成定位结果解算，与已知点位置坐标进行比对，从而实时公布其监视误差，作为约束真实定位、定时用户精度完好性监视的基础设施。

5.2.2　定位精度完好性

RDSS定位精度完好性是向申请定位的用户提供位置坐标的同时，也提供定位精度的参考值。之所以为参考值，是因为这种估计只满足系统或用户提供的高程精度达到10m的一般情形。在地形复杂地区，有可能因高程差异大而有例外。当用户自带高程时，还应对高程的超差进行估计。

定位精度的估计过程，首先根据已提供的坐标计算PDOP值，第二步获取空间传播距离修正时延误差，然后根据式(5-2)提供定位误差估计。

5.2.3　定时完好性

双向定时完好性是对定时精度做出估计。双向定时与PDOP、轨道精度无关，只与MCC的测距精度和空间传播时延修正精度有关。按式(4-7)、式(4-8)、式(5-1)、式(5-2)进行完好性估计。

单向授时完好性估计除与空间传播距离修正精度有关外，还与卫星轨道有关。由于传播距离误差修正是与轨道误差捆绑在一起修正的，所以单向授时完好性估计降低了卫星轨道参数的完好性检验要求。由于MCC并址建设的多功能标校站对接收信息中卫星位置参数的正确性验证，每分钟将在出站电文中广播多次，用户机可以积累判断。于是，单向定时完好性就是空间传播时延修正的完好性。在用于广播卫星位置、速度、电波传播修正的电文内再增加一项传播时延误差修正的精度指标即可完成。

5.3　RDSS 系统安全性

由于 RDSS 系统功能强大,可用于定位、定时、短电文通信和用户跟踪监视、困难危险地区作业监控,有极高的私密性和生命安全性。对于系统服务的可靠性、可用性、完好性,用户的抗干扰性能和低暴露性能都属于安全性的范畴。以上各章有专门的阐述和研究,本章只对系统重要链路的安全性予以讨论。

5.3.1　传输链路的信息安全性

信息传输链路包括 MCC → 卫星 → 用户的出站链路和用户 → 卫星 → MCC 的入站链路。通过 MCC 和用户机的信息加解密技术满足客户需要。可以做到一户一密、一次一密的要求。对于用户与用户间的短电文,用户可自行约定加解密体制与算法,达到更高的安全性。

5.3.2　传输链路的系统安全性

传输链路的系统安全性是指 MCC → 卫星 → 用户和用户 → 卫星 → MCC 链路中系统设备与无线电技术攻击的安全性。其链路上最薄弱的环节是卫星出、入站转发器受到无线电攻击的威胁。对于卫星出站转发器可采用仅覆盖 MCC 的点波束天线。为了降低点波束天线的波束形成难度,选用较高工作频率是可行的。选用 C 频段与 Ku 频段相比,后者将使波束宽度降低 1 倍,当所需增益不变时,可使卫星天线尺寸降低 $2^2=4$ 倍。所以,当卫星允许的天线尺寸不变,可使波束宽度降低 8 倍。选用 Ku 频段与 C 频段相比,卫星接收天线的波束角变窄,有利于出站波束上行链路系统的安全性。

链路系统中的另一个重要环节是提高入站链路的保护能力、设计抗摧毁措施。当抗摧毁载波功率与噪声之比 $C/N_0=132\mathrm{dB/Hz}$ 时,系统具有较高的抗攻击能力。

另一种抗入站阻塞的有效途径是实现多波束重叠覆盖技术。入站链路的过载阻塞往往是大功率窄波束地面站才能完成,全向辐射天线地面站无法达到对 RDSS 入站信道阻塞的能力。这种大功率地面站的个数是有限的,调度也有一定的难度。如果用户具有冗余入站路径,将会提高系统入站链路的安全性。当然这会加大系统成本,不过任何安全性的获得都是以提高投入为代价的。恶意的大功率攻击也有易侦测、易摧毁的风险。当抗摧 $C/N_0=132\mathrm{dB/Hz}$ 时,相当于上行摧毁站至少为 74m 大口径天线,其地球站发射功率必须大于 3000W,如此庞大的地球站要实现对卫星的准确攻击,必须已知被攻击卫星的轨道、天线指向,还要有良好而稳定的天线伺服机构。自身也缺乏机动性和隐蔽性,可以用硬摧毁的手段消除。

在做了上述考虑的 RDSS 链路,其安全性是很高的。

第6章 卫星定位用户抗干扰与低暴露技术

6.1 自适应空域滤波的原理

卫星导航接收机的抗干扰原理:一是提升导航卫星信号强度,二是抑制干扰信号强度,或者二者皆用。对于窄带干扰可以通过频域及时域滤波技术进行拟制,而对于人为恶意干扰,其频带较宽,超过卫星信号的全带宽,滤波技术难以达到理想效果。自适应空域滤波是对付人为恶意干扰的有效措施,所谓自适应空域滤波是设计一个天线及信号处理系统,使其经过处理后的信号与干扰加噪声之比(简称信干噪比)达到理想值,以便顺利解调卫星信号。

这种自适应空域滤波天线通常分两类:第一类是提升对接收信号的天线增益,而用低旁瓣对准干扰信号,达到提高信干噪比的目的(图6-1);第二类是将主瓣对准干扰,用抑制或对消办法削弱主瓣增益,达到提升信干噪比的目的(图6-2)。

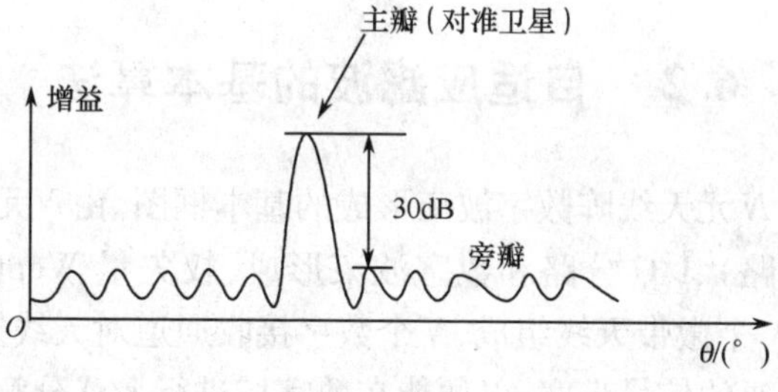

图6-1 提升主瓣法

低暴露是指将用户发射波束变窄,只对准接收卫星。由于已使用户的发射波束窄,EIRP值可控,即可满足MCC多用户接收处理的需要。又可降低被敌方侦测的概率。

由于卫星导航接收机欲接收的卫星信号数目均大于4,而干扰的信号一般来自1个 ~ 2个方向即可奏效,所以抑制的信号数一般小于欲接收的信号数。所以,

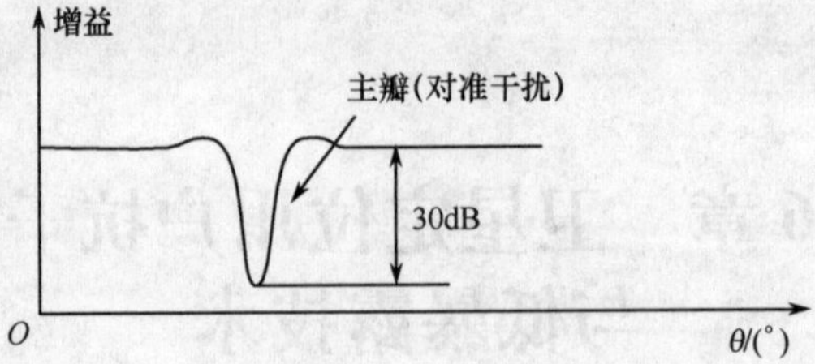

图 6－2　抑制主瓣法

一般采用天线增益零点对准干扰的方法较为普遍，这样可以使调零天线的阵元数大大减少。

对于 RDSS 用户来说，欲接收的卫星信号为两颗工作卫星的出站信号，通过测定两颗卫星时差的办法，仅从一颗卫星返回用户的响应信号，也能构成导航定位解中距离和 S_1、S_2（见第 3 章）。这就为用户机自适应调零天线的设计创造了多方案选择的机会。

RDSS 用户接收调零天线的第一种设计方法，仍然是利用提升接收主波束增益的方法。有利于提高复杂环境条件下的舰船、车载指挥机的接收信号质量。其主波束为 2 个，增益 ≥3dB，旁瓣增益 ≤－2dB，天线的信干噪比 ≥30dB。其代价是天线阵元数多、难度大、造价高，但对环境的适应能力强。

调零天线的第二种设计指标是：综合增益 ≥2dB，抗干扰源数目 ≥2。天线信干噪比（或抗干扰容限）≥30dB。从工程可行性出发，具有天线阵元数少、结构简单、造价低、效果明显等优点。为提升对电磁环境的适应能力，可有针对性地进行时域滤波。

6.2　自适应滤波的基本算法

图 6-3 是一个 N 元天线阵数字波束形成的基本框图。由 N 元天线阵、数字接收通道、数字采样（N 路）、I/Q 分路和数字波束形成、权矢量 Wopt 处理器等部分组成。N 元天线阵由 N 个微带天线组成，N 个数字接收通道对天线接收的信号进行放大、下变频，确保必要的信号带宽，以便能在数字域进行 I/Q 分解。然后在权矢量处理器的加权控制下，形成 I、Q 两路波束形成信号，输入到 RDSS 信号处理部分进行相关处理。

数字波束形成的关键部分，是对各阵元天线接收信号的加权处理，既增强卫星接收信号，又抑制干扰。

在 RDSS 用户机中，通过对卫星信号的先验值和用户的概略位置，概略确定卫星信号波束的指向，以确定快速求解最佳加权矢量。在 20 世纪 60 年代，阵列信号的

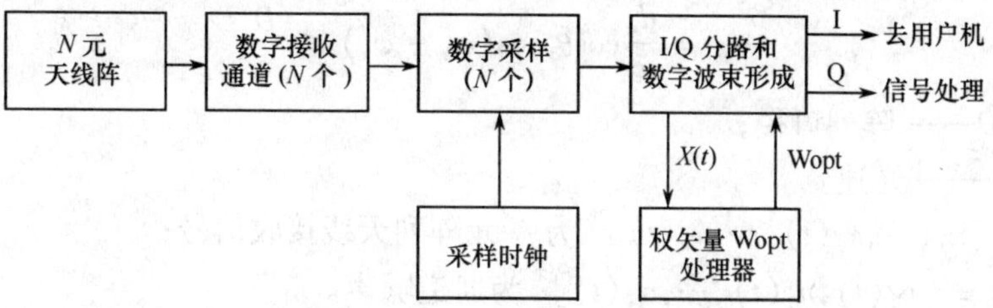

图6－3　N元天线阵数字波束形成框图

研究重点是相控阵天线的波束形成。到70年代，阵列信号的处理重点转向自适应零点控制算法和自适应旁瓣对消。研究在干扰未知的环境下，控制天线方向性图的零点对准干扰，主要方法有B. Widrow于1966年提出的LMS算法、功率反演算法和主波束约束下的调零算法。上述算法均要求天线阵元数目相等的接收通道。1976年，B. Widrow和J. M. McCool联合提出了可用一个接收通道（射频复加权时）即可处理的加权矢量扰动算法，随之较有影响的算法还有正交序列扰动算法、序贯扰动算法。1976年—1986年，提出了估计空间信号到达方向（称为DOA）估计算法。有代表性的典型算法有多重信号分类法（MUSIC）、旋转空间不变技术的参数估计法（ESPRIT）、最小内积法等。

这些算法基本原理是，阵元天线对入射信号的敏感程度不同，引起路程时延的不同。一个入射信号时，天线$n(n = 1 \sim N)$收到的信号为

$$X_n(t) = f_n(\theta_k, \varphi_k) J_k(t - \tau_{kn}) e^{jw_k(t-\tau_{kn})} + n_n(t) \tag{6-1}$$

均匀圆环阵的路径延时如图6－4所示。图中，xOy为天线阵的参考平面；x轴向为参考方向；O点为天线阵相位中心；θ_k为入射信号的仰角，它又为入射平面与xOy的夹角；φ_k为波阵面与xOz平面的夹角；d_n为天线n相对于天线阵相位中心O的距离；φ_n为天线n的方位角；$f_n(\cdot)$为天线n的方向性函数。

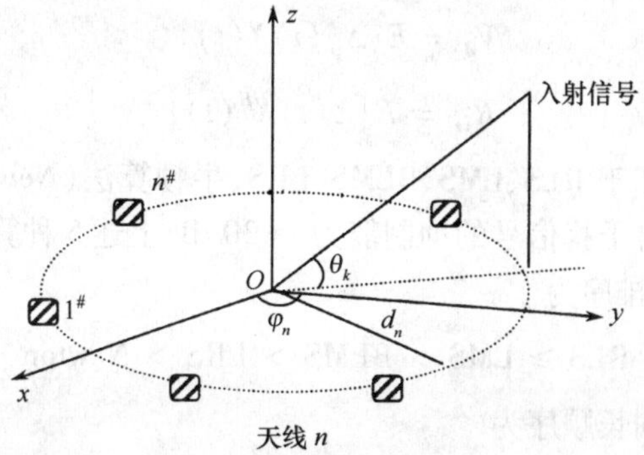

图6－4　均匀圆环阵的路径延时示意图

$$\tau_{kn} = \frac{d_w}{c}\cos\theta_k\cos(\varphi_k - \varphi_n) \leqslant \frac{D}{c} \tag{6-2}$$

式中　D—— 阵列口径；

c—— 光速。

记：$\boldsymbol{X}_t = [x_1(t), x_2(t), \cdots, x_n(t)]^{\mathrm{T}}$ 为 N 元阵列天线接收信号；

$\boldsymbol{N}(t) = [n_1(t), n_2(t), \cdots, n_N(t)]^{\mathrm{T}}$ 为通道噪声。

RDSS 接收信号跟踪算法，是突出两个欲接收的卫星信号进行搜索，可称为双波束跟踪算法（Double Beam Tracking Arithmetic, DBTA）。利用卫星位置和用户概略位置控制加权系统，使两个接收波束对准 RDSS 卫星。处理方式有基于放大信噪比的双波束跟踪算法、加权双波束跟踪算法、等权双波束跟踪算法。3 种算法均可形成双波束，但加权双波束跟踪算法有利于对两颗卫星中弱信号的控制，以适应不同地点用户卫星信号不一致的情况。物理仿真表明，对两颗卫星的阵增益分别可达 $G_1 = 7.49\text{dB}$，$G_2 = 10.49\text{dB}$。

那么如何实现对干扰信号的对消呢？对于卫星导航系统采用 CDMA 信号调制方式，在用户端的信号完全淹没在接收机噪声之下约 20dB，在进行干扰对消计算之前，完全不管卫星信号，将阵列天线零点对准干扰方向即可。采用功率反演算法即可达到目的。为了方便表示，设天线阵为 $N+1$ 元天线阵，X_{om} 为参考天线的输出，在迭代算法中，取

$$\boldsymbol{W} = [W_1, W_2, \cdots, W_N]^{\mathrm{T}}$$

$$\boldsymbol{X}(t) = [X_1(t), X_2(t), \cdots, X_N(t)]^{\mathrm{T}}$$

$$e_m = W^H X_m - X_{om}$$

$$d_m = X_{om}$$

记

$$V_d = E\{X_0^m(t)X(t)\}$$

$$R_{xx} = E\{X(t)X^H(t)\}$$

可以分别得到基于 RLS、LMS、BLMS、LRS、牛顿算法（Newton）的功率反演算法。模拟仿真表明，对干扰信号的抑制能力 ≥ 30dB。上述 5 种算法对零陷深度各不相同，其由大到小的排序为

$$\text{RLS} \geqslant \text{LMS} > \text{BLMS} > \text{LRS} > \text{Newton}$$

收敛时间由短到长顺序为

$$\text{RLS} < \text{BLMS} < \text{LMS} < \text{Newton} < \text{LRS}$$

计算的复杂性由大到小的顺序为

$$Newton > RLS > BLMS > LRS > LMS$$

功率反演算法的优点是不需要预先知道信号的结构和方向，可以获得良好的零点对消效果，但不能保证卫星信号的增益。

6.3　自适应调零天线工程设计

卫星导航接收机自适应调零天线工程设计应考虑的内容如下。

（1）用户对天线尺寸、运载与安装方式的要求。对于可移动式用户，无论车载、舰（船）载、机载用户均要求天线阵尺寸要小。可以接受直径在0.3m以内阵列天线。那么，天线的阵元不可能多。

（2）可对消干扰源的数目。可对消干扰源不可能太多，一般为1个～2个即可。

（3）干扰抑制的性能。

考虑到上述因素，对RDSS接收系统自适应调零天线方案一般选用阵元数目等于4主波束抵消干扰设计方案。采取空域滤波兼顾时域滤波技术，即时空二维信号处理，或叫做时空信号联合处理。如果采用提升主波束增益的方法来提高信干比，对于阵列天线增益为30dB的技术要求，在单元天线的增益为3dB时，其天线阵元数目≥500个。采用4阵元的总增益仅为9dB。因此，对于RDSS接收调零天线方案，选用4阵元，双波束跟踪算法是可取的。

6.4　低暴露发射阵列天线设计

在普通的RDSS用户机中，均采用全向L、S双频收发共用天线，以满足用户在不同地区、不同运载条件下接收工作卫星信号，又可向两颗卫星辐射响应信号，以满足S_1、S_2距离测量之需要。对于S波束双星共同覆盖区，只要用户机测出二者的到达时间差，那么用户机仅从一颗卫星返回MCC，均可构成与式(3-1)、式(3-2)类似的距离和S_1、S_2。于是，可以将全向L波束发射天线设计成指向可调的定向波束天线，其波束的合成与控制与接收调零天线类似，即指向调整的方向相同，只不过将主波束对准路径损耗最小的卫星，以提高增益为目的进行功率合成。对于4单元单波束合成的阵列天线增益可达9dB～11dB，将全向波束压窄至18°以内。同时，通过对S_1、S_2接收波束的能量测试，对用户机的发射功率进行控制，使EIRP为最小额定值，从而大大降低用户发射信号的暴露机会，增加了侦测的难度。一般地面侦测站难以侦测到用户机的发射信号，空中侦测站的侦测范围也大大缩小，侦测的难度增大。对于太空侦测站，即使能侦测到信号，也难以形成相干定位的条件。所以，为了提高RDSS用户生存能力，采用波束形成天线技术是经济而可行的手段。

基于上述理由，于是提出了RDSS用户机抗干扰、低暴露波束形成天线，可由4

单元收发共用L、S双频天线，通过对接收和发射波束的分别形成，达到接收系统抗两个恶意干扰、发射系统低暴露的目的。模拟系统测试表明：当不计传播空间的特殊的电平余量时，用户机EIRP = 4dBW ~ 6dBW时，有最佳的系统性能。采用4单元发射波束形成天线，每个单元的发射功率仅为0.6W ~ 1.0W，大大降低了对用户功率器件的要求，有利于提高用户机的可靠性。以信号处理技术代替大功率器件最终将获得更低的成本价格。

进行了RNSS的抗干扰性能分析后，可以发现RDSS用户的抗干扰与低暴露是更加容易实现的，从而奠定了卫星定位生命力的重要基础。

第7章　卫星导航概念与定位测速原理

7.1　卫星导航概念

卫星导航系统是卫星无线电导航系统的简称，其基本概念是利用卫星发射的无线电信号，由用户自主完成非询问应答式连续高精度定时、空间（三维）定位及运动速度矢量确定的无线电定位系统（RNSS）。这种定位、测速性能是连续的，适合于运动用户的动态性能。用户范围包括地球上或近地空间任一点上的航天、航空、航海及地面用户。除此以外，还可根据指定的航行目的地，用户可以连续获得航向、航速、偏航差等航行参数，并根据目前的位置与航速估计到达目的地的路程和到达时间。根据上述完整的概念，卫星无线电导航的完整概念产生于20世纪70年代末，1979年世界无线电大会（WARC－79）认可美国联邦政府提出的GPS卫星无线电导航频率。在此之前只能完成海上静态用户平面位置确定的美国海军无线电导航系统或子午仪，仅仅是卫星无线电导航的萌芽。所以卫星无线电导航，是一门年轻的工程应用科学，其概念还在进一步地完善和进化中。由于GPS的应用和人们对卫星无线电导航的期待，国际民航组织（ICAO）提出了全球卫星导航系统的概念，英文全称为 Global Navigation Satellity System（GNSS）。这是一个由无线电导航卫星组成全球服务的无线电导航系统，并非是某一个唯一的全球卫星导航系统。ICAO还提出了GNSS的需求和建设计划。民用航空需求见表7－1，从表中所列项目和指标可以看出，从民用航空提出的卫星无线电导航系统需求出发，目前已建成的GPS、GLONASS都不满足民用航空所需的必备性能，于是产生了对不同飞行条件下不同的系统设计。这些系统包括全球卫星导航系统、区域卫星导航增强系统、本地卫星导航增强系统，统称为卫星无线电导航系统。所谓RNSS，除了包括目前已建成的GPS、GLONASS和正在建设中的伽利略、北斗导航系统外，还包括地区性的区域增强系统，如EGNOS、WAAS、MSAS，以及为满足CAT1、CAT2、CAT3需求的本地增强系统。根据ICAO的提议，不同国家、不同组织各自拟订了自己心目中的GNSS系统。普遍将GNSS划分为两个阶段——GNSS1和GNSS2。

表 7-1 ICAO 提出的民用航空需求[16]

RNP 类型 (总误差概率 95%)	飞行阶段条件	NSE95% 横向/垂直	SIS 最大 非连续性	SIS 最大 非完好性	告警 时间	SIS 可用性
RNP-20	海洋上空航线飞行	19.9nm	10^{-6}/h	10^{-7}/h	5min	0.999
RNP-12.6	陆地上空航线,低密度	12.44nm	10^{-6}/h	10^{-7}/h	3min	0.999
RNP-4	陆地上空航线,高密度	3.87nm	10^{-6}/h	10^{-7}/h	1min	0.9999
RNP-1	陆地上空航线,很高密度	0.44nm	10^{-6}/h	10^{-7}/h	15s	0.9999
RNP-0.3 ~ 0.5 0.3nm/125ft (1ft = 0.3048m)	初始进近,非精密 进近,离港	100m	10^{-6}/h	10^{-7}/h	10s	0.9975
RNP0.03/50 ~ 0.02/40	CAT1	18.2m /7.7m ~ 4.4m	8×10^{-6}/15s	2×10^{-7}/进近	6s	0.9975
RNP-0.01/15	CAT2	6.5m/1.7m	4×10^{-6}/15s	1×10^{-9}/进近	1s	0.9985
RNP-0.003	CAT3	3.9m/0.8m	2×10^{-6}/15s	5×10^{-10}/进近	1s	0.9990
注:SIS 为空间信号						

GNSS1 是建设全球 GNSS 的第一步。利用已建成的 GPS、GLONASS,通过区域增强完成 GNSS1 计划。欧洲导航计划的 GNSS1 即为欧洲全球导航重叠服务系统 EGNOS。GNSS2 又分初始 GNSS2 和 GNSS2,初始 GNSS2 完成 GNSS2 的初级和中级服务,GNSS2 完成高级服务。GNSS2 均是一个没有 GPS 和 GLONASS 的系统。正在建设中的伽利略计划是欧洲的 GNSS2,通过伽利略全球系统,伽利略全球系统 + 区域增强,伽利略全球系统 + 区域增强 + 本地增强分别提供不同飞行条件下的服务。几种建设方案见表 7-2、表 7-3。所谓区域增强是利用地球静止轨道(GEO)卫星,既作为用户可观测的导航卫星,同时又执行提高定位精度、可用度和完好性、向用户提供完好性报警等一系列任务。既然是通过 GEO 卫星增强的系统,其覆盖区可接近地球表面的 1/6 ~ 1/3,所以称为区域增强。所谓本地增强是利用地面或空中伪卫星增强系统的导航性能,其增强的覆盖区域以满足 CAT1、CAT2、CAT3 的需要,所以其应用范围极小,但对完好性和连接性的要求极高。由于区域较小,也容易满足。在 GNSS 中,也有人提出过利用 LEO 卫星增强的建议。例如,Jean Cnenebault

和 Jean-Pierre Provenjano 曾提出过 INES 欧洲低轨星座中继导航系统合理化建议[16]。设计了一个轨道高度为 1500km，倾角为 62.75°，有 8 个或 9 个轨道面，每个轨道面有 7 颗卫星，共计 56 颗 ~ 63 颗卫星的 INES 增强系统，但没有得到工程界的响应。

表 7-2　伽利略 A 级大众和专业应用业务性能要求[6]

A 级业务(大众和专业应用)			
参数	伽利略全球段	全球段 + 区域段	全球 + 区域 + 本地
典型 应用	休闲 A_0	交通业务(车船管理) A_1	土地测量(时间传递) A_2
覆盖化	全球	区域	本地
接入级别①	免费(OAS)	受控 CAS1	受控 CAS1
精度 (95% 概率) 水平 垂直	10m 10m	10m 20m	0.001m ~ 0.1m 0.0001m ~ 0.2m
完好性 风险 告警限制 水平 垂直 告警时间	无空间信号支持	有保障，待确认 10^{-3}/h 25m 50m 60s	有保障，待确认
连续性 风险 最大中断率	待确认	待确认 2min	待确认
可用性	> 0.9/天	> 0.7/天	> 0.7/天
遮蔽角	5°	25°	15°
首次定位时间 (TTFF)②/s	1 ~ 2	1 ~ 2	1 ~ 2
许可证	否	是	是

①CAS、CAS1、CAS2 分别为公开服务、商业受控、生命安全和加密受控；
② 指没有失去有效星历数据再捕获定位

表7-3 伽利略B级业务性能要求[6]

B级业务(生命安全应用)			
参数	全球段	全球段+区域段	全球+区域+本地
典型应用	在航途中 B_0	CAT-Ⅰ精密进近 B_1	CAT-Ⅲ精密进近 B_2
覆盖区	全球	区域(EGNOS)	本地
接入级别	CAS2	CAS2	CAS2
精度(95% 概率) 水平 垂直	 2nm 不可用	 16m 4m	 0.8m 0.8m
完好性 风险 告警限制 水平 垂直 告警时间	 只有接收机 自主完好性 不能满足要求 	 2×10^{-7}/150s 20m(待确认) 12m(待确认) 6s	 2m 2m 1s
连续性 风险 最大中断率	 10^{-4}/h ~ 10^{-8}/h 	 8×10^{-6}/15s 待定	 2×10^{-6}/30s
可用性	0.99	0.99	0.99
遮蔽角	5°	5°	15°(避免低仰角)
首次定位时间(TTFF)	待定	15s	待定
许可证	是	是	是

从上述实际工程计划出发,一个区域性的卫星导航系统,它既由非地球静止轨道卫星,如倾斜同步轨道(IGSO)卫星,或中圆轨道(MEO)组成,又由具有完好性告警时间响应能力的GEO卫星组成。这样的系统其最大能力可以满足航途中CAT-Ⅰ精密进近的需求。中国卫星导航系统以区域系统为初始系统,最佳定位应瞄准较高级别的CAT-Ⅰ精密进近指标。如果非静止轨道卫星数量不满足,也应满足非精密进近指标。

从ICAO倡导的指标中,SIS最大非连续性即为连续性风险,SIS最大非完好性即为伽利略倡导的完好性风险。该指标的含义将在专门章节介绍。

7.2 卫星导航原理

卫星导航的基本原理是基于运行在指定轨道上的导航卫星，在卫星钟控制下，连续发射无线电导航信号，用户接收机接收至少 4 颗卫星的导航信号。恢复出导航测距码，与本地时钟推动的测距码相比较，完成用户对每颗卫星的伪距测量；并从卫星导航信号中解调出卫星星历，得到卫星位置，用户接收机根据已知的卫星位置和测得的至少 4 个伪距，建立定位方程，由接收机自主计算用户位置。与 RDSS 定位原理相比，它是 RDSS 的子集，为了满足用户自主定位的需要，所需观测的卫星数由 3 颗增加到 4 颗。所以，RNSS 是以增加卫星数量为代价，换取用户自主连续定位和系统用户数量不受限的。同时，也牺牲了用户位置报告功能。单一的 RDSS 系统或 RNSS 系统均难以两全其美。

按照上述定位原理，早期的子午仪、圣卡达仪用一颗近地卫星发射的无线电信号的多普勒频率测量值和卫星的星历参数确定静态用户的平面位置（其定位原理如图 7－1 所示），不属于完整的卫星无线电导航系统。如果要为动态用户定位，必须已知运动速度。

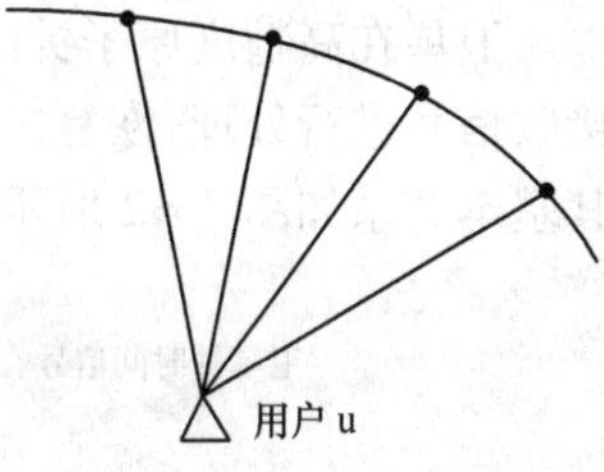

图 7－1　子午仪定位原理

7.2.1 导航任务的解决方法

在卫星无线电导航系统中导航的基本任务是确定用户的空间坐标与时间及速度分量。那么，用户在惯性坐标系中的扩展状态矢量为 $\boldsymbol{R}_u = (x, y, z, \Delta t, \dot{x}, \dot{y}, \dot{z})$，即用户的空间坐标为 (x, y, z)，用户的时间改正量是 Δt，用户的速度分量为 $(\dot{x}, \dot{y}, \dot{z})$。

利用无线电手段不能直接测量用户的矢量元素。从接收的无线电信号中可以测量某些参数，例如信号在空间的传输时延或多普勒频移。为了导航所测量的无线电信号参数所对应的几何参数称为导航参数，因此信号在空间的传播时延 τ、多普勒频率所对应的至目标的距离 γ 和接近目标的径向速度 $\boldsymbol{V}_u$ 是导航参数。基本关系为

$$\boldsymbol{r} = \boldsymbol{c}\boldsymbol{\tau} \qquad \boldsymbol{V}_u = \boldsymbol{f}_d\boldsymbol{\lambda}$$

式中　c—— 光速；

　　　λ—— 卫星发射信号的波长。

具有相同值导航参数的空间点轨迹称为位置面，两个位置面的交线确定了位置线，它是具有两个确定值导航参数的空间上的轨迹。3 个位置面或两个位置

线的交点确定其位置坐标。在很多情况下，由于非线性，两条位置线可能相交两个点。这时只能利用附加的位置面或有关目标位置的其他信息，求出用户的唯一解。

为解决用户矢量 $\boldsymbol{R}_u$，使用了在导航参数和用户矢量元素之间的函数关系。相应的函数关系通常被称为导航函数。导航函数的具体形式取决于很多因素：导航参数的形式，卫星、用户的运动特性，所选择的坐标系等。可以利用各种类型的距离测量方法、距离差测量方法、角度测量方法及其组合方法来确定用户空间坐标的导航函数。为获得含有用户速度分量的导航函数，采用了径向速度。卫星导航用户采用伪距测量方法确定用户的状态矢量 $\boldsymbol{R}_u = (x, y, z, \Delta t, \dot{x}, \dot{y}, \dot{z})$。

7.2.2 伪距的概念与定义

卫星在高精度原子钟的精密时间控制下发射无线电导航信号，用户接收机对接收信号进行处理，恢复出卫星时间信号，与本地钟进行时间比对，完成伪距测量。其基本关系如图 7－2 所示。

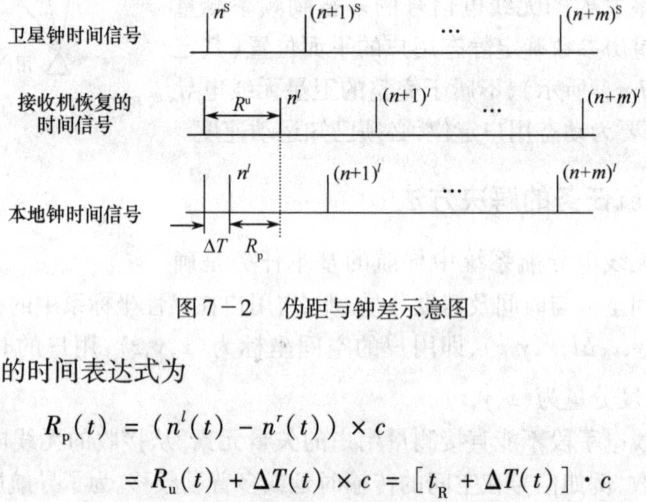

图 7－2 伪距与钟差示意图

伪距 R_p 的时间表达式为

$$
\begin{aligned}
R_p(t) &= (n^l(t) - n^r(t)) \times c \\
&= R_u(t) + \Delta T(t) \times c = [t_R + \Delta T(t)] \cdot c \qquad (7-1)
\end{aligned}
$$

式中 $n^l(t)$—— 接收机本地 t 时刻标志的钟面时；

$n^r(t)$—— 本地 t 时刻接收机恢复出的卫星钟面时；

$R_u(t)$—— 本地 t 时刻用户至卫星的空间距离；

$\Delta T(t)$—— 本地 t 时刻卫星钟与本地钟的差；

t_R—— 信号自卫星到用户的传播时延；

c—— 光速。

伪距表示指定时刻卫星同用户间的相对时差与信号自卫星到用户间的传播时延之和再乘以光速，所以伪距包含了两个量的定义，一是伪距产生的时刻 t，可以用卫星时或本地时表示,二是伪距的大小。伪距测量就是完成 $R_p(t)$ 的提取。从伪距的表达式中可以看出,无线电导航参数伪距包含有卫星钟与用户钟之差,这个差是作为未知量出现的。伪距是作为导航参数出现的,位置面是一个以卫星质心为球心,伪距为半径的球面。半径含有未知量钟差 $\Delta T \cdot c$。于是测量至3颗卫星的伪距可产生具有4个未知数($x,y,z,\Delta t$)的三元方程,在该方程中的解中出现了不定参数,为了消除所发生的不确定性,必须增加测量值,而测量至第4颗卫星的伪距,这样就得到具有精确的四元方程解。按这些伪距测量值所确定的用户位置就是4个位置面的交点。

7.2.3 导航定位方程[3]

由式(7-1)得到伪距观测量 $R_p(t)$,做相应的变换后有

$$(\rho^j)^p = \rho^j + c\Delta t_k \tag{7-2}$$

式中 ρ^j—— 第 j 颗卫星到用户接收机的空间距离;

$(\rho^j)^p$—— 第 j 颗卫星至用户接收机间的伪距测量值;

Δt—— 接收机时钟相对于卫星时钟的钟差。

式(7-2)可以改写成

$$\rho^p = \rho + c\Delta t_k - c\Delta t^j \tag{7-3}$$

式中 Δt^j—— 第 j 颗卫星时钟相对于导航系统时钟之差;

Δt_k—— 接收机时钟相对于导航系统时钟之差。

当观测多颗卫星时,有

$$(\rho^j)^p = \left[\sum_{i=1}^{3}(x_i^j - x_i)^2\right]^{1/2} + b - c\Delta t^j \tag{7-4}$$

式中 $x_i^j(i=1,2,3)$—— 所测卫星 j 与接收机在所采用的地面坐标系中坐标值的3个分量;

b—— 接收机时钟差的等效距离偏差。

由于卫星钟钟差 Δt^j 和卫星位置是已知的,可根据4颗卫星的位置和所测得的伪距观测值,写出4个伪距方程,从而解算出用户机的位置和钟差。

应用泰勒级数展开式(7-4),并略去高次项得到线性方程组:

$$\sum_{i=1}^{3}\frac{\partial F^j}{\partial X_i}\Delta X_i + b = (p^j)^p - F^j \tag{7-5}$$

其中

$$F^j = \left[\sum_{i=1}^{3}(X_i^j - X_i^0)^2\right]^{1/2} - c\Delta t^j \tag{7-6}$$

式中 X_i^0—— 接收机的初始位置；

ΔX_i—— 相应的改正数。

求出偏导数后，式(7－6) 可写为

$$e_1^j \Delta x_1 + e_2^j \Delta x_2 + e_3^j \Delta x_3 - b = F^j (p_i^j)^p$$

式中 $e_i^j (i = 1,2,3)$—— 卫星 j 观测方向对 3 个坐标轴的方向余弦。

当观测 4 颗卫星($j = 1,2,3,4$) 时，方程可写为

$$\boldsymbol{AX} = \boldsymbol{L} \tag{7-7}$$

$$\boldsymbol{A} = \begin{bmatrix} e_1^1 & e_2^1 & e_3^1 & -1 \\ e_1^2 & e_2^2 & e_3^2 & -1 \\ e_1^3 & e_2^3 & e_3^3 & -1 \\ e_1^4 & e_2^4 & e_3^4 & -1 \end{bmatrix}$$

$$\boldsymbol{X} = \begin{bmatrix} \Delta x_1 \\ \Delta x_2 \\ \Delta x_3 \\ b \end{bmatrix}$$

$$\boldsymbol{L} = \begin{bmatrix} F^1 - (\rho^1)^p \\ F^2 - (\rho^2)^p \\ F^3 - (\rho^3)^p \\ F^4 - (\rho^4)^p \end{bmatrix}$$

未知参数 $\boldsymbol{X}$ 的解为

$$\boldsymbol{X} = \boldsymbol{A}^{-1} \boldsymbol{L} \tag{7-8}$$

利用迭代法，取得第一次解后，更新初始值再求解，以解决用户接收机位置初值和钟差初值大的矛盾。

当观测的卫星多于 4 颗时，又当都是完好性合格时，用平差求解，只要将伪距观测量视为含有误差的测距值，即以$(\rho^j)^p + v^j$ 代替式(7－5) 中$(\rho^j)^p$，即可得到误差方程：

$$v^j = \sum_{i=1}^{3} \frac{\partial F^j}{\partial x_i} \Delta x + b - (\rho^j)^p + F^j \tag{7-9}$$

或写成

$$V = AX + L \tag{7-10}$$

用最小二乘法求解:

$$(A^{T}A)^{-1}X = A^{T}L \tag{7-11}$$

$$X = (A^{T}A)^{-1}A^{T}L \tag{7-12}$$

按最小二乘法可以简便地对所解参数进行精度估计:

$$m_{x_i} = \sqrt{q_{ii}} \cdot m \tag{7-13}$$

式中　m——伪距测量误差;

q_{ii}——矩阵 Q_L 中 i 行 i 列元素。

$$Q_L = (A^{T}A)^{-1} \tag{7-14}$$

当只观测4颗卫星时,也可以按式(7-13)进行精度估计。

当观测卫星数多于4颗时,分别用不同的4颗卫星的观测量进行组合,进行接收机自主完好性运算,确定是否有不正常卫星观测量。

当观测6颗卫星时,可以确认哪颗卫星的观测量不满足完好性要求。

7.3　几何精度因子

从上节分析可以看出,可以利用式(7-11)~式(7-13)进行精度估计。

$$X = (A^{T}A)^{-1}A^{T}L \tag{7-15}$$

$$m_{x_i} = \sqrt{q_{ii}} \cdot m$$

$$Q_L = (A^{T}A)^{-1}$$

$$A = \begin{bmatrix} a_1^1 & a_2^1 & a_3^1 & -1 \\ a_1^2 & a_2^2 & a_3^2 & -1 \\ \vdots & \vdots & \vdots & \vdots \\ a_1^J & a_2^J & a_3^J & -1 \end{bmatrix} = \begin{bmatrix} a_1^1 & \cdots & a_i^1 & -1 \\ \vdots & \vdots & \vdots & \vdots \\ a_1^j & \cdots & a_i^j & -1 \end{bmatrix}$$

式中　a_i^j——第 j 个卫星的观测方向对第 i 坐标轴方向余弦。

从整理后的式(7-15)可以看出,待求解的定位参数精度取决于伪距的精度 m 和系数阵 A,而系数阵 A 与伪距精度无关,只取决于用户接收机与观测卫星的几何关系。为描述这种几何关系,用几何精度因子 GDOP(Geometric Dilution Precision)进行描述。GDOP 来源于劳兰-C 导航系统。

但在卫星导航系统中,已扩展到三维定位及定时。

除 GDOP 外，还有下列参数：

PDOP—— 三维位置几何精度因子；

HDOP—— 水平位置几何精度因子；

VDOP—— 高程几何精度因子；

TDOP—— 钟差几何精度因子。

$$m_T = \sqrt{q_{44}} \tag{7-16}$$

$$m_T = \mathrm{TDOP} \cdot m \tag{7-17}$$

式中　m—— 伪距误差。

当 m 以时间延迟表示时，m_T 即为定时误差。

同理，对于三维位置误差有

$$m_p = \sqrt{q_x^2 + q_y^2 + q_z^2}$$

定义

$$\mathrm{PDOP} = \sqrt{q_{33}^2 + q_{22}^2 + q_{11}^2} \tag{7-18}$$

于是

$$m_p = \mathrm{PDOP} \cdot m \tag{7-19}$$

类似地，可以定义 HDOP、VDOP，只是由于 3 个坐标轴指向与接收机所在位置的垂直高程方向不一致。VDOP 要以沿坐标轴 3 个分量误差在接收机垂线上的投影表示。

$$\mathrm{VDOP} = \sum_{i=1}^{3} (\boldsymbol{x}_i^0 \cdot \boldsymbol{q}) \tag{7-20}$$

式中　$\boldsymbol{x}_i^0$——3 个坐标轴的单位矢量。

$$\boldsymbol{q} = \begin{bmatrix} q_1^1 \\ q_2^2 \\ q_3^3 \end{bmatrix} \tag{7-21}$$

$$m_v = \mathrm{VDOP} \cdot m$$

以上推导中，以用户所在点位的地心向径代替该点的椭球体法线。

对于水平位置有

$$\mathrm{HDOP} = \sqrt{\mathrm{PDOP}^2 - \mathrm{VDOP}^2} \tag{7-22}$$

$$m_H = \mathrm{HDOP} \cdot m \tag{7-23}$$

GDOP 是综合的几何精度因子，表示所观测卫星的几何关系对计算用户位置和钟差的综合精度影响。

$$\mathrm{GDOP} = \sqrt{\mathrm{PDOP}^2 + \mathrm{TDOP}^2} \tag{7-24}$$

从上述定义可以看出，几何精度因子越大，精度越差。所以 GDOP 值的含义为几何衰减精度因子。由于卫星是运行的，对覆盖区的几何关系均不一样，因此不同地区的精度也有差异。

7.4　卫星导航测速原理[3]

RNSS 服务的重要任务是给用户测定航速。按位置对时间的导数求解航速在理论上是可行的，而在工程上则难以表达用户的瞬时航速。不能用于高速载体的运动特性描述，那么用伪距变化率，即伪距对时间的导数$\frac{\mathrm{d}\rho}{\mathrm{d}t}$观测量是合适的。由于伪距变化率与卫星导航信号的多普勒频率相关，即

$$\Delta f = \frac{1}{c}\frac{\mathrm{d}\rho}{\mathrm{d}t} \tag{7-25}$$

所以用户速度的求解，可用以上关系推导。在式(7-4) 的定位解中，当卫星和接收机钟存在频偏时，有

$$\Delta f = \frac{1}{c}\frac{\mathrm{d}\rho}{\mathrm{d}t} + \delta f^j - \delta f \tag{7-26}$$

式中　δf^j、δf—— 卫星钟和接收机钟的频偏。

卫星钟频偏可取自卫星广播星历，为已知值，接收机钟偏为待求解值，而

$$\boldsymbol{\rho} = \boldsymbol{r}^j - \boldsymbol{r}$$

$$\frac{\mathrm{d}\boldsymbol{p}}{\mathrm{d}t} = \frac{\mathrm{d}\boldsymbol{r}^j}{\mathrm{d}t} - \frac{\mathrm{d}\boldsymbol{r}}{\mathrm{d}t}$$

写成分量形式：

$$\frac{\mathrm{d}\rho_x}{\mathrm{d}t} = \frac{\mathrm{d}x^j}{\mathrm{d}t} - \frac{\mathrm{d}x}{\mathrm{d}t}$$

$$\frac{\mathrm{d}\rho_y}{\mathrm{d}t} = \frac{\mathrm{d}y^j}{\mathrm{d}t} - \frac{\mathrm{d}y}{\mathrm{d}t}$$

$$\frac{\mathrm{d}\rho_z}{\mathrm{d}t} = \frac{\mathrm{d}z^j}{\mathrm{d}t} - \frac{\mathrm{d}z}{\mathrm{d}t}$$

$$\frac{\mathrm{d}\rho}{\mathrm{d}t} = \left[\sum_{i=1}^{3}\left(\frac{\mathrm{d}x_i^j}{\mathrm{d}t} - \frac{\mathrm{d}x_i}{\mathrm{d}y}\right)^2\right]^{1/2}$$

代入式(7-26),有

$$\Delta f = \frac{1}{c}\left[\sum_{i=1}^{3}\left(\frac{\mathrm{d}x_i^j}{\mathrm{d}t} - \frac{\mathrm{d}x_i}{\mathrm{d}y}\right)^2\right]^{1/2} + \delta f^j - \delta f \tag{7-27}$$

式中 Δf—— 观测量;

$\frac{\mathrm{d}x}{\mathrm{d}t}$、$\frac{\mathrm{d}y}{\mathrm{d}t}$、$\frac{\mathrm{d}z}{\mathrm{d}t}$、$\delta f$—— 待求参数。

以0作为近似值代入式(7-26),对$\frac{\mathrm{d}x}{\mathrm{d}t}$、$\frac{\mathrm{d}y}{\mathrm{d}t}$、$\frac{\mathrm{d}z}{\mathrm{d}t}$、$\delta f$求偏导:

$$\varepsilon_1^j\delta\left(\frac{\mathrm{d}x}{\mathrm{d}t}\right) + \varepsilon_2^j\delta\left(\frac{\mathrm{d}y}{\mathrm{d}t}\right) + \varepsilon_3^j\delta\left(\frac{\mathrm{d}z}{\mathrm{d}t}\right) - \delta\left(\frac{\mathrm{d}f}{\mathrm{d}t}\right) = [F^j]_0 - [\Delta f]_{0b} \tag{7-28}$$

其中

$$\varepsilon_1^j = \frac{\partial\left(\frac{\mathrm{d}\rho^j}{\mathrm{d}t}\right)}{\partial\left(\frac{\mathrm{d}x}{\mathrm{d}t}\right)}$$

$$\varepsilon_2^j = \frac{\partial\left(\frac{\mathrm{d}\rho^j}{\mathrm{d}t}\right)}{\partial\left(\frac{\mathrm{d}y}{\mathrm{d}t}\right)}$$

$$\varepsilon_3^j = \frac{\partial\left(\frac{\mathrm{d}\rho^j}{\mathrm{d}t}\right)}{\partial\left(\frac{\mathrm{d}z}{\mathrm{d}t}\right)}$$

式中 $[\quad]_0$—— 近似值,可用0代入求得Δf的观测值。

观测j颗卫星,可按最小二乘法求解。

$$X = (\boldsymbol{A}^{\mathrm{T}}\boldsymbol{A})^{-1}\boldsymbol{A}^{\mathrm{T}}\boldsymbol{L}$$

$$\boldsymbol{A} = \begin{bmatrix} \varepsilon_1^1 & \varepsilon_2^1 & \varepsilon_3^1 & -1 \\ \varepsilon_1^2 & \varepsilon_2^2 & \varepsilon_3^2 & -1 \\ \vdots & \vdots & \vdots & \vdots \\ \varepsilon_1^J & \varepsilon_2^J & \varepsilon_3^J & -1 \end{bmatrix}$$

$$\boldsymbol{L} = \begin{bmatrix} [F^1]_0 - [\Delta f^1]_{0B} \\ [F^2]_0 - [\Delta f^2]_{0B} \\ \vdots \\ [F^J]_0 - [\Delta f^J]_{0B} \end{bmatrix} \tag{7-29}$$

$$x = \left(\frac{dx}{dt}\frac{dy}{dt}\frac{dz}{dt}\Delta f\right)^T$$

显然，按式(7－29)求解用户速度，必须已知卫星的速度。卫星运动速度可从电文数据块中的轨道信息进行计算。

这样解算的速度，原则上同样可用几何精度因子进行速率估计。

上述速度算法是将卫星钟速度变化为已知值进行的。显然，当卫星钟速偏离开模型变化时，那么该偏离将误作为用户速率和解算。所以，卫星导航速度求解，仍然需要高精度的卫星钟。

7.5　定位测速精度

由上述定位原理出发，卫星导航定位的主要误差源来自以下3个方面。

(1) 空间部分：卫星星历误差，卫星钟差，卫星设备时延。

(2) 用户部分：用户接收机测量误差，用户计算误差。

(3) 信号传播路径：对流层信号传播时延，电离层信号传播延迟。

空间部分的误差来源由系统的运行控制部分给出。仅卫星设备时延一项必须由卫星制造保证。卫星钟差可以通过运控系统的观测、建模进一步削弱。当然，卫星钟的准确度和稳定度越高，这种建模的精度也就越高。

用户接收机的测量误差不但和测量技术有关，还与卫星发射功率的大小，电磁环境干扰对载波噪声谱密度(C/N_0)的影响有关。

从卫星导航系统的概念出发，卫星导航的精度应分别针对不同航行用户、在不同航行阶段(条件)下精度的需求，进行具体的分析，分别给出满足精度的技术途径才是经济而可行的。

7.5.1　全球系统的定位精度

从表7－1～表7－3所列用户需求，一个全球系统的定位精度主要是满足长途航行的用户需要，或延伸到非精度进近需要，其最高精度在100m(95%)量级。为满足武器和空间导航，略有提高。这里所说的全球系统，是指系统仅利用稳定运行的非GEO卫星，无伪卫星技术的全球覆盖或区域覆盖系统。实践表明，在不考虑苛刻完好性的条件下，仅与卫星星座的选择有关。

7.5.2　全球＋区域增强系统定位精度

全球＋区域增强系统是在全球覆盖(或区域应用)的非GEO卫星星座内，增加GEO卫星。既提高定位精度，又满足更高要求的可用性、连续性、完好性指标。瞄准的最高服务对象是一类精密进近(CAT - Ⅰ)。所谓的区域卫星导航系统,应该按区域增强的用户需求来设计,其覆盖区精度指标应保障有机场的陆地、岛屿一类精密进近的要求,其标准应符合 ICAO 所列指标,即横向精度 18.2m,垂直精度 7.7m ~ 4.4m,并相应满足连续性风险 8×10^{-6}/15s,完好性风险 2×10^{-7}/进近,告警时间6s。按用户等效距离误差 UERE = 2.0m(95%),那么卫星星座的设计,应使得区域内机场覆盖区的指标满足如下要求:

$$HDOP \leqslant 9$$

$$VDOP \leqslant 3.85$$

当 GEO 卫星导航电文中,恰当安排短周期强实时电文的广播,如完好性信息、完好性告警信息等。多颗 GEO 卫星可以达到上述可靠性和可用性要求。

7.5.3　全球 + 区域 + 本地增强定位精度

该种模式是满足 CAT - Ⅱ 用户需求。

过渡历程短,是在全球 + 区域增强系统的基础上,通过地面伪卫星技术进行精度、完好性增强的。其实质是利用区域系统的成果,为机场建立着陆系统。一般不要用增加全球或区域的负担来满足定位精度的要求。

7.6　距离差分与径向速度差分

解决导航任务的方法还可以用距离差分测量方法。该方法是基于测量从用户至一颗或若干颗卫星的距离差。从本质上讲,这个方法类似于伪距测量法。因为在伪距测量时存在未知的偏差,才适合采用此方法。距离差分测量方法使用到 4 颗卫星的3个差值 $\Delta R_{ij} = R_i - R_j$,因为在导航时间内,未知的偏移 ΔR 是不变的,所以伪距差等于真实的距离差。要确定该距离差,需要 3 个独立的方程。导航参数是 ΔR_{ij},位置面由条件 ΔR_{ij} = const 决定,它是旋转双曲面的表面,该旋转双曲面的焦点及支点 i 和 j(第 i 和第 j 卫星的天线相位中心)的坐标。这些基点间的距离称为测量系统的基线。若卫星各支点到用户的距离比基线长,则在用户点附近的旋转双曲面上渐近重合,该圆锥体的顶点与基线中点重合,用这种方法确定的用户坐标精度与伪距法相当,这种测定的缺点是不能确定用户的时间偏移。

径向速度差分方法也可用来确定用户的速度矢量,该方法的实质在于确定卫星两个径向速度的3个差值 $\Delta \dot{R}_{ij} = \dot{R}_i - \dot{R}_j$,为此,可以相对于一颗或几颗卫星计算这些差值。实际上,计算差值时可以使用伪距径向速度。

正如距离差分法一样,用这种方法求出的速度矢量分量的精度与伪距变化率确定的精度一致。

径向速度差分方法的优点是对频率标准的稳定性不敏感,缺点是不能估计频率标准的不稳定性。

7.7　组合方法

除了已列举的确定用户位置的基本方法外,还有很多组合方法,这些组合方法使用了除卫星导航系统以外的,由用户提供的附加测量装置。当用户有高度测量装置时,在测量方法中可以不用4颗卫星的伪距,而只用3颗卫星的伪距,如海上用户高程变化不大,在精度要求不高的场合下,观测到3颗卫星的伪距也可进行用户位置的解算。

使用组合方法的其他情形包括用同时测量和顺序测量的组合,或只用顺序测量的集合。例如,用速度差分方法确定用户坐标来代替同时测量的组合。可以用到两颗卫星的两次顺序测量或用一颗卫星的4次顺序测量来取代至少4颗卫星的4次同时测量等。

7.8　载波相位差分法

精度要求非常高的用户可以采用载波相位差分技术。用户接收机利用相对于基准站的载波相位进行精密定位,这样载波的距离测量精度为载波波长的百分之几(典型值约为1mm)。这些相位差值也可以用于动态定位。特别对高等级的飞机进场着陆,如 Ⅱ 类精密进近、Ⅲ 类精密进近。然而,卫星与用户天线之间的距离通常超过1个波长(如GPS L_1 为19cm),由于相位差不包含波长的整周数,所以估算的位置存在多值性,为了实用,载波 - 相位差分(如DGP S) 要求解这个整周多值性($n\lambda$ 或 $n_{us}\lambda$)。

对于载波相位D GPS,移动的用户接收来自基准站的载波相位测量(原始的或换算的),并用它们形成单差,然后双差。单差是在用户和基准站之间,用于消除强相关的误差源。如电离层、对流层和卫星钟存在的误差完全消除了,因为用户与基准站之间的距离一般在30km左右。双差是用户接收的卫星之间,用于消除基准钟与用户钟之间的差。为解出"整周多值性" 需安排进一步的处理,为此一般采用不同时间的双差进行消除。在两个足够长时间上对卫星之间的双差为求解移动用户与基准站的位置差 $\Delta\bar{r}_u$ 的3个分量提供了足够的信息,但一般需要30min的双差观测序号时间。对于测绘用户,仅做事后处理是可行的。

对于飞机所需要的 Ⅱ/Ⅲ 类精密进近,不但要求可靠地消除多值性,而且要实时定位。有两种实时认定载波周长整数的方法,第一种方法是使用伪卫星,它是一个发射卫星导航信号的地基发射机,可以单频工作,如工作在GPS L_1 频点上,该卫星被置于接近路径之下，飞机大约在离地面1000m ~ 1500m处上空飞过。在这种设置下，当飞机在其上空通过时，从飞机到伪卫星的视线矢量扫过一个大的角度，这个大的角度改变，可以解出整周多值性。在着陆的情况下，这个角度改变不到1min便完成了，这是由于飞机在伪卫星上快速运动的结果。这个技术的演示成功率几乎达到百分之百，可提供厘米级三维定位精度。这种技术是“完好性信标着陆系统”的基础。

第二种方法叫“宽巷”，是简化多卫星搜索以分辨整周多值性的一种可行方法。所谓“宽巷”是利用L_1、L_2信号相乘形成的拍频(347.82MHz)，其波长为86cm，明显大于L_1(19cm)或L_2(24cm)的波长。从而，可使用码观测求解拍频信号的整周数，从而反过来大大降低为求解L_1整周数必须搜索的范围。对于L_2上有码相位的导航信号是比较方便的，否则要通过平方技术恢复L_2载波。

第8章　卫星导航系统性能需求与总体设计

现代海洋、航空、航天及陆上交通对导航需求日益增大，尤其是现代战争把卫星导航视为武器的倍增器，对卫星导航期待极高，提出了更多性能要求，更高性能指标。综合起来可分为以下3类。

(1) 必备性能需求。所谓必备性能是完成在途航行必备的基本要求，它包括精度、可用性、连续性、完好性等一系列指标。

(2) 增值性能要求。所谓增值性能要求是对导航性能扩展，包括利用导航系统实现定时、通信、用户识别等一系列增值要求。

(3) 集成性能要求。从系统整体性能出发而不仅是从导航性能出发提出了一系列集成创新要求，包括系统高度组合、信息相互融合的高性能指标要求。卫星导航系统设计，包括系统立项设计和工程设计。所谓立项设计又叫顶层设计，也有人称之为建筑学(System Architecting)，属于项目总体策划。工程设计(System Engineering)是对系统功能指标的分解，规划卫星、运行控制系统、增强系统及应用系统的具体指标和解决方案(Solution)。

8.1　RNSS的必备性能

RNSS必备性能是ICAO为民用航空导航提出的性能指标，见表7－1。虽然在此之前，美国、俄罗斯各部门都有相应的标准(表8－1～表8－6)，指标的名称和解释各有差异，指标规定的范围也各不相同。到目前为止，包括伽利略卫星导航系统设计，都将以下的指标列为必备性能要求：精度、可用性、连续性、完好性。

1. 精度

在给定的服务区域内或在执行航行任务阶段，用户设备不确定的位置坐标参数与真实坐标参数之差。对航空用户其可信度一般为0.95，即为2drms(2倍标准误差)。

表 8-1 俄罗斯无线电航空导航保障要求

任务	飞行区域	定位精度/m	(rms)
航线飞行	海洋上空	5800	30 ~ 40
	宽 20km 航线	2500	30 ~ 40
	宽 10km 航线	1250	30 ~ 40
	地方航线		
	Ⅰ类	500	30 ~ 40
	Ⅱ类	250	30 ~ 40
机场区域飞行		200	
为顶飞行(救生)		1 ~ 10	
非类型准备着陆		50	
准备着陆			
	Ⅰ类 $H = 30m$	4.5 ~ 8.5	1.5 ~ 2.0
	Ⅱ类 $H = 15m$	2.3 ~ 2.6	0.7 ~ 0.85
	Ⅲ类 $H = 2.4m$	2.0	0.2 ~ 0.3

表 8-2 俄罗斯对飞行着陆下降阶段的指标要求

级别	通道	偏差限制/m		高度/m	可用度	完好性	解决问题概率	不间断性
		测向	垂直					
1	内部的	±40	±12	60	0.9975	$T < 6s$	0.95	$(1 \times 10^{-6} \sim 1.4 \times 10^{-6})/15s$
	外部的	±121	±37	60	0.9975	$1 \sim 3.3 \times 10^{-7}$	$1 \sim 3.3 \times 10^{-7}$	$(1 \times 10^{-6} \sim 1 \times 10^{-4})/150s$
2	内部的	±21	±4.6	30	0.9985	$T < 2s$	0.95	$(1 \times 10^{-6} \sim 1.4 \times 10^{-6})/15s$
	外部的	±64	±14	30	0.9985	$1 \sim 3.3 \times 10^{-8}$	$1 \sim 3.3 \times 10^{-8}$	$(1 \times 10^{-6} \sim 1.4 \times 10^{-5})/165s$
3	内部的	±15	±1.5	15	0.999	$T < 1s$	0.95	$(1 \times 10^{-6} \sim 1.4 \times 10^{-6})/30s$
	外部的	±46	±4.6	15	0.999	$1 \sim 1.5 \times 10^{-7}$	$1 \sim 1.5 \times 10^{-9}$	$(1 \times 10^{-6} \sim 1.4 \times 10^{-6})/30s$

表 8-3 俄罗斯对海洋船只的无线电导航保障要求

任务	定位精度/(m,rms)	可用度	完好性①
公海航行	1400 ~ 3700	0.99	0.99
近海航行	100 ~ 60	0.99 ~ 0.997②	0.99
穿峡长区,进港	优于 20	0.99 ~ 0.997	0.99

（续）

任务	定位精度/(m,rms)	可用度	完好性①
港口机动	8	0.997	0.99
地图测绘仪海洋学	0.25 ~ 5	0.99	0.9 ~ 0.99
地质勘探,采矿	1 ~ 5	0.99	0.9 ~ 0.99
① 允许停报时间在1s ~ 1min,取决于海洋船只任务; ② 值为0.997时相对于大吨位船只			

表8-4　俄罗斯无线电导航规划要求

完好性检测参考	航线飞行	机场区域	着陆进场	
			非等级	等级
可用度	0.9996			
间值/m	250 ~ 8000	200	50 ~ 70	2.0 ~ 8.5
完好性检测概率	0.999		≥0.999999	
可用度:为用户在工作区域,在给定的时刻,以要求的精度得到可信位置信息(合格或不合格)的概率。为辅助导航完好性,此值为0.999时同意导航完好性				

表8-5　美国运输部《联邦无线电导航计划书》要求

飞行阶段	海洋	内部航线	机场区域	非等级着陆
允　许　值				
阈值/n mile	12.6	2.8	1.7	0.3
允许延迟/s	120	60	30	10
未　来　值				
阈值/n mile	5	1	0.5	0.1
允许延迟/s	30	30	10	6

表8-6　美国联邦航空局FAA导航系统精度标准

飞行阶段	最低高度/m	横向精度/(m,rms)	垂直精度/(m,rms)
航路终端	152	7400	500
非精密进近	76.2	3700	100
Ⅰ类精密进近	30.5	9.1	3.0
Ⅱ类精密进近	15.2	4.6	1.4
Ⅲ类精密进近	0	4.1	0.5

表 8-7 美国航空无线电技术委员会 RTCASC 159 对 RAIM 完好性建议要求

飞行阶段	保门时限 /n mile	最大告警概率 /h^{-1}	告警时间 /s	完好性最小检测概率
航路	2.0	0.002	30	0.999
终端	1.0	0.002	10	0.999
非精密进近	0.3 横向	0.002	10	0.999

2. 可用性

可用性是卫星导航系统面向用户的使用性能指标，是对系统工作性能概率的度量。目前，卫星导航尚无统一的标准。不同国家、不同用户、不同航行阶段的指标也不一样。我国一些部门定义武器装备可用性是指任意随机时刻需要使用系统时，系统能达到使用的程度。卫星导航系统的可用性可理解为用户给定服务区，给定定位精度，在给定时间内执行任务的能力。定义为可服务时间与希望服务时间之比：

$$A = \frac{\text{可服务时间}}{\text{希望服务时间}}$$

对于卫星导航用户希望 24h 连续服务。那么，一天中可提供额定服务时间所占的百分比，可用来表示其可用性。从上述概念出发，系统可用性应包括：

(1) 服务区内满足定位精度的 PDOP 值。当系统星座选定后，星座的固有可用度，用卫星偏差 CVs 值表示，是系统可用性的上限。

(2) 卫星及运行控制系统可靠性与备份策略。卫星的可靠性用寿命期间可提供正常服务的概率表示，随服务时间的延长逐渐降低。是面向制造商的考核指标，或者叫面向设备的制造指标。其度量的目标是设备寿命期间的可使用概率。是卫星导航系统可用性基础指标之一，也是星座可用性的基础指标之一。为确保系统星座的可用性，还需要制定完善的卫星发射备份策略，以满足星座中卫星数量和构成的 PDOP 值。其备份策略按计划发射或按需要发射而定，计划发射备份策略是根据卫星可靠性，凡达到设计寿命的卫星不论当前是否正常工作，都补充新的卫星。而按需要备份策略是卫星性能降低或失效后，按实际需要向星座补充卫星。为了不使服务中断或性能降低，需要细致策划星座的在轨备份卫星数、卫星出厂周期及地面备份卫星数、发射周期及入轨开通周期等备份条件的控制。一般情况下，用同一个轨道面提前发射在轨备份卫星来确保星座可用性。从备份情况而言，一个 RNSS 系统选择 3 个轨道面优于 6 个轨道面，可以节约备份卫星，并缩短星座控制的周期。

地面运行控制系统的可用性虽然也影响卫星系统的可用度，由于运行控制系统的主要备份手段和设备均有充足的冗余，其可用度在 0.9998 以上，对卫星导航系统的影响不大。

在这里必须注意的概念是,不可将可用性与可靠性混为一谈。设备的可靠性是系统可用性的重要基础质量指标。对卫星可靠性指标的分解,通过运控系统的配合,可以使系统的可用性得以重构。北斗的经验已初步表明,运控系统对卫星可靠性的重构,是可以推系统可用度的。

3. 连续性

连续性是用户在重要航行阶段系统服务性能的概率。它描述的具体内容,是指为用户提供导航的过程中,不发生非预计的中断,满足所需精度和完好性的概率。也可以用发生非预计性中断的概率来表示。ICAO 用导航信号的最大非连续性表示,单位为 1/h,即发生非预计性中断的概率(表 7-1),而伽利略用连续性风险和最大中断时间表示(表 7-2)。连续性风险的含义同 ICAO 的最大非连续性一致,最大中断用分钟表示,尚未确定具体中断时间,有待进一步确定。

连续性概念包括定位连续性和完好性监测连续性两种指标。定位连续性是不发生定位精度超标的概率,完好性检测连续性是不发生未被检测的概率或完好性保护限差不超标的两种概率连续性,分别用在不同的航行阶段。如 CAT-I 精密进近用完好性监测连续性表示,由各种导航行业根据用户的代价而确定。为满足更高的连续性,往往要通过地面增强技术才能实现。还有一些行业,也用系统不能满足导航信息的概率来描述连续性,这种连续性指标更低。

4. 完好性

完好性是导航信号发生故障的概率。具体描述为系统提供的导航信号使定位精度超标,不满足导航要求时由系统向用户提供及时告警的能力。用完好性风险、告警误差门限、告警时间 3 项指标表示。

(1) 完好性风险(IR),是指在工作过程中不管何种原因,引起告警的概率。

$$\text{完好性风险 IR} = \text{概率} / \text{时间}$$

本质要求是在航行的某一阶段,不管什么原因都不希望出现告警。比如,在精密进近的期间任何信号的告警都将对航行用户造成损害,即使是采取及时措施其风险也很大。所以,完好性风险是航行过程中任何误差可能导致定位误差超出告警门限误差的概率。在途航行一般不用该项指标,只有精密进近阶段采用该指标,通过周密的增强手段和专门设施来达到。

(2) 告警门限误差,是指特定导航阶段引起告警的用户位置最大允许偏差。不同的导航阶段,有不同的告警位置误差值,用水平偏差和垂直偏差表示。

(3) 告警时间,定义为故障发生到用户得到告警信息的时间周期。不同用户的不同导航阶段有不同的告警时间(表 7-1)。目前,只有 ICAO 和世界上少数几个国家有明确的上述导航必备性具体要求,中国民航宣布执行 ICAO 的规范要求。

必备性能要求是完成跨区域国际航行必须具备的基本性能要求,一个国家一个区域要为国际航行提供指定的导航保障,是国家和平发展的阶段性产物。为使自己的导航设施纳入国际通用导航保障系统，必须满足先进航行载体和人生安全的需求。美国政府历来采用和平发展和武力控制的两种手段实施霸权主义。通过民用服务，达到控制他国主要经济技术领域的目的。所以民用是军用的延伸，对国际承担的民用责任越重，机会越多，政治、经济控制力度越大。因此，在卫星导航领域大力加强民用分量，促进国际民用合作，既能推动和平发展，又能提高解决国际冲突的影响力。军用和民用是增强国家实力的两个方面，不可偏废。当然，必备导航性能也是军用用户必须的导航性能。

8.1.1 RNSS 增值性能

RNSS 增值性能是除定位服务以外的定时、定位认知（Awarness）报告性能。

卫星导航系统已成为世界最先进的时间比对手段。由于卫星导航系统的发展，已将跨区域的时间同步精度提高到 20ns ~ 50ns。GPS 已成为各国的主要时间同步手段。中国的北斗导航试验系统已达 20ns 的双向定时精度，逐渐应用于通信网络的同步，如果实现全国范围内的电力同步，则电力网的效率能提高几个百分点，这也是对节能和环境保护的巨大贡献。所以，提供方便而多种多样的定时服务，是卫星导航的增值性能之一。

从用户对导航需求的发展来看，人们对用户位置报告的需求越来越大。卫星导航是实现航空、航天交通控制，地面交通控制必要条件。位置报告是卫星导航系统增值的阀门，它可使系统的整体效益倍增。美国政府在构造 GPS 现代化的过程中，把位置报告作为重要导航需求，提出了导航通信（NAVCOMM）的新概念。北斗卫星导航系统已实现定位、定时、通信的完整结合，实现初级的用户认知报告。实际上用户认知报告还含有更广泛的含义，它包括对用户实行热成像位置认知，微波遥感位置认知，光学成像位置认知等更广泛的位置报告，这将在卫星导航高维性能要求中逐步实现。

8.1.2 RNSS 高维性能

卫星导航高维性能需求（High Dimensional Performance）来自于卫星导航的全面需求。除了综合上述必备性能、增值性能外，对卫星导航系统还提出了抗干扰性、抗欺骗性、安全性、自主性、排异性、信号可捕获性等要求。最集中地体现在 GPS 现代化进程中的导航战（Navigation Warfare，NAVWAR）概念中。其目标是：(1) 确保 GPS 信号的授权使用；(2) 防止非授权用户使用；(3) 对军事冲突区以外的民用用户影响极小。

高维性能突出体现在军用性能要求上，这种新的军用需求来源于美军对传统军事学的否定和精密交战（Precision Engagement）的体会。长期对一个地区的军事占领构成了美国政府的巨大负担，产生了越来越强的敌对情绪，而且与民主政治相悖,而精密交战是以恰到好处的军力和军需物资的投送形成出其不意的作战强度取代地区控制。科索沃、阿富汗、伊拉克战争的实践证明,将继续发展这一战略战术。主动的信息控制权可获得战场态势情况与作战动态计划相一致,可达到以最低极限力量取胜的目的。从信息控制权出发,导航需求概念包括:确保精确的位置认知;确保作战全过程中的军力同步;确保全球和战场 C^4I 构架下的导航能力的圆满集成,按上述军用和民用需求,将来的 GPS 将变成有如下能力的定位系统。

(1) 确保全球连续民用定位服务能力。

① 消除军用服务对全球民用服务的影响。

② 军用服务可以只在战斗期间控制导航信号。

③ 维护现存的民用与军用的所谓落后能力,既平稳过渡又实现多手段、多设备的冗余服务。

(2) 为航空和航天交通控制提供导航。

(3) 增强地面车载、船只定位的高精密导航信号。

(4) 增强我军及友军的战场认知能力,包括敌我识别能力。

(5) 保护来自传统的和非传统的干涉信号和电子欺骗,维护已有的电子对抗能力。

(6) 包容落后能力的演变和适应性。

卫星导航系统将从单纯的定位、测速性能,不断向定位测速、定时、位置认知报告、跟踪监视、事故报告、战场态势交互显示的多功能需求发展。

8.2　总体设计的任务与流程

美国卫星导航科学与应用界将 GPS 现代化的总体设计分为建筑学设计和工程学设计[18]。将卫星导航系统的顶层设计比喻成系统建筑学设计,是因为卫星导航系统总体设计就像接受用户的建筑大厦设计一样,首先需要帮助用户确定需求的重点和可接受的性能、组成、计划进度、技术风险、政治法律限制、项目的组织管理结构。建筑学设计的本质是构建一个多元结构、多种性能和工程系统的接口关系。一个天基导航系统的主要功能是定位、测速、定时及位置信息报告。这些功能是通过用户设备、空间的卫星和地面的运行控制来完成的。系统的设计还随外部条件来约束,如频率及带宽、民用行政政策、国际团体关系、干涉和干扰威胁、可用预算、规划计划等约束。这都是建筑学设计阶段必须论证和解决的,而成功的建筑学设计是建立在简化高维需求和高级解决方案上的。维的削减是通过用户需求,设计约束的均衡与匹配,以及对当前技术水平和工业趋向的恰如其分的分析而得出的。建筑学与工程学设计基本流程如图 8-1 所示。完成总体设计大体分为 6 个步骤。第 1 步 ~ 第 4 步为系统建筑学设计,其余步骤为工程学设计。

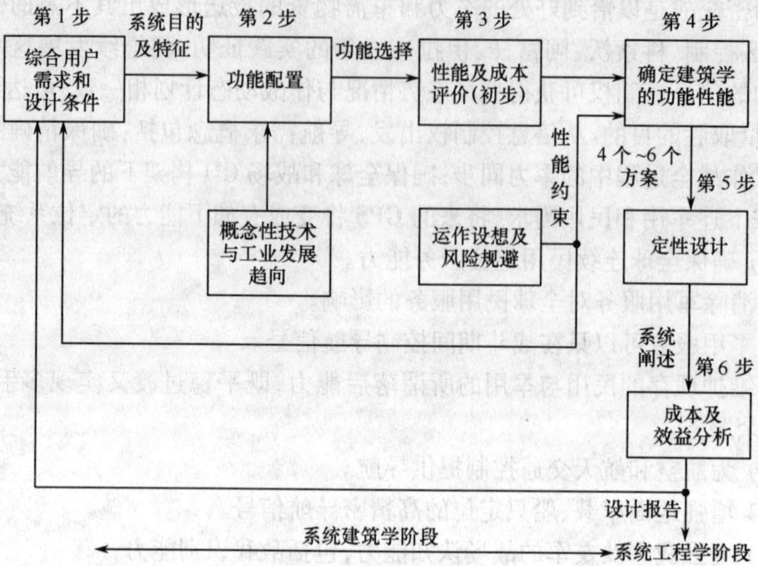

图8－1　系统建筑学与系统工程学进程框图

第1步　综合用户需求和设计条件

通过综合分析,准确阐述系统目的和性能特征,突出系统的服务对象、服务方式、服务业务。

第2步　功能配置

列出用户需求和设计条件约束下的系统功能,提出系统功能配置的若干个选择。在该过程中对系统所涉及的技术和工业基础条件进行深入分析。所谓的概念性技术的工业基础包括:高功率卫星技术与器件水平,大口径赋形卫星天线设计、加工,展开与控制技术,可编程集成式数字化接收机技术。地面差分增强系统设备与技术不仅要分析上述技术和工业基础水平,还要着重对其发展潜力、发展方向和发展速度给予足够的估计。因为卫星导航系统的建设一般需要10年左右的时间,第一寿命期也为10年左右。不但要考虑现在的水平,更要考虑20年内的发展趋势,使系统有足够的生命力和增值机会。

第3步　性能及成本评价

根据不同的功能配置方案,做出相应的性能及成本评价报告。在此阶段,要设计一个适合的运作设想,由于第2步中估计了约20年的技术与工业发展趋势,要有一个清晰的系统工程建设运作设想。对财政预算、技术风险采取相应的风险规避措施。将运作设想作为功能性设计的约束条件。

第4步　确定建筑学的功能性能

根据初步性能及成本评估,考虑运作机制及风险等设计条件,确定建筑学的功能、性能。由4个~6个选择逐步迭代为2个~3个选择。

第5步　定性设计

所谓定性设计，包括系统星座配置，以及卫星数量、成本及寿命。运行控制基本方案、主要手段与设备配置，可能产生的地面增强方案与建设方式，以便对系统构成、成本投入、建设周期、应用效益做出系统性阐述。

第6步　成本及效益分析

通过对建设的总成本，包括保障条件所需的成本，对可能产生的效益和成本回收进行分析，做出总体方案报告。如果不满意，再按第1步、第2步迭代，直到保持最佳效益比为止，最后确定系统总体设计方案和建设运作机制。

完成上述总体设计后，进入工程总体实施方案的设计，提出工程建设的具体解决方案，进行软、硬件的研制。

8.3　工程设计的任务与流程

系统工程设计的任务是落实总体实施方案，包括空间卫星部分、地面运行控制部分、用户部分的总体设计。其中起核心纽带作用是地面控制部分，将三大系统的接口关系规定在各部分的功能构造中。基本流程如图8-2所示。

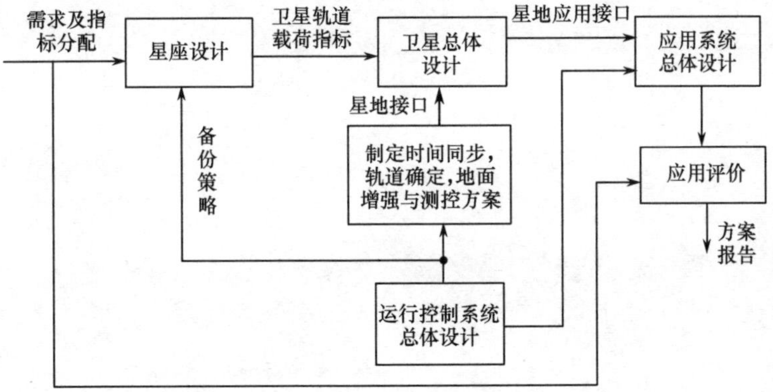

图8-2　系统工程设计

第1步　确定系统基本组成

由空间部分、地面运行控制部分、用户部分组成。

第2步　确定卫星导航体制及系统接口关系

根据总体设计分配指标，进行运行控制系统总体设计和卫星导航体制设计。由运行控制系统根据系统任务制定系统时间同步方案、卫星轨道测定方案、地面增强方案和星地测控方案，提出对卫星相应功能及指标要求。落实卫星时间同步、地面增强系统、总体测控系统相应方案及接口关系。根据卫星轨道确定的方案，制定卫星控制方案。明确或制定星间链路同步及伪距测量方案。

第3步　卫星总体方案设计

按卫星轨道，载荷要求和星地测控接口完成上述总体方案设计，落实运载及发射任务。

第4步　应用系统总体设计

根据系统提供的卫星导航信号，完成应用系统动态性能设计，各类用户应用系统及用户机设计。

第5步　应用评价与系统工程设计报告定稿

根据预期的效能和工程应用设计的结果做出工程设计评价，形成系统工程设计报告。

第9章　卫星导航体制设计

9.1　体制设计原则及设计内容

卫星导航起源于20世纪60年代初，美国和苏联在短短的几年内分别建设了以低轨（约1000km高度）卫星组成的导航星座，以甚高频（150MHz、400MHz）为工作频段，以多普勒测量为基本观测量的第一代全球卫星导航系统，即美国海军导航系统子午仪和苏联的"圣卡达"。与此同时，美国海军实验室（NRL）组织了"蒂马圣"（Timation）计划，空军SAMSO组织了621B计划。1973年，美国国防部合并了上述两个计划，从而确立了以20000km高度卫星为导航星座，以L频段（1559MHz ~ 1610MHz，1215MHz ~ 1260MHz）为导航信号频率，以伪距为观测量的全球定位系统的基本体制和研制计划。与此同时，苏联设计了类似的全球导航系统。体制演变之快速、彻底，给人们留下了深刻的教训和启发。

我国卫星导航事业起步较晚，出于国情的基本考虑，20世纪80年代开始第一代卫星导航系统的建设，选用了地球静止轨道卫星为导航星座，S、L频段为工作频率的卫星无线电测定体制，以完成我国陆地和海洋覆盖的区域卫星导航系统。在此基础上完成了对GPS卫星导航信号的精度、完好性增强试验工作，全面开展了建设我国卫星导航系统的试验、论证工作。并于2004年开始了我国第二代卫星导航系统的建设，参与了国际电信联盟关于卫星无线电导航系统频率工作的讨论、协调，向国际电信联盟申报了以Campass为网络名称，以北斗导航系统（China Campss Navigation Satellite System，CCNSS）为系统名称的建设计划。参与并组织了一系列国际磋商会，为中国卫星导航系统的建设创造了国际环境。中国卫星导航系统的建设，从历史的经验和未来系统高维性能的发展趋势出发，克服了推翻一个旧系统、建设一个新系统的冲击，提出了系统平稳过渡、独立体系、国际兼容、解决急需、着眼未来等一系列设计思考和解决方案。选择了将卫星无线电测定服务和卫星无线电导航系统融为一体的最佳集成方案，以实现NAVCOMM高维需求，创造了将卫星导航与用户识别、跟踪监视及用户位置交互显示的条件。

9.1.1 设计原则

为达到长远用户需求及利益,创造稳定而有生命力的服务效率,卫星导航系统的设计应遵循以下原则。

1. 坚持长远性和连续性

从系统可持续发展的潜力出发,注重系统服务方式的连续性,避免朝令夕改,避免权宜性技术措施,慎重对待推翻一个旧体制、创立一个新体制的决策。卫星导航系统的卫星数量多、用户面广、耗资巨大、技术复杂。尤其在卫星导航定位高维需求所涉及的工作频率,不仅与国际卫星导航系统关系复杂,而且与国际移动通信系统、传统的射电天文、航空无线电导航、雷达等频繁交错,也与国内传统电子对抗系统、已建成的其他无线电系统关系极大。在无线电信息系统发展迅猛的今天,容易相互克制,甚至自相残杀,关键时候形成不了整体效益。

2. 坚持协调性与融合性

人类已进入协调发展的文明时期,随着人们的需求不断增长,卫星导航与其他信息系统之间关系更加密切。从整体效益出发,卫星导航系统的发展应该与通信、雷达等其他应用系统协调一致。与通信、监视、探测、遥感、资源等信息间具有相互融合的潜力。如今空间资源、频率资源不仅是国家的重要资源与利益争夺对象,也成了各行各业竞争的对象,只有协调一致才能共同生存、共同发展。按照世界多数国家协调一致的国际规则选择系统体制,也是开拓市场,实现经济全球化的需要。

3. 注重经济与技术可行性

经济性是决定体制的重要因素,这种经济性,不仅从建设一个基本系统的经费出发,而且应以周期寿命费用为衡量标准。比如,以中低轨道小卫星群为导航星座的方案,从每颗卫星的经济性出发是可取的,但从周期寿命费用出发,就不一定合理。仿真验证表明,建立一个20000km高度的中高轨道的全球卫星导航系统的卫星数为24颗,而建立一个1000km高度的低轨道全球卫星导航系统的卫星数将是前者的4倍。由于相对用户的运动速度大,可视角随卫星高度的降低而减少。用户视场可观测卫星数减少,降低自主完好性性能,用户终端的难度加大,使用费用和风险加大。这就是为什么导航卫星轨道从子午仪的1000km升至20000km的原因之一。

技术的可行性,不但要从当前水平出发,更要考虑至少20年的发展趋向。因为一个系统的建设,大约需10年时间,而第一寿命周期约10年。技术可行性,既要考虑当前受制约的现实与发展趋势,还要考虑高维性能中导航对抗对系统安全性的影响和技术的生命力。

4. 安全性与竞争性

当今社会需求的期望与竞争激烈,无论是从和平发展,还是从军事斗争出发,均把卫星导航作为重要基础设施。欧洲坚持发展伽利略的目的和方案，均把安全性与竞争性放到重要位置。

9.1.2　设计内容

用户高维需求的增长，体制包含的内容随之增加。就目前阶段而言大体上应包括以下内容。

1. 服务方式及内容

目前任何一个卫星导航系统都采用了公开服务和授权服务两种方式。方式不一样，服务的内容也有差异。服务的内容已不满足于解决我在哪里的定位问题，还要解决何时在何处？并进一步了解相关用户在何处。位置报告已成普遍要求。物流管理，军力、军需投送还要了解任务执行效果。所以，服务内容从单一定位需求，逐渐扩展至定时、通信、识别（监视）、位置报告与交互显示多功能于一体。

2. 卫星轨道及星座选择

为了减少系统卫星数量，提高轨道的稳定性，增加用户的可视角，应选择较高的卫星轨道。为增强用户接收功率，提高导航信号抗干扰性能，宜选择较低的卫星轨道。在卫星发射功率不变的情况下，导航信号的强度与轨道高度的平方成反比。对于地面相同信号功率条件下，1000km 低轨卫星有效辐射功率比 20000km 卫星低 400 倍（26dB）。

3. 导航信号频率与编码调制方式

为适应复杂条件下高精度、可靠服务，导航信号的多频段、大带宽是其基本条件。为充分利用频谱资源、扩展服务方式，在已取得认可的指定带宽内采用多种调制及编码方式已成为导航信号调制的普遍手段。如同时采用 QPSK + BOC 调制，为 3 种授权方式用户提供不同精度和信号质量的服务。

4. 体系对抗与竞争策略

在复杂的国际关系和市场竞争下，建立一个独立的导航体系，以确保在任何时候、任何竞争条件下运行稳定，应具有较高的抗欺骗及抗干扰性能。为了确保全球市场，又要与有影响的国际流行卫星导航系统保持互通性和兼容性，才能做到真正立于不败之地。这种体系的对抗与竞争能力，充分体现在导航频率的选择、服务方式的分配、信号编码调制的各个方面。

9.2　服务方式及内容

服务方式有两种划分方法，一是按使用对象划分，二是按定位原理及性能划分。GPS 定位按使用对象划分为授权用户和非授权用户，授权用户使用精密定位服务 PPS，非授权用户使用标准定位服务 SPS，并按国家安全需要可实行可用性选择

(SA)。伽利略卫星导航系统按使用对象基本上也是按授权与非授权的方式提供服务,见表9-1。

表9-1 伽利略卫星导航系统业务特性[6]

业务	OAS	SAS（安全应用）	CAS（非安全应用）		GAS（未在商业情况中提及）
用户群	公众娱乐	航空海运	地面运输：公路、铁路	城市出租车业务	军事安全、政府、紧急
重要性	不重要	安全是关键	重要商用	重要商用	重要
市场	很大	小	大	小	未知
覆盖区	欧盟+全球	局部+欧盟+全球	欧盟+全球	局部+欧盟	欧盟
潜在收入	无直接收入	低,可回收成本	中等可回收成本	低可回收成本	低政府补贴
用户接口	简单、低费用、无标准	高级 MOPS 适合	商业级	商业级	专用
安全认证	无	有	无	无	无/有
接入	开放	航空：无差别 海运：授控	授控（商用）	授控（商用）	授控（军用）

业务等级定义如下。

(1) OAS:公众使用的开放接入区域/全球业务,归为不重要类,对安全或商业无影响。它提供基本的信息和非商业服务。

(2) SAS:安全类,受控服务。为局部/区域/全球业务,对生命安全有影响。因数据错误引发高风险,归为重要类。

(3) CAS:非安全类,受控接入局部/区域/全球业务。归为重要类,对业务效能和商业运作有影响。对安全有潜在危险,但不是直接的,安全程序可以减缓其危险。商用则可能需要保证可用性,并可能提出责任和相关损失问题。

(4) GAS:在政府/军方各部门的控制下有限的、安全的业务。

按定位原理和性能可划分为以下两种。

(1) RNSS 服务方式。按传统的卫星无线电导航原理服务,用户可自主完成位置、速度测算。不需要发射应答响应信号。可连续获得三维位置、三维速度和相应时刻信息,用户必须观测到4颗以上卫星。定位所需卫星数多,系统开销大。

(2) RDSS 服务方式。其定位原理是用户通过应答,由用户以外的控制系统完成卫星至用户的距离测量和位置解算,然后将定位结果发给用户。有位置报告能力且保密性好,其特点是所需卫星数少,用户只需观测两颗卫星。系统成本低,但不能完成瞬时速度测量。

将上述两种服务融合在一个系统是一种综合选择,既可完成连续实时定位、测速,又可兼顾用户位置报告和短电文通信,形成用户识别监视、编队管理、调度指挥、高危环境工作监控等能力。

9.3　卫星轨道及星座选择

RNSS轨道选择已日趋成熟。轨道选择的基本原则是遵循系统设计的总原则,即获得稳定的精度、可用度、连续性和完好性。还要充分考虑系统成本和技术可行性。设计的内容包括卫星高度、轨道面及卫星分配数、星座组成和测控方法。

9.3.1　轨道高度

卫星运行的高度分地面高度和轨道高度。卫星的地面高度为卫星在轨飞行时离开地球表面的距离,随卫星的地心纬度不同而不同。从图9-1可知,卫星的地面高度为[17]

$$H_S = R_S - R'_S \tag{9-1}$$

式中　R_S——卫星的向径,$R_S = OS_n^i$;

R'_S——星下点的地心距,在图9-1中,$R'_S = OS_1$。

$$R'_S = 6356755.625 + 21277.285\cos^2\varphi(\text{m}) \tag{9-2}$$

式中　φ——卫星的地心纬度,近似等于地理纬度。

卫星的轨道高度是近地点地面高度与远地点地面高度的平均值,即

$$H_{SM} = a - \frac{1}{2}(R'_{SP} + R'_{SA}) \tag{9-3}$$

式中　a——卫星轨道椭圆的长半轴;

R'_{SP}——近地点处星下点的地心距;

R'_{SA}——远地点处星下点的地心距;

H_{SM}——卫星轨道高度。

卫星轨道高度越高,能见角α越大。对于卫星信号波束覆盖角β为覆球波束时,从图9-2可知

$$\alpha = 180° - \beta - 2E_S \tag{9-4}$$

其中

$$\beta = 2\arcsin\frac{R_e}{R_e + H_{SM}}$$

式中　R_e——地球半径,$R_e = 6371.1(\text{km})$。

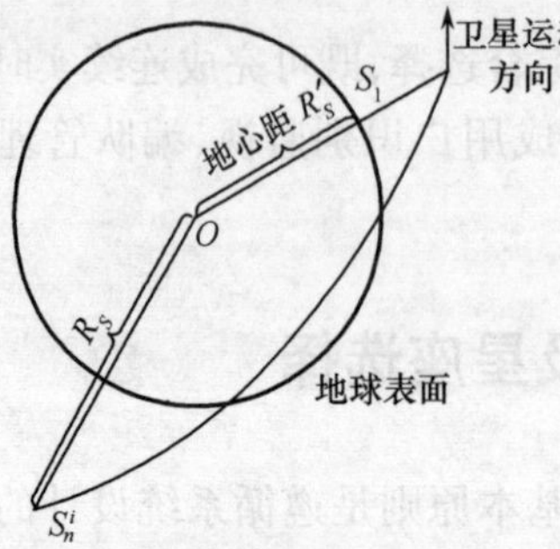

图9-1　卫星高度示意图

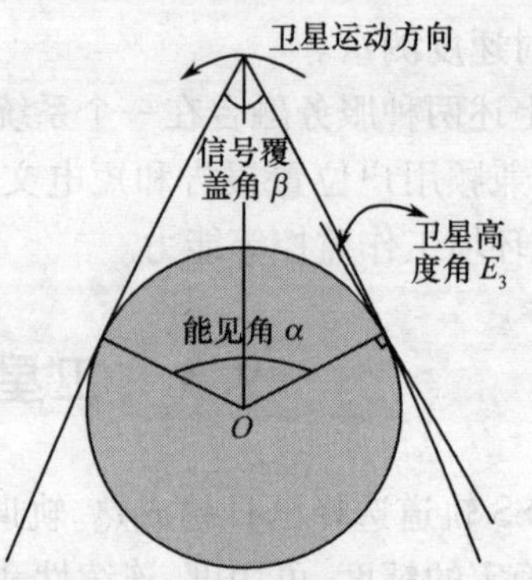

图9-2　卫星能见角

对于高度为20200 km的GPS卫星而言，H_{SM} = 20200km，地面用户对卫星的能见角α = 152.26°；当H_{SM} = 36000km时，能见角α = 162.7°。所以，轨道高有利于提高用户的能见角。对于同样数量的卫星星座，α越大，观测的卫星数越多，既有利于改善几何图形，提高定位精度，又有利于改善用户机的自主完好性（RAIM）。但选择卫星高度时，还要考虑卫星的回归周期与星下点轨迹和有效载荷的难度，轨道越高，为满足到达地面的功率通量密度、发射功率和卫星总功率按高度的平方增长。

9.3.2　星下点轨迹及其对测控方案的影响

卫星S和地球质心O在任一时刻t的连线与地球表面的相交点，叫做星下点（Subsatellite Point）。各星下点的连线称为星下点轨迹，如图9-3所示。

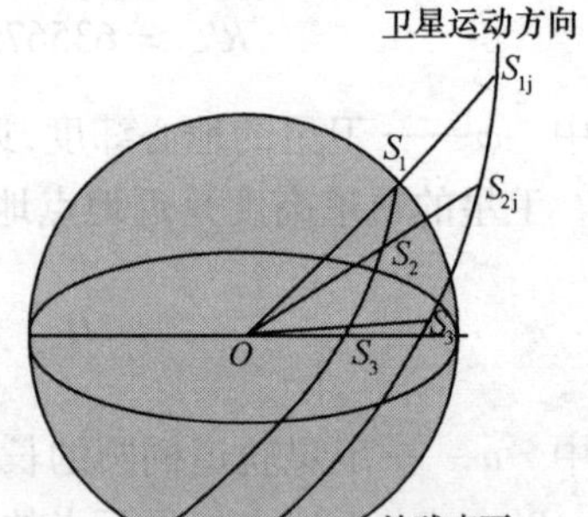

图9-3　星下点轨迹

S_1、S_2、S_3为星下点，它们的连线就是星下点轨迹。在理想状况下，星下点轨迹是画在地球表面上的一个大圆。但是，由于地球自转和轨道平面进动，每次卫星通过的地迹都不重复。当地球自西向东自转时，卫星地迹在地面上表现为逐圈向西移动。这一特性使得设在地球上的测控站总有机会见到任何轨道平面的卫星，为地面测控带来极大的方便。GPS卫星星下点轨迹如图9-4所示。

两颗卫星的地面轨迹，其中一颗卫星在经度0°处横穿赤道（北交点的经度为0°），第二颗卫星在同一轨道平面间隔90°。

对于地球倾斜同步轨迹（IGSO）卫星就不一样了，其星下点轨迹为通过赤道某一交点的“8”字，如图9-5所示。

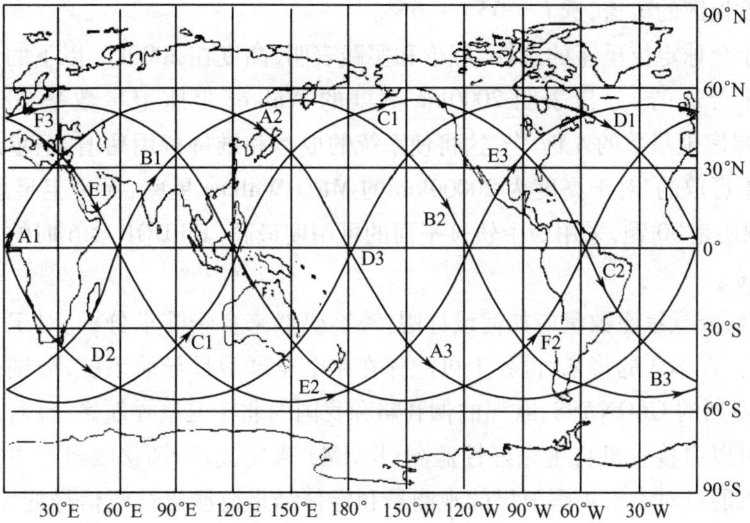

图9－4　GPS星下点轨迹

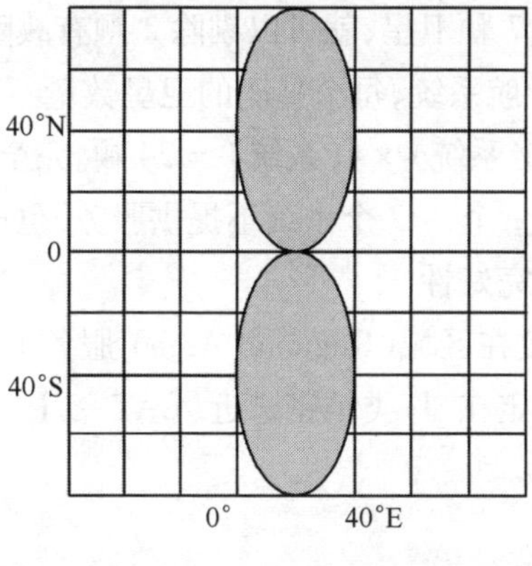

图9－5　IGSO星下点轨迹

那么，地面测控站只能看见固定的IGSO卫星，要观测到覆盖全球的所有IGSO卫星，必须实行全球布站方案。否则必须通过星间链路才能完成卫星测控、卫星时间同步及轨迹测量。所以，高度为36000km的IGSO卫星与GEO卫星一样，仅用于区域覆盖，难以完成全球覆盖。

9.3.3　轨道平面及星座卫星数量

描述卫星轨道的参数还有轨道平面，用上行升交点的赤径Ω和轨道倾角i来描述。较早的子午仪系统采用$i = 90°$的极轨道，GPS等现代卫星导航系统采用$0 < i < 90°$的倾斜轨道。为照顾低中纬度地区的覆盖，i较低，一般为45°～55°；为照顾

中高纬度地区的覆盖,选 $i = 55° \sim 65°$。

对于全球定位星座的选择,理论和实践表明,高度在 2000km 以下的低轨卫星星座是不合适的。分析表明 2000km 高度的 Walker 星座卫星数是 20000km 的 Walker 星座卫星数的 4 倍[19],这将使系统的成本和维持费用猛增。卫星总功率下降也是不可取的。对于高度为 20000km 的 MEO Walker 星座,无论卫星总数是 24 颗、27 颗还是 30 颗,采用 3 个轨迹平面的可用度最高,其PDOP ≤ 6 时的可用度可达 99.9% 。

那么,究竟星座数量应如何设计呢?答案仍然来自于需求分析。对于目前现实情况而言,在不久的将来,世界上可能存在 4 个全球卫星导航系统,分别是美国的 GPS、俄罗斯的 GLONASS、欧洲的伽利略和我国的北斗卫星导航系统。对于全球性能完全可以由接收机自主完好性监测(RAIM)来完成。所谓接收机自主完好性是由接收机通过对大于 4 颗卫星的观测量和定位结果监测出接收信号的完好性,从而剔除有故障的卫星信号观测结果,获得需要的定位精度和完好性。为此,至少应观测 5 颗卫星,才能做出完好性判断。如果同时观测到 6 颗卫星,就可以剔除 1 颗有故障的卫星信号,观测到 7 颗卫星,就可以剔除 2 颗有故障的卫星信号,以此类推。如果上述4 个全球卫星导航系统,每个星座的卫星数量不低于 24 颗时,用户可以观测到的总卫星数 = 6(颗/系统) ×4(系统) = 24 颗。完全可以满足航路导航、机场终端导航的需求。即使有 1 个 ~ 2 个系统不提供服务,也可以观测到 12 颗 ~ 18 颗卫星,有相当高的精度及完好性。

那么设计的重点应放在区域(Regional Area)服务上。从性能价格比最优的原则出发,区域服务的目标定在 Ⅰ 类精密进近(CAT - Ⅰ)是合适的。参考 ICAO 的标准可归纳如下。

精度(可信度 95%):

横向:18.2m

垂直:7.7m ~ 4.4m

最大非连续性:8×10^{-6}/15s

最大非完好性:2×10^{-7}/进近

告警时间:6s

可用度:0.9975

由于 CAT - Ⅰ 服务是有关生命安全,按授权或商业方式服务是合适的。尽管,用户有 24 颗可用卫星,还应该由国家或地区得到法律和经济责任保障的系统来承担。ICAO 还将有更严格的责任保障约束来评价国家(或地区)是否加入 GNSS 的系统。区域系统代表国家主权及服务能力,应该严格设计。

北斗卫星导航系统，将用地球静止轨道卫星（或IGSO卫星）来增强导航性能，达到满足CAT－Ⅰ的能力。用户的完好性将有两种冗余手段来完成：接收机自主完好性监测（RAIM）和系统完好性监测（SIM），SIM也称地面完好性信道（GIC）。所谓地面完好性监测是在地面利用特殊性能的接收机在服务区域内建立完好性监测站（IMS），搜集视线内所有卫星的导航信号，然后由中心站（CS）对卫星信号做出完好性判断，最后通过GEO卫星向用户广播。现在来分析两种完好性所需的卫星数。

（1）SIM卫星总数。采用SIM进行完好性监测的星座卫星总数，以满足CAT－Ⅰ精度和可用度为主。完好性保障以GEO卫星为主。提供完好性的GEO卫星数量的设计原则是，使区域内任何机场都能确保两个信道的完好性广播，即至少确保全区域的每个机场均能接收两颗GEO卫星的完好性信号，每颗卫星的观测仰角应大于25°。那么，对于中国区域系统应有4颗～5颗GEO卫星用于SIM完好性信息广播。

精度和可用度的考量，应以MEO卫星数＋GEO卫星数为基础，进行全区域连续24h PDOP设计。伽利略卫星导航系统设计分析表明，一个30颗MEO卫星组成的全球系统，用户视场最低可观测卫星数为8颗（优于99.99%概率）[8]，与GPS现代化和中国分析的结果一致。加上至少可观测到的2颗GEO卫星，用户可观测的总卫星数可达10颗。如果北斗卫星导航系统选用：5颗GEO卫星＋27颗MEO卫星＋3颗IGSO卫星，对于中国区域来说，完全可以独立承担CAT－Ⅰ任务。

（2）RAIM卫星数量。上述SIM卫星数表明，由于GEO卫星数量的加入，也增加了RAIM接收机自主完好性判断的可观测卫星数。对于北斗卫星导航系统，采用4颗～5颗GEO卫星＋30MEO卫星方案时，用户视场可观测卫星至少为（2＋8）颗。采用4颗～5颗GEO卫星＋27颗MEO＋3颗IGSO卫星方案时，用户视场可观测卫星基本相当，可用度有所提高。

上述两种手段的冗余备份将为北斗卫星导航系统进入世界GNSS创造必要而充分的条件。伽利略卫星导航系统在进行星座设计时所得出的结论如下[8]。

（1）为达到中高等级的性能指标，至少需要24颗卫星。卫星高度对性能指标的影响随卫星数量的增加而减弱。当全球星座卫星数≥27颗时，已无需考虑卫星高度对精度的贡献，如图9－6～图9－8所示。

UERE的假设见表9－2、表9－3。

表9－2　第一次行动的UERE

仰角/(°)	5	10	20	30	45	90
UERE/m	4.27	2.2	1.24	0.96	0.79	0.69

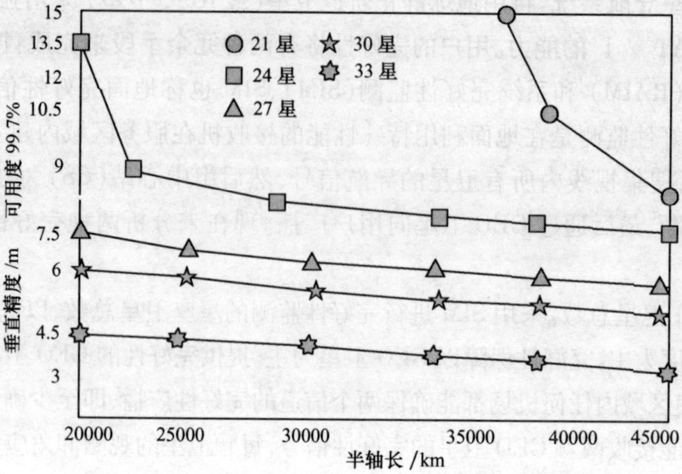

图 9－6　垂直精度与 MEO 卫星数量及高度关系

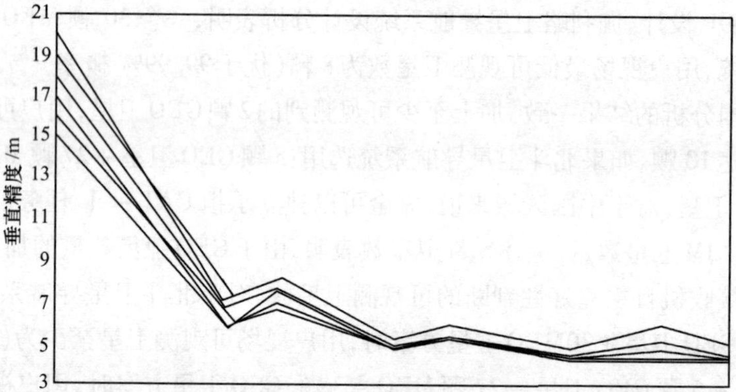

图 9－7　垂直精度与卫星数量和高度的关系（带有 3 颗 GEO 卫星，每一条曲线对应一个不同的高度（从 20500km ~ 30500km，步长 2000km））

表 9－3　第二次行动的 UERE

仰角	5	10	15	20	30	40	50	65	90
OAS UERE/m	3.25	2.05	1.65	1.4	1.3	1.2	1.0	0.9	0.9
CAS1 UERE/m	2.4	1.45	1.1	0.9	0.8	0.75	0.7	0.7	0.7
CAS2 UERE/m	2.3	1.3	1.05	0.9	0.8	0.75	0.7	0.7	0.7

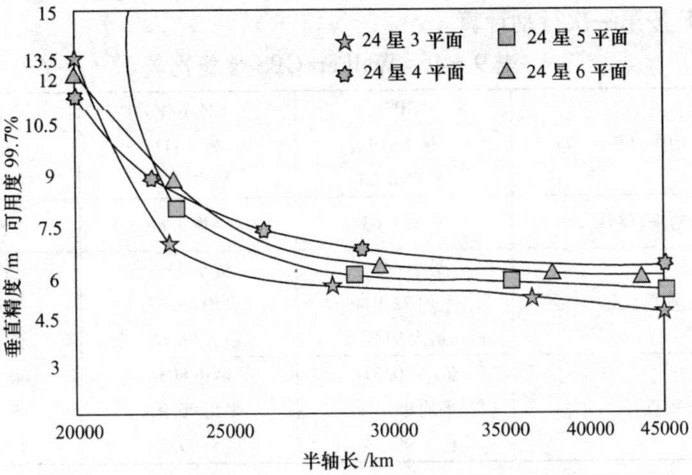

图 9－8　垂直精度与平面数高度关系(MEO 24 颗卫星)

(2) 30 颗 MEO 卫星的星座方案为优,选 Walker30/3/1 的星座设计为最优方案。当半长轴 $a \geqslant 25000$km 时,均能使垂直与平面精度优于 5.5m(可用度优于 99.7%),如图 9－9 所示。

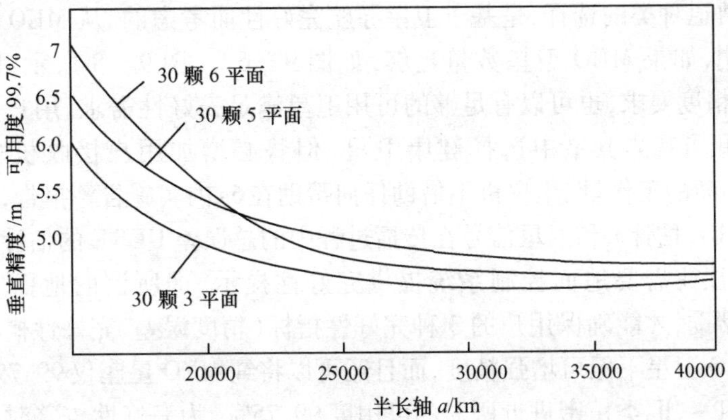

图 9－9　垂直精度与平面数量和卫星高度关系(30 颗卫星)

(3) 为了进一步提高可用度,应增加在轨备份卫星,而不必进行星座修改。

伽利略卫星导航系统用以下两个 Walker 星座与现行 24 颗卫星的 GPS 进行了比较,见表 9－4。这两个星座是:

①24/6/1;倾角 58°,高度同 GPS(轨道参数由 ESA 提供)。

②24/3/2;倾角 57°,高度同 GPS。

仿真区域是

$$(180°E \sim 180°W) \times (75°S \sim 75°N)$$

UERE 按第一次行动计算。

表 9-4 Walker/GPS 性能比较

	GPS	24/6/1	24/3/2
24h 内最坏的垂直精度/m	最大:19 平均:6.23	最大:11 平均:5.54	最大:6.6 平均:4.95
24h 内平均的垂直精度/m	平均 3.63	平均 3.66	平均 3.66
可用度(4m 垂直)	最小 24% 平均 72.9% 最大 91%	最小 43% 平均 69.6% 最大 96.8%	最小 44% 平均 73.8% 最大 95.8%
可用度(6m 垂直)	最小 90.6% 平均 98.1% 最大 99.5%	最小 80% 平均 96.9% 最大 99.5%	最小 94.9% 平均 98.6% 最大 99.3%

比较结果表明,GPS 现行指标与 CAT-Ⅰ要求相差甚远。星座设计不是最优,24h 的最差垂直精度有优化的必要。

9.3.4 卫星轨道种类的选择

前面已全面论述了轨道高度对卫星数量、星座可用度、精度的影响,这里专门提出卫星轨道种类的选择,是基于卫星导航完好性而考虑的。从 MEO 卫星数量统计分析表明,如果 MEO 卫星数量足够,如图 9-6 ~ 图 9-8 所示,既可以满足 CAT-Ⅰ精度要求,也可以有足够的可用卫星满足完好性需求。用户完全可以从 6 颗 ~12 颗可观测卫星中选择健康卫星,但势必增加用户接收机自主完好性(RAIM)判断的工作量。用户机不借助任何帮助在6s 内实施告警报告,对卫星信号的完好性(UE 估计)和卫星信号在传播过程中的总误差 UERE 的估计不可能有充分的手段。往往需要地面控制系统提供完好性提示,即所谓的地面完好性通道(GIC)的帮助,才能确保用户的 3 种完好性指标(精度误差、完好性概率和告警时间)。用 GEO 卫星不但可增强精度,而且还可以将纯 MEO 星座仅 99.7% 的可用度提高至 CAT-Ⅱ类精密进近所需的可用度 99.75%,为完好性告警时间和完好性概率做出贡献。GPS、GLONASS 没有 GEO 卫星,那么完成 CAT-Ⅰ导航要求是不充分的。尽管把卫星数量提高至30 颗,其CAT-Ⅰ的完好性是需要增强的。伽利略卫星导航系统在设计过程中,几度设计了 GEO 卫星,然而在 2005 年仍然放弃了 GEO 卫星加入的方案,那么完成CAT-Ⅰ导航任务同样需要GEO 卫星来增强完好性。北斗卫星导航系统,一方面考虑导航与通信的集成,另一方面考虑满足不同层次完好性告警时间和告警概率。增加了 GEO 卫星,对于完善中国区域的导航完好性是有益的,达到了资源充分利用的目的。

这就是为什么区域(Regional)导航任务的最佳星座是全球星座 + GEO 卫星增强的充分理由。

9.4　信号频率与调制编码方式

9.4.1　导航信号频率选择原则

从最早的子午仪卫星导航系统到今天成熟的全球卫星导航系统，导航信号频率经历了从 VHF、UHF 到 L 频段（含扩展 C 频段）的选择与协调，大家遵循的共同基本原则如下。

（1）有较高的频率可供选择，以便有更大的频带宽度，获得更高的测距精度。

（2）有较低的大气传播损耗，使卫星有效辐射功率 EIRP 最低，从而降低卫星总功耗及卫星总重量。

（3）有较强的植被穿透能力。

（4）系统间的频率干扰最小。

（5）有成熟的微波器件可供选择。

从子午仪开始，考虑当时器件的成熟程度，选用了 150MHz 和 400MHz 双频信号，以进行电离层传播时延校验。以致目前国际电信联盟继续保持这两个传统卫星导航频率的有效性。为了获得更多系统都拥有可靠的导航频率，2000 年的世界无线电行政大会 WRC - 2000，开展了一系列争取新导航频段的努力。

9.4.2　国际电信联盟推荐的导航频率

无线电定位的概念可以追溯到 1912 年，那时的国际电信联盟（后称为国际无线电报联盟），定义无线电定位的概念为：以无线电波传播特性为手段，确定一个物体的位置、速度和其他特性的业务为无线电定位。后来发展的雷达定位、多普勒定位、伪距定位都在该范畴之内。这一定义对其他无线电业务曾是一个有用的参考准则，但当时并未为明确的无线电定位安排频率。

由于20世纪60年代卫星技术的迅速发展，如子午仪、“圣卡达”多普勒导航技术的兴起，通过 AT&T 和新建立的 COMSAT 公司的努力，卫星通信已成为商业现实。基于这一发展，1963 年国际电信联盟召开了非常无线电行政大会，以确定哪些频率应该让位于卫星。但由于当时航天工业还太年轻，未能形成满意的概念。直至 1971 年，称之为空间通信的世界无线电行政大会（WARC - ST71），为卫星通信制定了总概念和管理体制。形成了几个重要概念：第一，成员国同意所有国家有“平等占用”静止卫星轨道（GSO）位置和卫星频带的权利；第二，后继发射的卫星通信系统必须避开对早先发射系统的干扰；第三，通过了一系列定义以适合所有可能想到的卫星业务。利用卫星资源来确定一个物体的位置、速度和属性特性的方法，定义为卫星无线电测定业务。1979 年召开的频率会议（WARC - 79），为航空移动卫星业务(AMSS)、卫星无线电导航系统确定了频率。发达国家 AMSS 以民用航空当局的法律形式接受了其频率安排。而卫星无线电导航业务以美国联邦政府的形式接受了其频率安排,用于计划中的全球定位系统(Navstar GPS)。由于没有一个国家有 RDSS 要求,所以没给 RDSS 分配频率。直到1985 年美国联邦政府通信委员会正式认定了基于扩谱调制的 RDSS 技术标准。2483.5MHz ~ 2500MHz 为卫星无线电测定(空对地)频率,1610MHz ~ 1626.5MHz 为航空无线电导航频率,同时也分配给卫星无线电测定地对空业务。中国在 20 世纪 90 年代进行北斗卫星导航系统试验,为在世界第三区建立 RDSS 频率规则而努力。由于受到 MSS 的冲击,2483.5MHz ~ 2500MHz、1610MHz ~1626.5MHz 频段,RDSS 只能作为次要业务,MSS 成为其重要业务。

WRC - 2000 提出了增加卫星导航频率的建议。在原来 1559MHz ~ 1610MHz 和 1215MHz ~ 1260MHz 的频率上增加了 1164MHz ~ 1215MHz、1260MHz ~ 1300MHz、5010MHz ~ 5030MHz 频段为空对地导航频率,1300MHz ~ 1350MHz 为上行注入频率。同时限定 1164MHz ~ 1215MHz 的功率通立密度 PFD ≤ - 110dBW/(m^2 · MHz),1260MHz ~ 1300MHz 的功率通立密度 PFD ≤ - 133dBW/(m^2 · MHz),并建议相关小组进行论证。中国支持下述建议:

(1) 同意增加1164MHz ~ 1215MHz、1260MHz ~ 1300 MHz 为卫星无线电导航空对地频率。

(2) 同意 1300MHz ~ 1350 MHz 为卫星无线电导航上行注入频率。

(3) 同意增加 5010MHz ~ 5030 MHz 为无线电导航空对地频率。

(4) 与频率申报网络操作者采用工作组方式进行功率通量密度等磋商。

(5) 对 ITU - R 小组关于 1610MHz ~ 1626.5MHz/2483.5MHz ~ 2500 MHz 用于 IMT - 2000 移动卫星业务的共享研究认为还没有完成。

目前已建成的 GPS 和 GLONASS 基本占据了 1559MHz ~ 1610 MHz 和 1215MHz ~ 1260 MHz 的两个频段,并在 WRC - 2000 大会后申报了部分新增频段。伽利略卫星导航系统和中国 Campass 网络申报了 1559MHz ~ 1610 MHz、1215MHz ~ 1260 MHz 以及新增导航频段。实际系统基本频谱分配如图 9 - 10 所示。

北斗导航系统的工作频率为

$$B_{1A}: 1561.098\text{MHz} \pm 2.046\text{MHz}$$

$$B_{1B}: 1589.742\text{MHz} \pm 2.046\text{MHz}$$

$$B_2: 1207\text{MHz} \pm 12\text{MHz}$$

$$B_3: 1268\text{MHz} \pm 12\text{MHz}$$

伽利略导航系统的工作频率为

公开服务(OS):在 E_5a、E_5b、L_1 信号上为全球所有用户免费提供位置和时间信息。

商业服务(CS):在 E_6 信号上基于 OS 标准服务提供额外的商业加密数据。

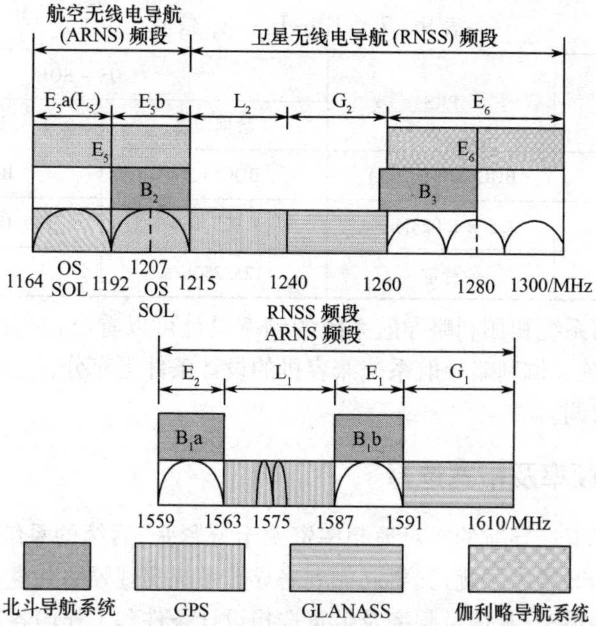

图 9-10　导航频率占有情况

生命安全服务(SOL):在 E_5a、E_5b、L1 信号上,基于标准服务,附加 SISA 信息。

公共事业服务(PRS):在 E_6 和 L_1 信号上采用加密码和加密数据。

其信号计划见表 9-5 ~ 表 9-7。

表 9-5　E_5 信号

业务	OS - SOL			
	数据信道	导频信道	数据信道	导频信道
载波频率	E_{5a} = 1176.45 MHz		E_{5b} = 1207.14 MHz	
数据 符号速率	25b/s 50b/s	N/A	125b/s 250b/s	N/A
UMRP(10°)	-155dBW		-155dBW	
调制方式	交替 BOC 调制			

表 9-6　E_6 信号

业务	PRS	CS	
		数据信道	导频信道
调制方式	BOCcos(10,5)	BPSK(5)	BPSK(5)
功率比/%	50	25	25
码速率	5.115Mb/s	5.115 Mb/s	5.115 Mb/s
数据符号速率	待定	500/1000b/s	N/A
支持的业务	PRS	CS	CS
UMRP(10°)	-155dBW	-158dBW	-158dBW

表 9-7 E_2—L_1—E_1 信号

业务	PRS	OS - SOL	
		数据信道	导频信道
调制方式	BOCcos(15,2.5)	BOC(1,1)	BOC(1,1)
码速率	2.5 × 1.023Mc/s	1.023Mc/s	1.023Mc/s
数据/符号速率	待定	125/250b/s	N/A

由北斗导航系统和伽利略导航系统的频率设计可以看出，二者有较好的兼容性。北斗导航系统/伽利略导航系统兼容机的设计条件更充分，但要注意功率分配和调制编码的协调。

9.4.3 信号频率及带宽选择

由于可用于卫星导航的空对地频率资源十分紧张，后续的系统不得对先建立的 GPS、GLONASS 产生干扰，又要同伽利略导航系统实现频率共享，北斗导航系统的频率选择十分艰辛，其信号频率及带宽选择设计条件和工作内容如下。

(1) 不与 GPS、GLONASS 发生频段重叠。注意北斗与 GPS、GLONASS 间带外对带内的相互影响。应进行相关的干扰分析计算与协调。

(2) 在与伽利略导航系统的频率安排中，尽量减少重叠。进行用户视场内同频多址用户干扰计算。协调星座内卫星总数量及相应卫星到达地面的功率谱密度。

(3) 根据可供选择的带宽，设计北斗扩频码速率(chip)，估计北斗导航信号抗干扰能力和可达到的测距精度及信息速率。

下面以北斗 B_1 = 1589.742MHz ± 2.046 MHz 为例进行相互干扰的计算。

GPS C/A 码和 P 码，北斗 B_{1B} 均采用 QPSK 调制，其功率谱按 $\left(\frac{\sin x}{x}\right)^2$ 分布，$X = 2T_bF$，T_b 为 chip 宽度，其主瓣密度在 ±1 倍频以内，占总功率的 92%。第一副瓣在 ±1 倍频 ~ ±2 倍频之间，比主瓣约低 12dB(占总功率 6%)。可以看出：

(1) GPS C/A 码落入北斗 B_{1B} 的功率可以忽略不计。

(2) GPS P 码落入北斗 B_{1B} 的功率低于信号总功率的 6%(比总功率低 12dB 以上)。用户视场内最多可见 12 颗 GPS 卫星。

设 GPS 每颗卫星 P 码信号在北斗接收端的功率为 -163dBW，12 颗 GPS 卫星产生的最大干扰为

$$
\begin{aligned}
P_{ma} &= 10 \times \lg N + P_s - 12 \\
&= 10\lg 12 + (-163) - 12 \\
&= 10.8 - (175) \\
&= -164.2(\text{dBW})
\end{aligned}
$$

而北斗接收端的噪声功率为

$$P_0 = Bn_0 = BKT$$

式中　B—— 北斗接收机带宽,4.092MHz = 66dB · Hz;

K—— 玻尔兹曼常数,$K = -228.61$dBW/(Hz · k);

T—— 接收机噪声温度,300K = 24.77dB · K。

$$p_0 = -137.8\text{dBW}$$

P_{ma} 的加入使总噪声功率增加 0.03dB,可以忽略不计。

(3) 北斗 B_{1B} 信号落入 GPS P 码带宽的功率低于 B_{1B} 信号功率的1%,比主瓣低 17 dB 以上,对 GPS 不造成有害干扰。

现在来分析 GPS M 码对北斗 B_{1B} 的干扰情况。如果 GPS 在1575.42MHz 上采用 BOC 调制,BOC 调制的两个分列主瓣正好在 P 码的主瓣和第一旁瓣之间(见后面分析),这将对北斗 B_{1B} 造成比 P 码略严重的干扰,应根据 GPS M 码的具体设计进行分析。

用同样的方法,可分析 GLONASS 与北斗 B_{1B} 信号间的干扰,不同的是 GLONASS 采用频分制卫星识别方式。在 L_1 为1602MHz ~ 1165.5MHz 频段中,多个卫星的工作频率有下列关系:

$$f_n = f + \Delta f_1$$

$$f = 1602\text{MHz}$$

$$\Delta f_1 = 0.5625\ \text{MHz}$$

第一颗卫星的工作频率为 1602MHz + 0.5625 MHz = 1602.5625 MHz

P 码扩频码速率为 5.115Mb/s,C/A 码为 0.5115 Mb/s,所以 f_{1p} = 1602.5625MHz ± 5.115 MHz,与 CCNS B_{1B} 主瓣差为 5.6595 MHz。

GLONASS 主辨以外的信号频谱逐渐远离北斗 B_{1B} 信号,干扰减弱,相应为频谱关系如图 9 - 11 所示。多址用户的干扰计算应逐颗卫星进行。分析认为:北斗选用的 B_{1A}、B_{1B}、B_2、B_3 信号频率与现存的 GPS、GLONASS 及未来的伽利略导航系统的各个信号间的干扰不会造成显著危害。但是,如果某一频率信号在战争条件下,实施功率增强,就要根据增强的大小,进一步具体分析。所以,导航战的对抗是长期而复杂的工作,对抗的基础是自身导航信号应享有独立的频段和较大的带宽。选用多个导航频率也是提高抗干扰性能最有效的办法之一。

9.4.4　卫星多址识别与测距码设计

目前的两个全球卫星导航系统分别采用两种不同的卫星多址识别方式。GPS 采用 CDMA 码分多址识别,GLONASS 采用 FDMA 频分多址识别。俄罗斯强调其优越性是抗干扰能力强,对于窄带干扰不可能使视场内的所有可观测卫星均受影响。当今,产生宽带人为恶意干扰已十分容易,其优越性就不十分明显了。

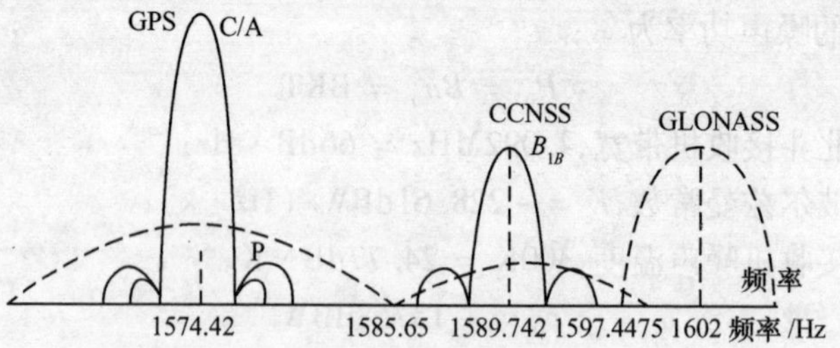

图 9-11　北斗与 GPS 相互频谱干扰

相反,接收机的频率系统复杂,增加了接收机的复杂度,且由于 GLONASS L_1 高端频率超过了 1610 MHz,对射电天文造成有害干扰。国际无线电咨询委员会(CCIR)组织建议俄罗斯 GLONASS L_1 频段压缩 1 倍,只能利用地球对面两颗卫星采用相同的频率来设计。这样,将有一系列问题需要解决。伽利略导航系统和我国北斗均采用码分多址识别方式,这种按码分多址设计的导航编码信号,既完成了卫星识别,又是精密伪距测量的基础。一般伪随机测距码(PR)信号编码设计的任务和特征如下。

(1) 确保良好的卫星识别,PR 码的自相关性要强,码族内各 PR 码的互相关性要弱。

(2) 确保伪距测量精度和信息传输误码率。确定测距精度的 PR 码 chip 速率已由前面所讨论的带宽所确定,信息传输误码率由信息速率及信息编码方案确定。

(3) 具有抗干扰、抗多路径能力。与 PR 码的重复周期(码长)有关,重复周期越长,扩频增益越高、抗干扰性增强。

(4) 有极短的捕获时间。为了快速捕获信号,其码周期要短,与(3)相矛值。有两种解决方法,一是采用 QPSK 调制,使 I 支路为短码,Q 支路为长码,用 I 支路引导对 Q 支路的捕获;二是研究 Q 支路长码的直接捕获方案。

根据以上要求,一般在多颗卫星信号的设计中,采用 QPSK 调制,以短周期 I 支路的快速捕获引导 Q 支路长码的捕获,而且完成对一颗卫星的捕获获得本地码的准确时间先验信息,使本地码时刻与接收码时刻的时间同步迅速逼近 1ms 至数毫秒量级,以便完成对其他卫星 Q 支路长码的直接捕获。

I 支路一般叫粗码或民用码,称为 C 码。Q 支路安排有较高的码速率和更长的码周期,叫精密测距码,也称为 P 码。

C 码一般为 m 序列伪随机码,或 Gold 序列伪随机码。

1. m 序列码

m 序列码具有良好的伪随机特性和生成简便等特点,是一种非常可取的伪随机码。它是最长线性反馈移位寄存器序列的简称,由带线性反馈的移位寄存器产生。m 序列发生器如图 9-12 所示。

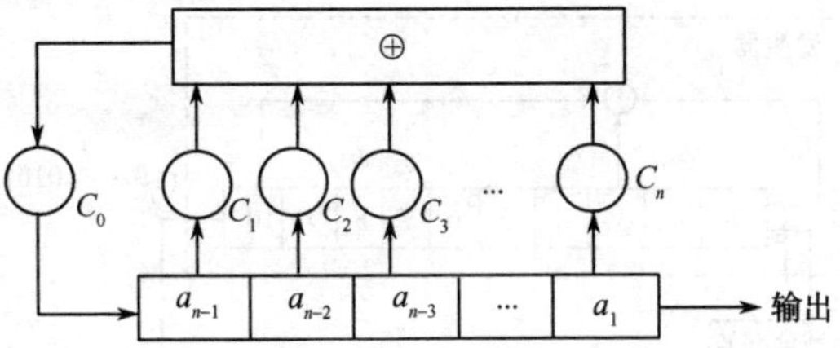

图9－12　m序列发生器框图

m序列的特征多项式为

$$f(x) = c_0 + c_1x + c_2x^2 + \cdots + c_nx^n \tag{9-5}$$

反馈移位寄存器产生序列的充要条件是其特征多项式$f(x)$是一个本原多项式,一个n级线性反馈移位寄存器产生的m序列,其周期长度为

$$P = 2^n - 1$$

上述m序列的性质可概述如下。

(1)在m序列的一个周期中,“1”的个数仅比“0”的个数多一个。

(2)长度为k的游程数目占游程总数目的2^k,游程是指序列中的连续“1”和连续“0”的个数。

(3)一个m序列m_p与其经过任意次延迟产生的m序列m_r模2相加得到的仍是m_p的某次延迟产生的序列m_s,即

$$m_p + m_r = m_s$$

(4)m序列的自相关函数是一个双值函数:

$$R(i) = \begin{cases} 1 & i = 1 \\ -1/p & i = 1,2,\cdots,p-1 \end{cases} \tag{9-6}$$

具有良好的自相关特性。

(5)m序列的自相关函数可以看做是一个冲激函数。由于自相关函数与功率谱密度函数构成一对傅里叶变换,因此m序列的功率谱密度随周期长度P和码速率的增加而趋于白噪声。

2. Gold序列

m序列虽有良好的伪随机特性和相关特性,但序列的个数较少,因此产生了Gold序列。Gold序列继承了m序列的优点,序列个数又远大于m序列,这是因为它是m序列的复合码,由两个长度相同、速率相同,但排序不同的m序列优选对按逐位模2加运算生成。一对n级的m序列优选对可产生2^n+1个Gold码,这种码发生器结构简单,易于实现,在工程中应用广泛。GPS C/A码是优良的Gold码,如图9－13所示。

GPS C/A码是为粗捕获而设计的短码,它的长度为1023b,码速率为1.03Mb/s,持续时间为1ms,GPS每一颗卫星的C/A码都是由两个1023b的伪噪声码$G_1(t)$和$G_2(t)$的模2加构成的Gold码。因此,模2加码的周期也是1023b,并表

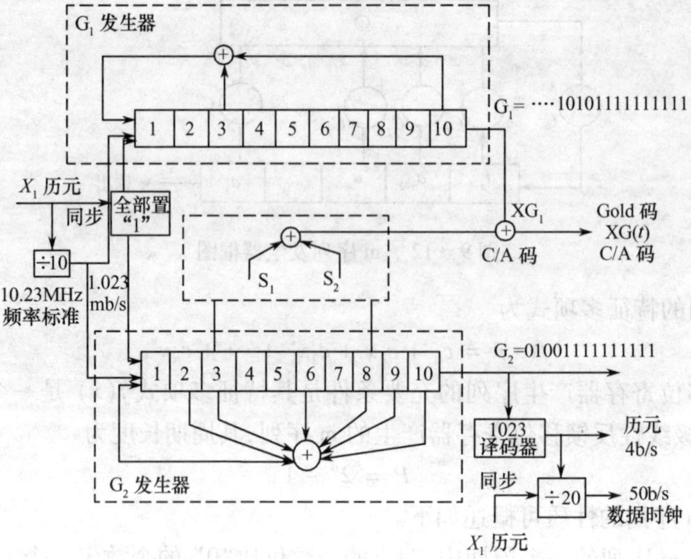

图 9－13 GPS C/A 码发生器

示为

$$XG(t) = G_1(t)\ G_2[t + N_i(10\ T)] \tag{9-7}$$

式中 N_i——G_1 和 G_2 间相位偏置的码元数。

要注意的是，C/A 码的码元宽度为 $10T$ 秒。总共有 1023 个不同的偏置量 N_i，因此，这类不同的码也有 1023 个。G_1 和 G_2 码都是由最长的 10 级线性移位寄存器产生的。为了同 X_1 历元同步，G_1 和 G_2 移位寄存器全被置于"1"状态。抽头位置由两种发生器的多项式来确定，即

$$G_1: G_1(X) = 1 + X^3 + X^{10}$$

$$G_2: G_2(X) = 1 + X^2 + X^3 + X^6 + X^8 + X^9 + X^{10} \tag{9-8}$$

因为 Gold 码的周期为 1ms，所以每一个数据位有 20 个 C/A 码的历元。50b/s 数据时钟是 C/A 码和 X_1 两个码的历元同步。

图 9－13 表示 GPS C/A 发生器由两个 10 级的反馈移位寄存器构成。移位寄存器由 1.023Mb/s 时钟驱动。G_1 寄存器的反馈抽头在 3、10 级，G_2 寄存器的反馈抽头在 3、6、8、10 级。通过在某些点上断开的 G_2 寄存器的抽头来产生各种延迟偏置，并把两个序列模 2 相加，获得 G_2 序列延迟形式（循环相加特性）。

G 码按 1000b/s 历元进行 20 分频，以获得 50b/s 数据时钟。所有的时钟均由 X_1 同步。

卫星导航测距码的设计重点是实现精密测距。其设计要求可归纳如下。

(1) 应是一个超长周期码，至少应大于测距所需的时延。最好是一个无周期

码,以防欺骗、盗用。只有在作引导码时才是短周期码。

(2) 码速率(chip 速率) 足够高,以满足测距精度,但受导航频率和频带宽度的限制。

(3) 自相关函数是二电平的,当序列与本身比较时具有最大值,而与其移位序列比较时副峰是均匀且显著变小。

(4) 不同地址码的互相关函数值尽量小,以满足接收机中多颗卫星信号处理要求。

(5) 测距码的直接捕获时间应尽量短。

(6) 序列族中测距码的个数应相当多,以满足星座中多个卫星的地址编码。

(7) 码结构简单,易于实现和更改。

(8) 具有较大的线性复杂度,不易被盗用、欺骗。

按照上述条件综合考虑,常用的序列有 m 序列、Gold 序列、Bent 序列、复合码等。

GPS 精度测距码(即 P 码),是一个周期为一星期的长周期码。其变化框图如图 9－14 所示。

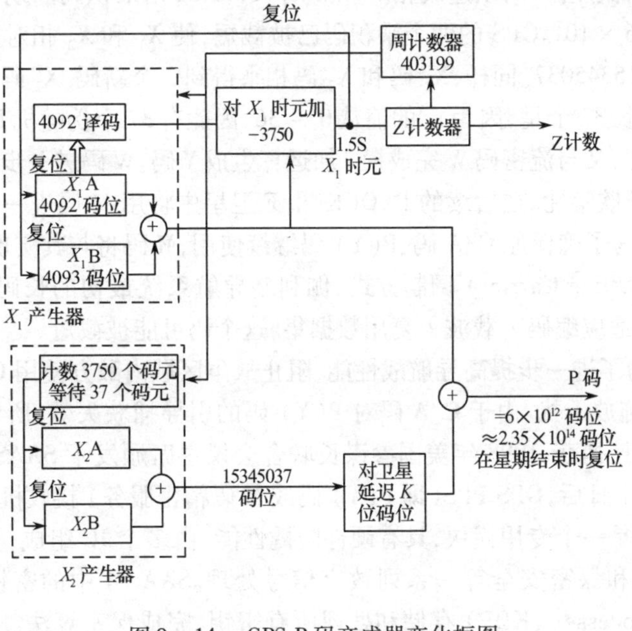

图 9－14　GPS P 码产成器变化框图

在一个周期内,每颗卫星的码均不相互重叠。卫星 i 的 GPS P 码由两个 PN 码 $X_1(t)$ 和 $X_2(t+n_it)$ 相乘而得。其中,X 的周期为 1.5s 或 15345000 个码位,$X_2(t)$ 的周期为 15345037 或长出 37 个标准码位。这两个码序列于同一个时元(初相) 复位以开始一个星期(周)。X_1 和 X_2 的码速率均为10.23Mb/s,且时钟是同相的。故P码能以下列乘积码的的形式表述:

$$XP_i(t) = X_1(t)X_2(t + n_iT) \qquad 0 \leqslant n_i \leqslant 36$$

式中,$X_1(t)$ 和 $X_2(t)$ 是取值为 ±1 的二进制码,$XP_i(t)$ 于星期的起始时刻复位。每颗卫星 $X_1(t)$ 与 $X_2(t)$ 之间的延迟为 n_i 个时钟周期,每个时钟周期是 $1/10.23 \times 10^6$(s),如图9-14所示。X_1 码和 X_2 码都是由两个不同的12级线性反馈移位寄存器对的乘积产生的。这两个寄存器对分别记作 X_1A、X_1B 和 X_2A、X_2B,其多项式在GPS-ICD-200中规定为

$$X_1A: 1 + X^6 + X^8 + X^{11} + X^{12}$$

$$X_1B: 1 + X + X^2 + X^5 + X^8 + X^9 + X^{10} + X^{11} + X^{12}$$

$$X_2A: 1 + X + X^3 + X^4 + X^5 + X^7 + X^8 + X^9 + X^{10} + X^{11} + X^{12}$$

$$X_2B: 1 + X + X^3 + X^4 + X^8 + X^9 + X^{12}$$

这些多项式决定了图9-14中 X_1A、X_1B、X_2A、X_2B 这4个12级移位寄存器的反馈抽头位置。12级最大长度移位寄存器所产生码的周期为 $2^{12} - 1 = 4095$。如果两个码产生器被截短循环,以造成相对原周期 ≤4095,则乘积码周期为两个周期的乘积,约为1.6×10^7。GPS的两个乘积码已被截短,使 X_1 和 X_2 相对原周期分别是15345000和15345037。同样,X_1 码和 X_2 码相乘得到一个新码。X_2 码的周期之所以变化比 X_1 码长37个是,因为 n_i 的值从0~36,因此有37个伪随机P码。为了进一步提高复杂度,又与流密码W完成模2加运算生成Y码。W码进一步提高了精密测距码的防电子欺骗性。在后续的BLOCK Ⅱ F卫星中将用M码进一步提高军用接收机的性能。为了确保原C/A码、P(Y)码继续使用,M码将与其实现频率共享,用BOC(Binary Office Carrier)调制方式。伽利略导航系统最初的长码为2097151b,即 $2^{21} - 1$,为适应编码/载波/复用数据集,这个码可能被截短。

美军方为了进一步提高导航战性能,阻止战争区域内敌方使用GPS C/A码服务(SPS),将施放干扰。由于C/A码对P(Y)码的引导捕获失效,所以必须实现对P(Y)码的直接捕获。1998年美国参谋长联合会议主席颁发了SAASM命令,要求2002年10月1日后,GPS PPS(即P(Y)码或M码精密服务)接收机包含SAASM。这个SAASM是一个专用模块,具有硬件防撬性能,由多个IC组成,分别完成军码的产生、捕获和保密安全等一系列数字信号处理。SAASM中的密钥数据处理器(Key Data Processer,KDP)存储和处理所有密钥,完成保密算法。KDP不是由制造商提供,而是由政府提供,其硬件设计也不对接收机制造商公开。为此,美国政府建立了一套KDP加载和安装设施(KLIF),是唯一加载保密软件的地方。SAASM的生产管理过程如下:以SAASM为核心的PPS接收机制造商,从政府有关部门获得KDP之后,与其他IC集成,设计并制造出本公司的SAASM模块;然

后将模块送至KLIF，向SAASM加载黑密钥软件的保密文件；黑密钥体制是非常保密的，可用非保密手段分发，随后再由制造商取回，加载应用软件，完成SAASM的全部制造过程。

以SAASM为基础的PPS接收机经GPS JPO评审批准，定义为非保密设备。当SAASM的GPS接收机联入应用设备（Host Application Equipment，HAE），如惯导复合制导设备时，KLIF要再输入其图像，以便对SAASM接收机的最终目的进行注册。HAE需由GPS JPO发放许可证。整个过程的关键是将模块送出KLIF，向SAASM加载何种软件？有无实效控制期？实效控制期的最长周期是多少？实效控制期短有利于加强保密，但太短会给用户机的使用造成不便。处理好保密强度又不增加注入时效参数的麻烦是黑密钥的关键技术。因此，设计一个超长码是合适的。

超长码设计基本方案如下。

所谓超长码是码周期极长的复合码。超长码基本产生方法有两种，一是复合法，二是参数控制法。

复合超长码的产生如图9－15所示。由P_1、P_2两个长码模2加生成。P_1、P_2码的码速率相同，P_1码受时效参数控制。

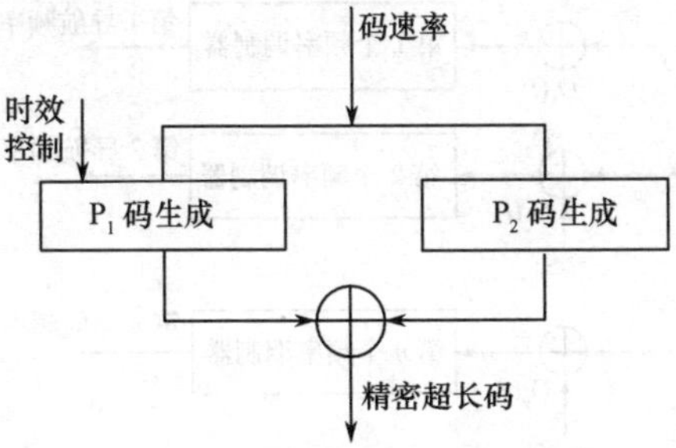

图9－15　复合法生成超长码框图

参数控制法生成超长码如图9－16所示。P_1码是生成控制P_2码的控制参数，由P_2码生成精密超长码。两种方案没有本质的区别，都可以完成超长精密测距码的生成，为了减小生成的软硬件开销，精心设计控制参数是必要的。

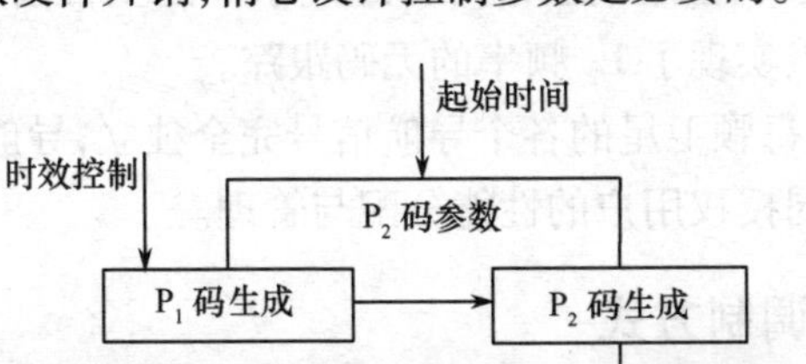

图9－16　参数控制法生成超长码框图

前面讨论了卫星超长精密测距码的产生。那么，一个星座数十颗卫星，每颗卫星的不同工作频率下的长码如何配置呢?配置的根据是什么?

每颗卫星不同工作频率超长精密测距码的配置有以下两种方案。

(1) 相同长码配置方案(图9-17)。为了识别不同卫星，其精密测距码PR不一样，但同一颗卫星的不同频率的PR码相同。

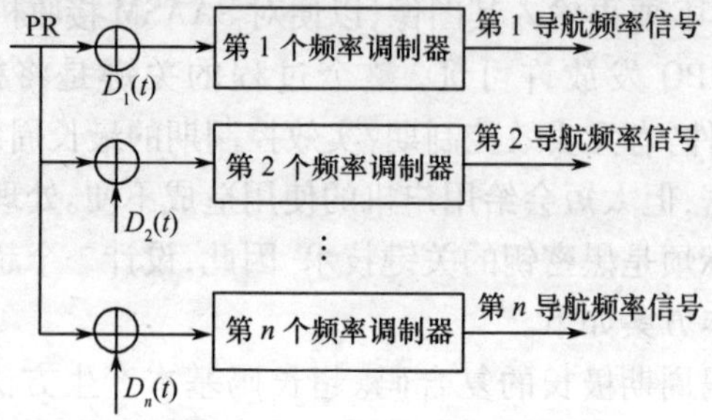

图 9－17　相同 PR 码配置方案

(2) 不同长码配置方案(图 9－18)。每颗卫星的工作频率均有不同的PR 码。

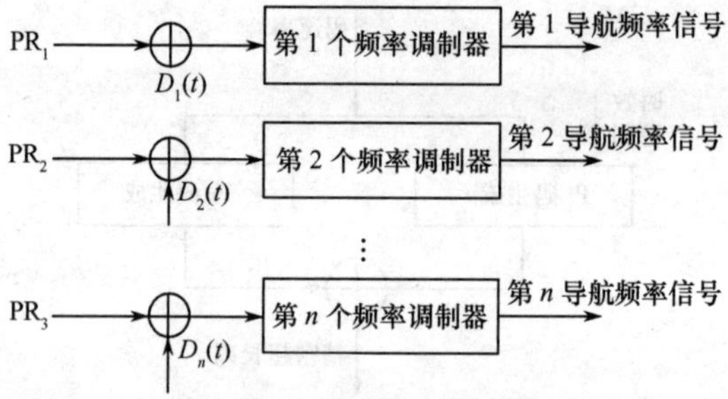

图 9－18　不同 PR 码配置方案

第一种方案对卫星载荷的开销低，有利于减轻卫星负担。一个超长码的规模将在 30 万单元 ~ 40 万单元，同样也降低了用户机的开销。但是，用户一旦获得一个频率上的 PR 跟踪，便可完成其他频率的跟踪。GPS 卫星目前采用相同长码配置方案，人们已利用其特点实现了 L_2 频率的无码跟踪。

第二种方案中的每颗卫星的各个导航信号完全独立，导航电文 $D(t)$ 也各不一样，这有利于各种不同授权用户的性能分配与管理。

9.4.5　导航信号调制方式

导航信号调制与通信信号调制[10] 在原理上并无太大区别。由于导航频率资源十分短缺，各大国均有建立卫星导航系统的行动。而且，由于商业的、军事的各种原因，对导航信号授权使用分配越来越精细、复杂，所以在同一个基本带宽内，存在着几种调制方案,以便按相位、频谱关系为不同的授权用户提供不同的服务内容和精度。QPSK + BOC调制已成为导航信号的普遍选择。而GPS增加BOC调制的M码还在于使M码与C/A码在频率上分开,以使战时干扰C/A码,对M码导航信号不产生影响。

1. 二相相移键控(BPSK)调制

设扩频码为$C(t)$,载波频率为ω_0,调相波可以表示为

$$S(t) = A\cos[\omega_0 t + \varphi c(t)] \tag{9-9}$$

式中 φ—— 相位调制指数。

若规定在扩频码序列中

$$\begin{cases} 当 C(t) = 0 时, \varphi c(t) = \pi \times 0 = 0 \\ 当 C(t) = 1 时, \varphi c(t) = \pi \end{cases}$$

则称这种调制为二相相移键控。这种二相相移键控信号可以表示为

$$S(t) = \begin{cases} A\cos\omega_0 t & 当 c(t) = 0 时 \\ -A\cos\omega_0 t & 当 c(t) = 1 时 \end{cases}$$

由于在扩频序列中(0,1)和(1,-1)同构,BPSK信号可以用平衡调制信号表示:

$$S(t) = Ac(t)\cos\omega_0 t \tag{9-10}$$

式中 $c(t)$—— 以"+1"、"-1"表示的扩频码序列。

2. 四相相移键控(QPSK)和偏移四相相移键控(OQPSK)调制

四相相移键控(QPSK)扩频信号可表示为

$$\begin{aligned} S(t) &= \sqrt{p}c_1(t)\cos[\omega_0 t + \theta_d(t)] + \\ &\quad \sqrt{p}c_2(t)\sin[\omega_0 t + \theta_d(t)] = a(t) + b(t) \end{aligned} \tag{9-11}$$

式中 $\theta_d(t)$—— 数据相位调制;

$c_1(t)$、$c_2(t)$—— 相互独立的正交扩频码,在这里假设它们只取值±1。

$c_1(t)$、$c_2(t)$码的宽度相同,时间上同步。普通QPSK调制器如图9-19所示,图中给出了QPSK调制信号的相位关系。由于$c_1(t)$、$c_2(t)$是取值±1的二元数字序列,在QPSK调制中,$c_1(t)$、$c_2(t)$符号改变发生在同一时刻,这样就有下列4种情况:(1,1)、(1,-1)、(-1,1)、(-1,-1),因此,QPSK信号相位可能改变为0°,±90°,或180°。

在QPSK扩频调制中,同相通道和正交通道的数据可以不同,这种调制器叫双通道调制器(图9-19),而且$c_1(t)$、$c_2(t)$的码速率也不相同,同相通道和正交通道的功率也不相同,卫星导航信号的调制也如此。QPSK调制的导航信号可写为

$$\begin{aligned} S(t) = &\sqrt{2p_I}d_1(t)c_1(t)\cos[\omega_0 t + \varphi_1] + \\ &\sqrt{2p_Q}d_1(t)c_2(t)\sin[\omega_0 t + \varphi_2] \end{aligned} \tag{9-12}$$

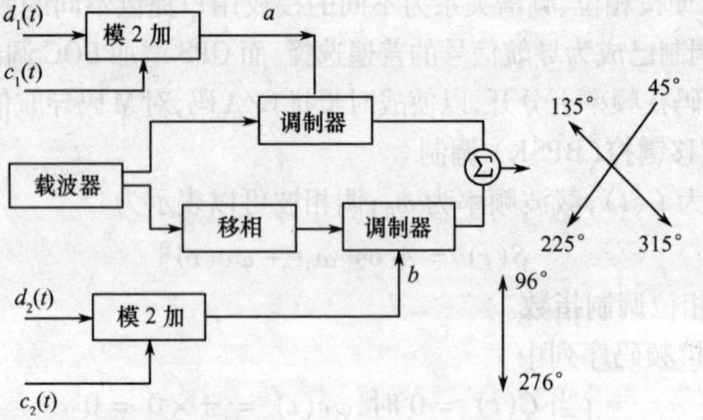

图 9－19 普通 QPSK 调制器

式中 p_I——I 支路距信号功率；

$c_1(t)$—— 粗测距码，在 GPS 中，称 C 码或 C/A 码码速率为 1.023Mb/s；

$d_1(t)$—— 调制在 C 码上的数据，数据速率为 50b/s 或更高；

$c_2(t)$—— 精密测距码，在 GPS 中称 P 码，也可以表示成 $P(t)$，码速率为 10.23Mb/s；

$d_2(t)$—— 调制在 P 码上的数据。

由上述讨论可以看出，在 BPSK 调制中，只有 0° 和 180° 两种相位。二进制序列中每一个码元即可对应两个可能的相位。四相相移键控信号有 4 个可能的相位，可以把它看成是载波相互正交的两个 BPSK 信号之和。若二进制码元宽度为 T_b，可以把这个二进制序列经数据分离器分成奇数序列和偶数序列两路，每路的码元宽度 T_c 扩展为 $2T_b$。将奇数据码序列经延时 T_c，送入 Q 支路信道，对载波 $\sin\omega_0 t$ 进行 BPSK 调制，偶数据码序列送入 I 支路信道，对 $\cos\omega_0 t$ 进行 BPSK 调制，将这两个二相相移信号相加得到 QPSK 信号。自然，可以想到只要将奇数路码序列延时 $T_b = T_c/2$，再做上述处理，即可得到 OQPSK 信号。

3. 二相偏置载波(BOC) 调制

为了充分利用有限带宽内的能量分布以达到传送多个导航信号的目的，将采用二相偏置载波调制，即 BOC 调制技术。GPS 在同一个 ± 12MHz 的带宽内，采用 QPSK 安排了 C/A 码民用导航信号，又安排了精密测距码信号，即 P 码导航信号。考虑到进一步提高军用码的性能，在这个带宽内又计划安排一个新的 M 码导航信号，这个 M 码导航信号将采用 BOC 调制，相应的功率谱如图 9－20 所示。

BOC 调制式采用双极性非归零方波副载波调制伪随机序列的一种副载波调制方式。伪随机序列周期很长，码的宽度为 T_P，扩频码速率为 F_P，取值为 ± 1。副载波是周期为 T_S 的方波，频率为 f_S(Hz) 取值也为 ± 1。调制时，随机序列的边沿对应方波的边沿。一般的偏置载波(Offset Carrier) 调制信号的包络是

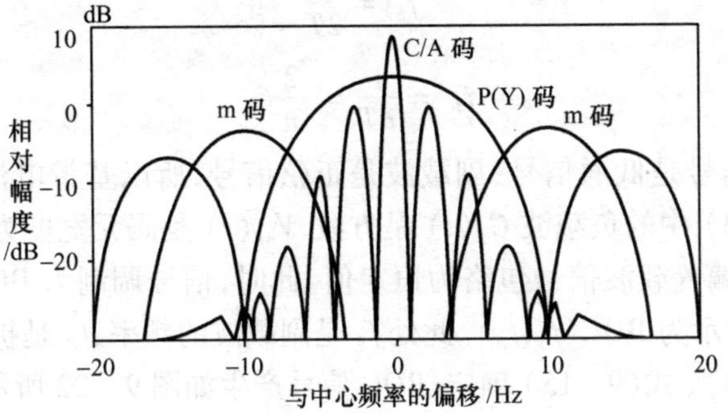

图 9－20　m 码与 C/A 码 P 码功率谱关系

$$S(t) = \mathrm{e}^{-i\theta}\sum_{k} a_k V_{nT}(t - knT - t_0) C_T(t - t_0) \qquad (9-13)$$

式中　a_k——单位幅度，随机相位的导航电文；

$C_T(t)$——周期为 $2T$ 的副载波；

$V_{nT}(t)$——码元宽度等于 nT 的方波或其他特殊波形的扩频信号；

n——$V_{nT}(t)$ 一个码元内半周期副载波的个数；

θ、t_0——副载波相位和时间的偏移量。

偏置载波调制也可以采用正弦波作为副载波。采用正弦波副载波及低通滤波器，可以提供很好的频谱容量。线性副载波信号产生器如图 9－21 所示。

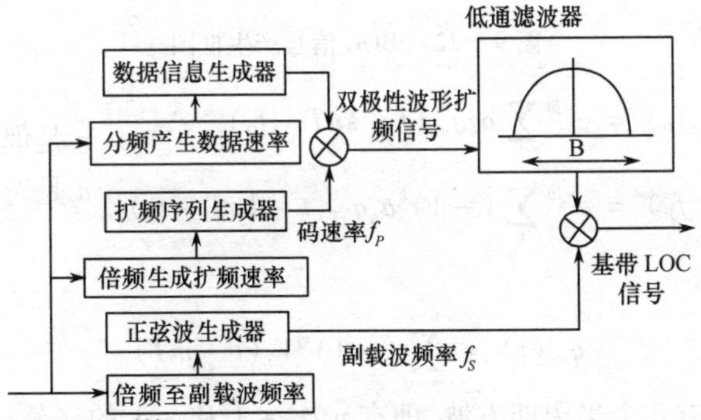

图 9－21　线性副载波信号产生器

导航数据、扩频信号、副载波的产生都采用同一时钟，以确保信号同步。扩频信号经过低通滤波器后，包络会发生改变。这种副载波调制方式称为线性副载波调制 LOC，其幅值是连续的。用 LOC(f_S,f_P,B) 表示，其中 f_S 是副载波 $C_T(t)$ 的频率；f_P 是精测距码速率；B 是扩频信号通过低通滤波器的带宽。

$$f_S = \frac{1}{2T} \tag{9-14}$$

$$f_P = \frac{1}{nT} = \frac{2}{n} f_S \tag{9-15}$$

由于扩频信号是低通信号,副载波是正弦信号,所以基带电流也是线性的。

当式(9-13)中的负载波 $C_T(t)$ 是方波,$V_{nT}(t)$ 是码元宽度为 nT 的未经滤波的方波信号时,偏置载波信号包络为恒定值。此时,信号调制为 BOC 调制。二进制偏置载波信号表示为 BOC(f_S,f_P)。此处 f_S 是副载波的频率,f_P 是扩频码速率,时间关系由式(9-14)、式(9-15)确定。BOC 信号产生如图 9-22 所示。与图 9-21 中 LOC 信号的产生不同,图 9-22 中所有基带信号都是二进制数,可采用二进制逻辑电路实现。作为式(9-13)的变型,BOC 调制复包络可以写成

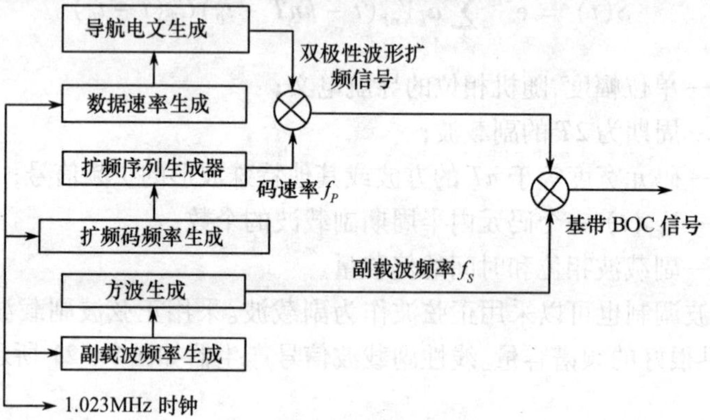

图 9-22　BOC 信号产生框图

$$S_{\mathrm{BOC}}(f_S,f_P) = \mathrm{e}^{-i\theta}\sum_k a_k q_{nT}(t - knT - t_0) \quad n\text{ 是偶数} \tag{9-16a}$$

$$S_{\mathrm{BOC}}(f_S,f_P) = \mathrm{e}^{-i\theta}\sum_k (-1)^k a_k q_{nT}(t - knT - t_0) \quad n\text{ 是奇数} \tag{9-16b}$$

其中

$$q_{nT}(t) = \sum_{m=0}^{n-1}(-1)^m V_T(t - mT) \tag{9-17}$$

$q_{nT}(t)$ 包含有几个半周期方波,即有 n 次 +1 和 -1 的交替。当 n 为偶数时,$q_{nT}(t)$ 是平衡信号(均值为零)。可以将 BOC 调制看作是 Manchester 调制的推广,一个扩频符号中有多于一次的 +1 和 -1 交替($n=2$ 的BOC码就是Manchester码。以 BOC(10,5) 信号为例,该信号采用扩频码速率为 5.115Mb/s 的扩频序列,调制 10.23MHz 方波副载波,BOC(10,5) 是(10.23,5.115) 的简写,一般 BOC(r,m) 信号表示的就是采用扩频码速度为m×1.023Mb/s的扩频码调制r×1.023Mb/s的方波副载波。其波形如图 9-23 所示。

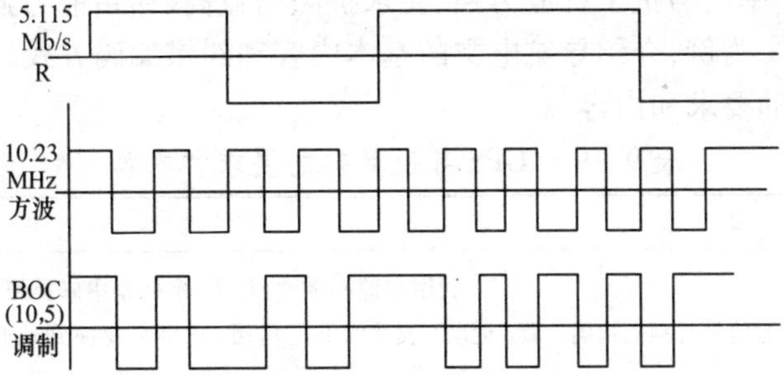

图9-23　BOC(10,5)基带信号

扩频序列为：+1，-1，+1，+1，-1。

从图9-23可以看出，BOC信号基本特点是幅度为常数，便于数字电路实现。BOC(10,5)信号的每一个chip乘上方波幅载波两个完整的周期，这相当于用BOC调制信号进行直接序列扩频调制。

通常，设计的BOC信号能量主要集中在24MHz GPS信号带宽的边缘，而频带中心的信号能量较小。24MHz带宽上BOC信号的主要参数见表9-8。

表9-8　BOC主要参数举例

调制	副载波频率 f_S/MHz	扩频码频率 f_P/MHz	扩频码元宽度 /ns	副载波频率与扩频码速率比值的2倍(n)
BOC(8,4)	8.184	4.092	244.4	4
BOC(9,3)	9.207	3.069	325.8	6
BOC(10,2)	10.23	2.046	488.8	10
BOC(10,1)	10.23	1.023	977.5	20
BOC(5,5)	5.115	5.115	195.5	2

9.4.6　导航电文有选择的纠错编码

导航电文是为用户提供定位和导航的基础数据，用户接收该电文可解算出卫星的钟差、星历、历书、电离层校正参数、差分校正参数和系统完好性信息以及其他广播信息。这些数据是由运行控制系统加载给卫星，然后由卫星向用户广播。还有一部分信息（如卫星完好性信息），是由卫星直接产生，向用户广播的。这些数据对用户的重复周期各不相同，以满足不同数据、不同响应周期之需要。对于完好性信息一般以1次/s进行更新，对于星历和历书新的周期可为30s，甚至12.5min。由于电文具有时间性和不同的更新周期，不同电文的误码率对用户的重要性也有所区别，所以导航电文的检错、纠错编码可以不一样。解决导航电文丰富、信息速率高与抗干扰能力强、要求扩频增益高、纠错能力强的矛盾。下面以GPS导航电文为例，介绍导航电文的基本内容和纠错编码方式。表9-9列出了GPS导航数据的要求和内容。

表9-9　GPS导航数据的要求和内容

序号	要　求	内　容
1	卫星发射信号时刻的精确位置	利用在地心惯性(ECI)坐标系中修正的开普勒模型(正弦近动)表示的卫星星历，且将它变换到地心地固(ECEF)坐标系
2	卫星发射信号时刻的精确时间	卫星钟差模型和相对论校正
3	按GDOP值选择卫星所需的卫星概略位置	卫星历书给出了整个GPS星坐概略位置、时间及健康状况
4	向授权用户提供卫星的测距估计偏差ERD，属长周期完好性信息	在导航电文中以导航电文校正表NMCT方式提供
5	时间传递信息	GPS时间向协调世界时(UTC)的转换数据
6	以C/A码引导捕获P码转换时间	发送子帧数，使在漫长的一星期内保持对P(Y)码1.5s(X_1序列)周期的跟踪，以辅助对P(Y)码的捕获
7	电离层改正数据	以电离层与用户位置及时间的关系表示的近似模型
8	卫星信号数据质量	用户测距精度(URA)

上述GPS导航电文中不具备广域差分改正信号和地面完好性监测信息。不满足必备导航性能条件，所以美国联邦航空局(FAA)提出了广域增强系统(WAAS)，向用户提出了差分改正数和短周期(1s)完好性信息。

GPS电文以50b/s数据串发送导航电文，P(Y)码的扩频码速率为10.23Mb/s，扩频增益为10.23Mb/s/50b/s = 53dB。当干扰信号高于信号电平40dB(10000倍)时，经过相关解扩后，接收机输出的信噪比还有13dB，可以满足解调导航电文的要求。相当于在200km的范围内400W发射机干扰下，GPS P(Y)码仍能正常解调导航电文，确保GPS接收机正常导航定位。干扰功率计算过程如下

$$P_J = \left(\frac{\Delta f}{\Delta F} - m\right)\frac{P_S G_S}{G_J}\left[\frac{R_J}{R_S}\right]^2 \qquad (9-18)$$

式中　Δf——扩频码速率，Δf = 10.23Mb/s；

ΔF——导航电文码速率，ΔF = 50b/s；

m——解调门限(含余量)，取13dB；

G_J——干扰发射机增益，取3.16dB；

G_S——卫星天线发射增益，取16dB；

P_S——欲接收卫星的信号功率，取30W；

R_J—— 距干扰源的距离，$R_J = 200\text{km}$；

R_S—— 距卫星的距离，$R_S = 20000\text{km}$。

当 m 为 13dB 时，电文误码率极低。

为了分析导航电文的编码需求，以 GPS 为例，列出了导航数据的定义和编排，可参见有关资料。

在导航电文的编码方案中，一定要选择检错能力强、易于实现的编码方案。循环冗余校验（CRC）加前向纠错方案是合适的选择，它具有极强的纠错能力，很小的冗余度，易于实现的优点。若用 24 位校验码，即 CRC24 校验加前向纠错编码方案，其检错能力如下。

（1）CRC24 可以检测所有两位错误（错误间隔小于 $N = 2^{23} - 1 = 8388607$）。

（2）CRC24 可以检测所有奇数位错误。

（3）CRC24 可以检测所有长度小于 24 的突发错误。

（4）当突发错误长度 $b = 25$ 时，CRC24 的不可检测概率 $P_H = 2^{-23} \approx 1.19209 \times 10^{-7}$；当突发错误长度 $b > 25$ 时，CRC24 的不可检测概率 $P_H = 2^{-24} \approx 5.96046 \times 10^{-8}$。

CRC24 编码方案如图 9－24 所示。

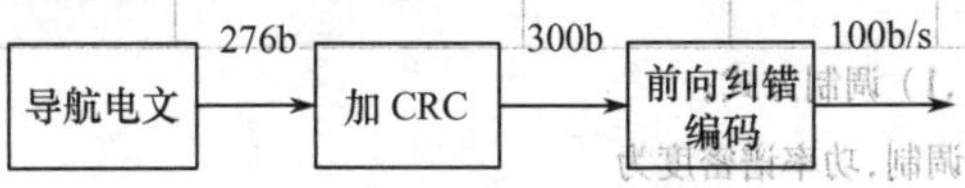

图 9－24　CRC 编码框图

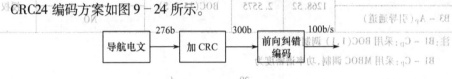

24b CRC 和 1/2 码率前向纠错卷积码一起构成信道编码，这种编码可以将扩频增益提高 10 dB。

9.4.7　北斗操作者对卫星导航频率兼容的主张及北斗信号结构

由于卫星导航频段十分紧张，虽然 WRC－2000 大会确定了 1164MHz～1215MHz 为无线电导航与卫星无线电导航的共用频段，可以增加一些卫星无线电导航业务，仍然满足不了日益增长的需要。于是，频率兼容提到议事日程，兼容与互操作成为全球卫星导航系统间讨论的热门话题。中国北斗操作者的主张是：所谓兼容是指两个或多个卫星导航系统共同工作时，彼此间产生的干扰不会使性能恶化；各系统间导航信号频率的部分重叠是不可避免的、可行而有益的。这一定义，有利于平等、公平分配更多的卫星导航业务。所谓互操作是指用户接受多个系统共用时，对导航精度、连续性、可用性和完好性的改善，将优于多系统接入所付出的代价。北斗导航信号的设计，可以与 GPS、Galileo 兼容互操作，提高导航性能，其主要参数见表 9－10。该表中的信号结构，是中国参与 ITU 相关国联规则讨论及双边国际协调的基础，是北斗操作者于 2008 年 9 月向 ITU－R WP4C 会议提交的输入文稿之一。在此次 WP4C 会议上，此新建议书初步草案（PDNR）上升为新建议书草案（DNR），并在

SG4 会议上获得通过。会后通过信函方式征询了各成员国的意见。

表 9－10 北斗全球系统信号结构

导航信号	载波频率/MHz	码速率/(Mb/s)	调制方式	导航数据速率/(b/s)/符号速率(sps)	服务类型
$B1_D$(数据通道)	1575.42	2.046	BOC(14,2)	50/100	授权
$B1_P$(引导通道)				NO	
B1－C_D(数据通道)	1575.42	1.023	MBOC(6,1,1/11)	50/100	开放
B1－C_P(引导通道)				NO	
$B2_D$(数据通道)	1191.795	10.23	AltBOC(15,10)	50/100	开放
$B2_P$(引导通道)				NO	
B3	1268.52	10.23	QPSK(10)	500 bps	授权
B3－A_D(数据通道)	1268.52	2.5575	BOC(15,2.5)	50/100	授权
B3－A_P(引导通道)				NO	

注：B1－C_D：采用 BOC(1,1) 调制方式；

B1－C_P：采用 MBOC 调制，功率谱密度为

$$\mathrm{MBOC}(f) = \frac{29}{33}\mathrm{BOC}_{1,1}(f) + \frac{4}{33}\mathrm{BOC}_{6,1}(f)$$

B1－C 功率谱密度为

$$s(f) = \frac{1}{4}\mathrm{BOC}_{1,1}(f) + \frac{3}{4}\mathrm{MBOC}(f) = \frac{10}{11}\mathrm{BOC}_{1,1}(f) + \frac{1}{11}\mathrm{BOC}_{6,1}(f)$$

北斗(Compass)信号设计特点可以概括如下：

(1) 授权服务信号考虑了现有导航频率资源短缺和 GPS、GLONASS、Galileo 和频谱分布，彼此间产生的干扰不会使性能恶化。

(2) 北斗开放服务导航信号与授权服务信号频谱分开，无有害干扰。

(3) 开放服务信号与 GPS、Galileo 开放服务信号具有相同的中心频率、扩频码速率、调制方式及电文编排格式，具有优良的互操作性。

(4) 全球北斗信号结构包含了北斗现行工作卫星的导航信号，具有包容性和连续性。

9.5 卫星导航的时间标准与计时方式

卫星导航系统以时间方式表达卫星和用户的运动轨迹，是描述宇宙事件的空间和时间基准。卫星导航可以求解用户的位置、速度和时间。卫星导航时间系统(SATNAVT) 是卫星导航体制的重要元素。

9.5.1　卫星导航时间系统

在每一个卫星导航系统中均按照本系统的时间系统维持卫星之间、卫星与地面控制系统之间、卫星与用户之间的时间同步。GPS 系统的卫星运动按 GPS T 时间系统描述，各个系统的时间系统由专门的时间频率系统保证，从而使每颗卫星的无线电发射信号时标保持精确同步。时间同步精度直接影响用户的定位精度。1ns 的卫星钟时间同步误差，引起的伪距误差为 0.3m，引起的定位误差还要乘上 PDOP 因子（PDOP $\geqslant 1$）。卫星导航系统的 SATNAVT 以原子时为度量标准，来维持导航的连续性。同协调世界时（UTC）的时间同步由一组参数进行转换，跳秒只在同 UTC 的换算以后才发生。

SATNAVT 以高精度、高稳定度原子钟组维持其时间系统的稳定性。由地面控制系统的原子钟组向主运行钟（MAST）提供时间与频率微调参数，使 MAST 保持极高的长期稳定性。地面钟组由氢原钟或铯原子钟组成。MAST 与各地面站和卫星原子钟进行时间比对，确保所有的卫星钟与 SATNAVT 保持同步。

卫星导航的 SATNAVT 与世界时（格林尼治平太阳时，Universal Time，UT）、UTC 等保持严格的时间同步关系。

9.5.2　世界时 UT

该时间系统包括年、月、日、时、分、秒。该时间计量系统由国际天文联合会第三届大会于 1928 年采用。

世界时由“平太阳”相对于格林尼治子午线的时角加 12h 进行度量。由于地球极移引起子午线位置的变化，按照所考虑的摄动因素的量级不同，可以划分为不同种类的世界时。

UT0：相对于没有修正的不精确格林尼治子午线的测量结果得到的世界时。

UT1：考虑地球极移的平均格林尼治子午线对应的世界时，它是日常生活中的时间测量的基准。

UT2：UT1 再进行季节修正后的世界时。

UT1R：对 UT2 再进行潮汐改正。

UT 等于地方平时减去观测者的地理经度 L；S_G（格林尼治恒星时）等于地方恒星时减 L，东经为正，西经为负。

9.5.3　协调世界时

UTC 通常用于日常生活，以原子时度量，周期性地（0.5 年 ~ 2.5 年）对其修正 1s，以保证 UT - UTC 不大于 0.9s。UTC 信号通过无线电广播网传播。1990 年 1 月 1 日（TA1 - UTC）之差为 25s。UTC 的优点：相对来说是均匀性较高的时标，本质上是原子时;与太阳时的自然过程(升起、降落)有比例关系。

9.5.4　儒略周期

利用上述所分析的时间系统去完整表示某一指定时刻,有时不是很方便(至少需要4个数:年、月、日和带小数的小时),所以实际上采用儒略周期的时间计量系统。它的方便之处在于使用天数计算当前时间(带少数部分的平太阳日)。该周期中的所有天按顺序编号,与所采用的日历系统中的年、月、日等无关。

天的计数称为儒略日(JD),从公元前4713年1月1日12:00时(儒略周期起点)起算到指定时刻。儒略周期总长度是7980年,1儒略世纪包含36525个平太阳日。

9.5.5　卫星导航时(SATNAVT)的计时方法

我们以GPS为代表来说明GPST的计时方法。

在GPS信号格式中有星期计数W_N、Z计数,它是基本的计时周期。在GPS时中,起始时刻规定在星期六子夜与星期日凌晨交界处,GPS以美国海军天文台保持的UTC时间为基准。GPST的零点规定在1980年元月5日子夜和1980年元月6日凌晨之交,此后,每经过19年Z计数要翻转1024个星期。UTC时标以格林尼治子午线的时间为参照点。GPS时与UTC不同之处在于:GPS没有闰秒,而UTC时有时插入闰秒。但是,GPS的控制系统要使GPS保持与UTC之差在1μs之内(模1s)。随着逐年的推移,GPS时与UTC时间将差若干总秒数。

表9-11列出了GPST与UTC的校正关系。

表9-11　GPST-UTC时钟校准参数

(取自GPS电文子帧4第18页)

参数	位数	标度因子 LSB	有效范围	单位
A_0	32[b]	2^{-30}	—	s
A_1	24[b]	2^{-50}	—	s/s
Δt_{IS}	8[b]	1	—	s
t_d	8	2^{12}	602112	s
WN_t	8	1	—	星期数
WN_{ISF}	8	1	—	星期数
DN	8[c]	1	7	天数
Δt_{ISF}	8[b]	1	—	s

注:(1)符号DN和WN分别表示天数和星期数;

(2)有n标的参数应该是2的补码,MSB是符号位(+或-);

(3)判断为正确

在这些信息中包含有将 GPST 与 UTC 关联起来的参数，并向用户公告由于跳秒 Δt_{IS} 造成的在最近的过去或最近的将来的 δt 时间，以及跳秒生效的星期号 WN_{ISF}。在极大多数时间里上述的关系均成立。

当用户工作在即将发生跳秒这一时刻，必须进行秒的调整。

利用子帧 4 的导航数据确定 GPS 时与 UTC 的关系的算法是

$$t_{UTC} = (t_E - \Delta t_{UTC}) \quad [模 86499s]$$

式中，t_{UTC} 单位为秒。

$$\Delta t_{UTC} = \Delta t_{IS} + A_0 + A_1(t_E - t_d + 604800(WN - WN_t))$$

式中　t_E——用户站估计的 GPST，依据是以子帧 1 时钟校正讨论中给出的因子，以及电离层参数和 SA 的影响来校正 t_{sl}；

Δt_{IS}——由于跳秒产生的 δ 时间；

A_0、A_1——多项式的常数和一阶项；

T_d——UTC 数据的基准时间；

WN——当前的星期数（由子帧 1 给出）；

WN_t——UTC 基准星期数。

一天的秒数为 86400s。

估计的 GPS 时间是相对于一星期的结束／开始的秒数。UTC 数据的基准时间 t_d 是以该星期起始时刻为基准的，这一星期的星期数在子帧 4 第 18 页的第 8 个字给出，该星期数表示星期数的 8LSB。用户必须留意星期数的截断特性（参阅 ICD－GPS－200）。

相对于用户当前时刻而言，跳秒的生效时间发生在过去，则上述关系式成立，只是 Δt_{ISF} 替代了 Δt_{IS}。上面的算法也有例外的情况，在用户当前时刻在 DN＋3/4 至 DN＋5/4 之间的时间段内发生（DN 表示天数）。在这个时间间隔内，利用下述 UTC 表达式：

$$t_{UTC} = W[模 - (86400 + \Delta t_{ISF} - \Delta t_{IS})]$$

其中

$$W = (t_E - \Delta t_{UTC} - 43200)(模 - 86400) + 3200$$

便能以可能的星期数转换正确接纳跳秒。

上一段落中给出的关于 Δt_{UTC} 的定义适用于整个过渡期间。

应该指出，当加上跳秒时，会遇到 23:59:60 形式的时间值。有些用户接收机可能被设计成在跳秒后若干秒内减小运转中的时间计数来近似 UTC，因而迅速地恢复到正确的时间指示值上。注意，无论何时遇到跳秒，用户必须对年／星期／日的计数进行一致的进位或借位。

北斗导航时（BDT）秒计数从每星期日凌晨0点0分0秒从零开始计数。对应的秒时刻是指本子帧同步头的第一个脉冲上升沿所对应的时刻。整星期计数 WN 为

13b,其值范围为 0 ~ 8192,是 BDT 的星期累计数,BDT 的时间从 2006 年 1 月 1 日零点零分零秒以零开始计数;BDT 与 UTC 时刻在 2006 年 1 月 1 日零点零分零秒相一致。BDT 是每 143 年后重复一次。

9.6　导航卫星运动轨迹与星历表达方式[13]

人造地球卫星的运动是在惯性和地球引力的作用下按天体力学规律进行的。为描述其运动,采用的地心惯性坐标系 $Ox_0y_0z_0$(图 9-25),坐标原点位于地球的质量中心,Ox_0 轴位于赤道平面内且指向春分点或白羊座 r(白羊座的天文符号),Oz_0 轴沿地球自转轴指向北极,Oy_0 轴与前两个轴一起共同组成右手直角坐标系统。在卫星无线电导航中使用的另一个坐标系是地固坐标系 $OXYZ$,例如在 GLONASS 中的 PZ - 90,GPS 中的 WGS - 84。该坐标系的中心同样位于地球的质心。OZ 轴与 $Ox_0y_0z_0$ 惯性坐标系的 Oz_0 轴重合并沿地球自转轴指向北极 P_N,OX 轴位于地球赤道平面与格林尼治子午面 G 的交线上,OXZ 平面确定了通常计算经度的零点的位置,OY 轴与前两个轴共同组成右手坐标系,OX 与 Ox_0 轴之间的角度 ϕ_r 对应的是格林尼治恒星时。

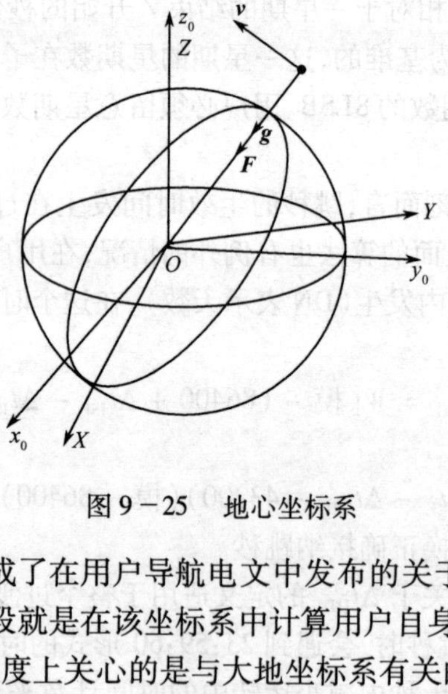

图 9-25　地心坐标系

在地固坐标系中形成了在用户导航电文中发布的关于卫星运动的信息,用户设备在二次信息处理阶段就是在该坐标系中计算用户自身坐标的。

然而,用户在很大程度上关心的是与大地坐标系有关的高度、纬度和经度。

导航卫星在惯性坐标系中的无摄动轨道方程,(无摄运动是指仅在地球一个引力中心作用下的运动) 服从牛顿第二定律,卫星质心在惯性坐标系 $Ox_0y_0z_0$ 中的运动由下列方程描述:

$$m\boldsymbol{g} = \boldsymbol{F} \tag{9-19}$$

式中　m—— 卫星质量;

$\boldsymbol{g}$—— 向心加速度矢量;

$\boldsymbol{F}$—— 地球引力矢量。

依照万有引力定律,地球引力为

$$F = KMm/r^2 = \mu m/r^2 \tag{9-20}$$

式中　$K = 6.672 \times 10^{-11} m^3/(\mathrm{kg} \cdot \mathrm{s}^2)$—— 万有引力常数;

m—— 地球质量,$m = 5.974242 \times 10^{24}\mathrm{kg}$;

r—— 地心到卫星的距离;

μ—— 地球的地心引力常数;

$\mu = KM = 3.9860044 \times 10^{14}\mathrm{m}^3/\mathrm{m}^2$。

考虑到下列关系式:

$$g = \mathrm{d}^2 r/\mathrm{d}t^2$$

式中,时间导数是在惯性坐标系中的全导数。所以,运动方程式(9-19)有下列形式:

$$m\frac{\mathrm{d}^2 r}{\mathrm{d}t^2} = F$$

卫星无摄运动的空间轨迹在惯性坐标系 $Ox_0y_0z_0$ 各轴上的投影,由下列方程描述:

$$\frac{\mathrm{d}^2 x_0}{\mathrm{d}t^2} = -\mu\frac{x_0}{r^3}$$

$$\frac{\mathrm{d}^2 y_0}{\mathrm{d}t^2} = -\mu\frac{y_0}{r^3}$$

$$\frac{\mathrm{d}^2 z_0}{\mathrm{d}t^2} = -\mu\frac{z_0}{r^3} \tag{9-21}$$

式中　(x_0, y_0, z_0)—— 卫星当前坐标(径向矢量 $\boldsymbol{r}$ 在各坐标轴的投影)。

$$r = \sqrt{x_0^2 + y_0^2 + z_0^2}$$

通常被称为卫星运动轨迹。然而,实际上导航卫星有明显的摄动,主要摄动源包括地球引力、二阶带谐项、月球引力、太阳引力、四阶带谐项、太阳辐射压力、重力异常等。这些力随卫星轨道位置而变化,在很短的时间内可以把它们看作常数。但是,当空间飞行器的位置接近月球的时候,日月引力就起决定性作用了,而其他所有的力在短时间内都可按常数考虑,或者忽略。任何残差都要表现其误差。

概括地讲，导航卫星星历表是在二体运动的椭圆轨道上加上周期摄动和长期摄动。主要周期摄动的周期为5.98305h。其他摄动是小量，在短时间内可以作为时间的简单函数表示（常数或线性函数）。

卫星导航系统星历的表达方式进行了许多比较后而逐渐走向成熟，考虑的出发点应是有利于适应快速、高精度定位，其中考虑的因素如下。

（1）用户首次定位时间。以最短的时间获得卫星位置参数。

（2）用户计算时间。为了计算在地固坐标系中的卫星位置，需要进行正弦、余弦、平方根、乘除法运算等，所以要考虑计算的复杂性。

（3）用户存储要求。在使用中，用户要存储诸卫星的位置，因此存储数据量大，是否影响计算能力。

（4）更新率。一组数据在转换以前能用多久将影响到卫星的存储要求，而且牵涉到用户每隔多久就要收集新的参数。

（5）应用时间的重复间隔。重复间隔直接影响更新率。

（6）精度。星历表和星历表达式的变化率应满足用户定位精度需要。

（7）轨道偏差。恰当地给出表示轨道偏差的星历表达式以及参数变化范围，并尽量降低轨道偏差。在卫星失效以前，应考虑可以允许的轨道偏差。对偏差大的轨道，要用较多的信息组来表示。

（8）性能下降问题。在超过应用周期后，应考虑星历表达式是否能应用，或者能否突然出现性能下降问题。在没有得到新的参数前，最好用原来的参数并按性能下降模式进行导航。

（9）用户接收日程表的时间。为了表达共同算法的日程表，要求用多少数据呢？为了保持日程表数据最少，日程表表达式应表示多个轨道，但为了做到这一点，还要加上一个带有精确星历表的公共表达式来限定所考虑的星历表。

（10）表达式的清晰度。表达式应便于调制和译码，而且还得考虑这种算法能否适用于未来的设计，考虑是否可以用其他计算机进行计算等。

（11）与其他系统的兼容性。目前，国际上已有的卫星导航系统是否利用相似的表达方式，以便提高系统的兼容能力。主要几种星历表达式如下。

① 时间多项式。采用这种方式，用户计算方法简单，处理时间最短，存储要求也最低，但多项式表达式不能独立地表示多个轨道和全部轨道，因此对于日程表计算，就要求一个单独的计算方法。所以，除了处理时间最短外，多项式表达式没有明显的优点。

② 调和展开式。采用这种方式，虽然在圆轨道附近对调和函数的展开也做了考虑，但这种表达方式与开普勒表达式比较没有矢量的优点。其主要缺点是没有明确的物理意义，会使确定数据的字长度的系数范围非常困难。这种系数对椭圆轨道上的位置和未知的轨道偏差是敏感的。

③ 开普勒参数表达式。采用这种方式几乎对前述的所有准则都是有利的，优点之一是有明确的物理意义，这就使得确定数据长度甚至确定标准轨道偏差大小变得相当容易。然而，对开普勒轨道的摄动要附加一些参数才能表达清楚，对于摄动所选择的表达式是时间的多项式和调和系数。因此，当结合考虑两种长期漂移项的时候，开普勒展开加摄动是一种较好的表达式。如果系统出了毛病，这种表达式利用原来的参数可提供一种较好的处理性能下降的办法。表9－12列出了各种表达式与前述各准则的比较。

表9－12　星历表达式与选择准则的比较

	多项式	谐波展开*	开普勒加多项式	开普勒加谐波项
子帧数	3＋	2＋	2＋	2－
用户计算时间	短、简单	正弦、余弦	正弦、余弦	正弦、余弦
用户存储要求	3＋子帧 小型计算需 要日程表	2＋子帧 中型计算与 日程表一样	2＋子帧 大型计算与 日程表一样	2＋子帧 大型计算与 日程表一样
更新率	1次/h	1次/h	1次/h	1次/h
更新重叠	0.5h	0.5h	0.5h	0.5h或更长
精度	误差小于 0.3048m	大概准确	误差小于 0.3048m	误差小于0.3048m
轨道公差影响	不清楚	不清楚	对各种轨道 都清楚	对各种轨道 都清楚
性能下降问题	突然的	不知道	临界的	下降后还能有
时钟相对论补偿	不相容	不相容	相容	相容
日程表子帧	不相容	1＋	1－	1－
清晰度	不清楚	不清楚	轨道清楚， 摄动不清楚	清楚

注：* 表示估计的特性

开普勒星历表达参数及表达式定义见表9－13、表9－14。

表9－13　星历表达式参数[13]

参　数	定　义
M_0	按参考时间计算的平近点角
Δn	由计算值得到的平均运动速度之差
E	轨道的偏心率
$\sqrt{A}$	半长轴的平方根
Ω_0	按参考时间计算的升交点径度
i_0	在基准时间的倾角

（续）

参　数	定　义
ω	近地点角
$\dot{\Omega}$	升交点赤径变化率
C_{uc}	升交距角的余弦谐波改正项的振幅
C_{us}	升交距角的正弦谐波改正项的振幅
C_{rc}	轨道半径的余弦谐波改正项的振幅
C_{rs}	轨道半径的正弦谐波改正项的振幅
C_{ic}	轨道倾角的正弦谐波改正项的振幅
C_{is}	轨道倾角的余弦谐波改正项的振幅
t_{oe}	星历表参考时间
AODE	星历表数据龄期

表9－14　星历表达式定义

表达式	定　义	
$\mu = 3.986005 \times 10^{14} m^3/s^2$	地球引力常数（WGS－84）	
$\dot{\Omega}_e = 7.2921151467 \times 10^{-5} rad/s$	地球自转速度（WGS－84）	
$A = (\sqrt{A})^2$	长半轴	
$n_0 = \sqrt{\dfrac{\mu}{A^3}}$	平均运动计算值	
$t_k = t - t_{oe}$	从历之开始计算的时间	
$n = n_0 + \Delta n$	改正后的平均运动	
$m_k = m_0 + nt_k$	平近点角	
$m_k = E_k - e\sin E_k$	开普勒方程	
$\cos V_k = (\cos E_k - e)/(1 - e\cos E_k)$	真近点角 V_k	
$\sin V_k = \sqrt{1 - e^2}\sin E_k/(1 - e\cos E_k)$		
$\phi_k = V_k + \omega$	升交距角	
$\delta_{U_k} = C_{us}\sin 2\phi_k + C_{uc}\cos 2\phi_k$	升交距角校正	只考虑二阶带谐摄动
$\delta_{r_k} = C_{rc}\cos 2\phi_k + C_{rs}\sin 2\phi_k$	半径改正	
$\delta_{i_k} = C_{ic}\cos 2\phi_k + C_{is}\sin 2\phi_k$	倾角改正	
$U_k = \phi_k + \delta U_k$	经改正后的升交距角	
$r_k = A(1 - e\cos E_k) + \delta r_k$	改正后的半径	

（续）

表达式	定义
$i_k = i_0 + \delta i_k$	改正后的倾角
$x'_k = r_k \cos U_k$	轨道平面中的卫星位置
$y'_k = r_k \sin U_k$	
$\Omega_k = \Omega_0 + (\dot{\Omega} - \dot{\Omega}_c) t_k - \dot{\Omega}_c t_{oe}$	改正后的升交点经度
$x_k = x'_k \cos\Omega_k - y'_k \cos i_k \sin\Omega_k$	地心地固坐标系中的卫星位置
$y_k = x'_k \sin\Omega_k + y'_k \cos i_k \cos\Omega_k$	
$Z_k = y'_k \sin i_k$	
注：t 是指信号发射时刻的系统时间，也就是对传播时间修正后的系统时间（距离／光速）	

以上这些表达式中的参数是曲线拟合的结果，并仅以开普勒参数形式出现。它们只能在应用的一段时间内用来描述星历表，而不能适用于整条轨迹。在几千米的精度范围内，这些参数描述了真实的开普勒轨迹。

如果选择的参考时间为近地点时刻，通常仅有6个开普勒参数。然而，如果用 M_0、t_{oe} 参数来代替过近地点的时刻，则需要7个参数（$m_0, t_{oe}, e, \sqrt{A}, \Omega_0, i_0, \omega$）。这种替换的影响不需要增加字数。由于 t_{oe} 和估计的时间经常只差几分钟，这就使得计算对时间导数敏感度有所减少，同时也提高了对近圆轨道曲线拟合的稳定性。

在GLONASS中，广播星历是直接用卫星在地固坐标中的位置参数和速度参数 X、Y、Z，$\dot{X}$、$\dot{Y}$、$\dot{Z}$ 来表示。这些数据在其标定位前每15min更新，更新率一般为次/0.5h，比GPS的数据更新率快1倍。所以GLONASS发布的星历数值中，只含有与其他系统的时差 a 和时差漂移率 a_1，而没有时差漂移率随时间的变化率 a_2。

星历参数的标度因子见表9－15。

表9－15　星历参数标度因子

参数	位数 a	标度因子LSB	有效范围	单位
IODE	8	–	–	–
C_{rs}	16	2^{-5}	–	m
Δn	16	2^{-43}	–	半圆
M_0	32	2^{-31}	–	半圆
C_{uc}	16	2^{-29}	–	rad
e	32	2^{-33}	0.03	–
C_{us}	16	2^{-29}	–	rad
$(A)^{1/2}$	32	2^{-19}	–	
t_{oe}	16	2^4	60478	s

（续）

参数	位数 a	标度因子 LSB	有效范围	单位
C_{ic}	16	2^{-29}	–	rad
Ω_0	32	2^{-31}	–	半圆
C_{is}	16	2^{-29}	–	rad
i_0	32	2^{-31}	–	半圆
C_{rc}	16	2^{-5}	–	m
ω	32	2^{-31}	–	半圆
$\dot{\Omega}$	24	2^{-43}	–	半圆/s
$\dot{Z}$	14	2^{-43}	–	半圆/s

第 10 章　卫星导航运行控制系统设计

10.1　卫星导航运行控制系统的任务与组成

卫星导航系统由空间段导航卫星、地面段运行控制系统和用户段三大部分组成。导航卫星是用户定位的坐标参考。地面段运行控制系统完成卫星星座的组网与维持,包括:卫星入轨控制,卫星精密轨道确定与星座维持,卫星时间同步,导航信号传播时延校正,导航信号完好性检测与预报。运行控制系统一般由运行控制主控站、时间同步站、注入站、导航信号监测站组成。主控站是运行控制系统的中枢,完成对星座内全部卫星导航信号观测数据处理,包括:卫星时间同步计算,卫星精密轨道计算,卫星导航信号完好性计算,信号传播时延修正与预报计算。主控站设有高性能原子钟系统,并建立系统时间基准,维持全系统的时间同步。通过已知站获得的高精度卫星观测数据,建立并维持系统坐标基准。时间同步站执行卫星与地面站间的时间同步测量,从而完成卫星间同步参数的测量与预报。注入站完成对卫星历书、星历、钟差、控制参数及电离层校正参数和导航信号完好性参数的注入,以及用户机有关时效参数的注入。导航信号监测站通过多频段监测接收机和地面卫星遥测、遥控系统接收处理卫星导航信号、卫星系统遥测信号,形成精密定轨数据与完好性判定数据,并送主控站进行综合处理,形成不同注入参数。

为了进一步验证并提高系统的时间同步精度和卫星轨道的定轨精度,在主控站和时间同步站并设有激光站,用激光进行星地时间同步测量和双向距离测量。所谓星地时间同步测量,除了激光站进行星地双向距离测量外,卫星上还要装有激光接收与测距设备,通过接收的激光信号与卫星钟时标完成星上激光伪距测量,从而获得星地时间同步参数,对无线电双向时间同步精度进行检核,其时间同步精度可优于100ps。北斗导航系统用这一手段,可大幅度提高星地系统时间同步测量精度,由当前的10ns提高到1ns ~ 2ns。

根据使用的手段和设备,在上述系统组成上,GPS、GLONASS 在原理上略有差异。GLONASS 将时间与频率基础系统称为相位监测系统,导航信号监测设备称为监测设备,并利用应答式雷达参与星地时间同步观测和轨道测量,从而将时间同步与卫星轨道测量分别计算。与 GPS 统一计算相比，在观测数据获取、误差分离、提高计算精度、降低运算系统复杂度方面更具有优势。北斗导航系统采用了更先进的激光与无线电星地双向时间比对数据，将时间同步与卫星轨道确定分别进行处理，不但提高了精度，而且也降低了处理难度。

10.2 卫星时间同步与定时

卫星时间同步的目的是准确获得卫星钟差参数，所谓钟差参数是每个卫星导航信号参数时标与导航系统基准时间之差。该误差通过卫星广播参数向用户提供，从而降低由于伪距定位原理带来的定位误差。定时技术是由卫星导航系统向用户提供时间同步服务的技术。运控系统卫星时间同步通过星地时间同步的手段解决。由于卫星数量多，轨道高度也不同，一个导航星座的全部卫星时间同步不可能由一个地面同步站来完成，所以引入了站间时间同步手段。下面将分别讨论。

10.2.1 星地时间同步方法

星地时间同步的方法很多，主要有星地双向伪距时间同步法、星地激光双向同步法、倒定位法、伪距及雷达测距法等。前 3 种方法的互补应用，可以完成星地时间同步需要。

1. 星地双向伪距时间同步法

星地双向伪距时间同步法也称星地无线电双向时间同步法，它的基本原理是：地面站 A 在地面时间系统 t_g 时刻向卫星发射测距信号，该信号被卫星接收设备在 t_{sr} 时刻接收；而卫星在星载时统 $t_g+\Delta T_{gs}$ 时刻向地面站发射测距时标，该信号时标被地面时间同步站 A 在 t_{gr} 时刻接收，并将测量数据下传到地面中心（或时间同步站），将两个观测数据求差获得星地钟差；当星地粗同步钟差 ΔT_{gs} 引起的星地传输路径之不同可以忽略不计时，星地双方所测伪距之差，即为星地钟差 Δt_{gs}。其论证过程如下。

卫星钟面时为 t_s，地面钟面时为 t_g，则星地钟差为

$$\Delta t_{gs} = t_s - t_g \tag{10-1}$$

星地两站均在本地钟控制下发射测距信号，对方接收相应时刻的时标信号进行伪距测量，伪距表达式为

$$\rho_s = t_s - t_{sr} \tag{10-2}$$

$$\rho_g = t_g - t_{gr} \tag{10-3}$$

式中 ρ_s—— 卫星所测伪距；

ρ_g—— 地面站所测伪距；

t_{sr}—— 卫星接收地面信号伪距时刻；

t_{gr}—— 地面接收卫星信号伪距时刻。

根据伪距定义和上述假设条件，有

$$t_{sr} = R_0/c - \Delta t_{gs} \tag{10-4}$$

$$t_{gr} = R_0/c + \Delta t_{gs} \tag{10-5}$$

式中　R_0—— 星地间空间距离；

c—— 光速。

将式(10-4)、式(10-5)分别代入式(10-2)、式(10-3)后再相减，得

$$\rho_s - \rho_g = 2(t_s - t_g) = 2\Delta t_{gs} \tag{10-6}$$

式中　Δt_{gs}—— 地面钟超前卫星钟 Δt_{gs}。

星地双向伪距时间同步法，其时间同步误差包括了伪距测量误差、伪距测量的时刻误差、电离层及对流层修正误差和多路径等。如果伪距测量的时刻同步越精确，那么上、下行测距信号所走过的路径相同，这将大大消除传播路径误差和卫星运动的影响。当伪距测量的时刻同步误差为100 μs时，上述因素对于中圆轨道卫星所产生的星地时间同步误差可以忽略不计。应用该方法时，应采用倒定位等方法，首先完成星地时间的粗同步，而上述粗同步精度是容易满足的，给出上述条件后，那么影响同步精度的因素仅与以下因素有关。

(1) 伪距测量精度　包括地面伪距测量的精度和星上伪距测量精度。对导航信号的伪距测量精度根据使用的测距码而异，可以优于0.5ns ~ 1.0ns。

(2) 设备时延误差　星地设备在两次时间测量之间(对MEO卫星为12h ~ 16h)的变化，可按0.5ns/日计算。

(3) 电离层延迟误差　在该工作原理下，只与上、下行无线电信号频率差有关。当两个频率靠近时，上、下行路径一致，大部分传播误差被抵消，但太靠近将受电磁兼容影响。当在L频段上相差约40MHz的上、下行频率上其路径误差可达4.0ns，还应当采用更多的手段予以削弱。一般采用导航系统给出电离层校正方法，利用多站、双频等监测，接收机观测值可以进一步缩小0.5ns。

(4) 多路径误差　多路径是指非直达观测信号对测距误差的恶化，与观测站环境有关，可以控制在0.3ns以内。

于是，星地双向伪距法的时间同步精度为

$$m_{\Delta t} = \frac{1}{2}\sqrt{m_{rs}^2 + m_{gr}^2} + m_e + m_{ion} + m_w$$

式中　$m_{\Delta T}$—— 星地时间同步误差；

m_{rs}—— 卫星接收及伪距测量误差；

m_{gr}—— 地面同步站接收及测量误差；

m_e—— 设备时延误差；

m_{ion}—— 电离层传播误差之残差；

m_w—— 多路径误差。

根据上面的假设,有

$$m_{\Delta T} = \frac{1}{2}\sqrt{1^2 + 1^2 + 0.5 + 0.5 + 0.3} = 2.0(\mathrm{ns})$$

为了实时验证时间同步精度的正确性,往往还有一个地面时间同步站 B 与 A 同时对同一颗卫星进行双向时间比对。根据 A、B 两站的已知的时间同步精度,评定 A、B 两站各自的星地时间同步精度。

2. 星地激光双向同步法

星地激光双向同步法的原理与星地无线电双向测距法类似,均是由卫星和地面时间同步站同时进行星地距离和伪距观测。地面时间同步站通过卫星上安装的激光反射器,完成地面到卫星的距离测量。而卫星通过接收到的激光信号,完成与卫星钟时标的伪距测量,直接计算出卫星与地面时之差。其主要优点是,激光测距精度可优于0.1ns,可以忽略电离层对激光信号传播的影响和多路径影响,设备时延的影响也少得多。由星地激光双向同步法得到的卫星钟偏差为

$$M_{\Delta t} = \frac{1}{2}\sqrt{m_{\mathrm{rs}}^2 + m_{\mathrm{gr}}^2} = \frac{1}{2}\sqrt{0.1^2 + 0.1^2} = 0.0707(\mathrm{ns})$$

因此,星地激光双向同步法大大优于星地无线电双向测距法,可以作为星地无线电双向测距法的校正手段。

3. 倒定位法

倒定位法的原理是基于4个地面时间同步站同时接收导航卫星信号,以获得4个测站的伪距测量结果。在4个测站位置已知和4个测站间时间同步差已知的条件下,算出卫星位置和卫星与地面时统间的钟差。倒定位法是GPS同步的主要方法。影响倒定位法测量精度的主要误差源有:设备测量误差、设备时延误差、地面站位置误差、站间时间同步误差、电离层时延误差、对流层时延误差和多路径效应。

站间同步误差为2ns。电离层误差以中国地区为例,取电子含量典型的 1×10^{18},工作频率为1.56GHz、1.268GHz和1.2GHz,经过高频电离层改正约有70%的误差被削弱,则剩余误差为16.3ns、25ns和28ns,难以满足卫星同步需要,必须采用双频或上述三频联合改正,以达到约1ns精度。还要仔细进行对流层传播误差校正,预计倒定位法的时间同步精度在10ns以内,一般为6ns,最大不超过18ns。在倒定位法基础上,进行星地无线电双向同步是必要的。

4. 伪距及雷达测距法

伪距及雷达测距法的星地时间同步在地面时间同步站完成,基本原理是时间同步站对卫星发送的导航信号进行伪距测量,由应答式雷达进行地面至卫星的距离测量。伪距测量与距离测量值之差即为星地钟差。雷达测距有两种,一种是利用C频段或Ku频段应答式无线电雷达。GLONASS采用C频段应答式雷达,由于上、

下行信号采用不同的频段，尽管采用 C 频段，电离层传播误差校正不彻底，该方法的同步精度约为 10ns。另一种是激光雷达测距，即双向激光法中地面站采用的激光方法，由地面站发送激光，并进行双程星地距离测量，而卫星用激光反射进行测距信号应答。由于双程激光距离测量上、下行路径均用同一频段激光信号，电离层传播误差可以忽略。测距误差基本上取决于地面站伪距测量，但卫星反射镜与 L 频段天线相位中心几何距离应精确测量，并予以修正。这一固定的系统误差精确改正值可达1ns ~ 2ns 钟差精度。

10.2.2　站间时间同步方法

站间时间同步的可行手段有：卫星双向时间传递(TWSTT)、卫星双向共视和 GEO 卫星双向共视。

1. 卫星双向时间传递法

卫星双向时间传递是基于两个需要时间同步的地面站经同一个 GEO 卫星转发器转发对方站测距信号，双方均进行伪距测量后获得两站间钟差。其过程是：地面站 A、B 分别在自己钟面时 T_A、T_B 互发测距信号，这两个信号经卫星转发后分别被 A、B 两站在自己的钟面时 T'_B、T'_A 接收，从而与本地钟作参考，测得两个伪距时延。如果 $T_A \approx T_B$，两个伪距时延直接相减，即为两站钟差。其关键技术是获得伪距测量值的配对，即逐渐逼近 T_A、T_B 时间差，换句话说，是通过反复迭代，获得其站间钟差的。

其误差源包括伪距测量误差、卫星转发器及其他设备时延误差、电离层时延误差等。测量误差可控制在 1ns，转发时延及设备时延误差可以忽略。采用 C 频段工作的电离层传播影响误差为2.65ns，采用 Ku 频段转发器可优于1ns，卫星双向时间传输的精度可优于 1ns。2004 年 9 月 1 日、9 月 12 日在北京和乌鲁木齐两地的试验结果分别为 1.32ns 和 1.81ns。

2. 卫星双向共视法

卫星双向共视法是星地无线电双向时间同步法进行星地时间同步的副产品。当地面两个时间同步站 A、B 同时对一颗卫星进行星地同步时间测量时，得到了卫星与 A 站、卫星与 B 站两个星地钟差，这两个星地钟差直接相减即为 A、B 两站钟差。当然，在实际操作上还要考虑站间、星间粗同步和伪距配对应用，根据上述类似的误差分析，同样得到 2.0ns 的时间同步精度。

3. GEO 卫星双向共视法

GEO 卫星双向共视法是基于 RDSS 双向时间比对法完成站间时间同步的。RDSS 双向时间比对原理是中心控制系统通过 GEO 卫星转发器向所需同步的时间站 A(用户) 发送询问信号，时间站 A 接收到询问信号后发射响应信号，中心控制系统接收，并进行至 A 站的时差测量。最后计算出中心站与用户站 A 的时差。不同用户站的时钟差均从各站与中心站的钟差中导出。我国北斗一号导航系统在测量误差为12.5ns的条件下，已获得优于20ns的双向时间比对精度。当进一步提高测量误差时，估计GEO卫星双向共视法可获得10ns的同步精度。

10.2.3 用户定时服务

卫星导航系统向用户提供定时服务的方法有两种：双向定时服务和单向定时服务。

所谓双向定时服务就是利用RDSS的功能中的卫星双向时间比对法，可获得10ns的同步精度。所谓单向定时服务法是用户接收一颗导航卫星信号，通过伪距测量并获得卫星钟差、轨道参数，电离层传播时延参数和测站位置的前提下计算出本地钟与卫星钟的钟差，获得定时服务的精度可优于50ns。这是卫星导航系统提供时间同步服务的基本方法，但不能用于运动载体的时间同步，而双向定时服务可以满足运动载体定时服务的需要。

10.2.4 卫星钟差预报模型

卫星钟差预报模型是基于以下两个理由而建立的：一是综合原子时的计算是非连续、非实时的，在原子钟运行一个固定时间间隔(一天或一个月）才进行一次；二是卫星钟差的比对也不是连续的、实时的，这是因为地面时间同步站不能实时跟踪卫星完成时间同步测量。那么，在非测量期间必须由原子钟来保持其同步误差。卫星钟的钟差随钟速、钟漂的变化而变化，所以为了使用户能得到精确的卫星钟差，必须以卫星钟速、钟漂为参考建立卫星钟差模型。从上述理由看出，建立卫星钟差模型必须依据卫星原子钟的性能指标，同步比对方法和参数值。计算原子钟钟差的基本方法有多项式拟合法、卡尔曼滤波法、时间序列分析的AR模型法等。如果采用二阶多项式进行最小二乘法预报，时间预报模型一般可表示为

$$\Delta t(t) = a_0(t_0) + a_1(t_0)(t - t_0) + a_2(t_0)(t - t_0) + \Delta \qquad (10-7)$$

式中 a_0——t_0 时刻的钟差；

a_1——t_0 时刻的钟速；

a_2——t_0 时刻的钟漂；

Δ—— 不稳定度引起的钟差。

卫星钟差预报误差可以表示为

$$M_t^2 = m_0^2 + m_1^2(t - t_0)^2 + m_2^2(t - t_0)^4 + \sigma_y^2(\tau)(t - t_0)^2 \qquad (10-8)$$

式中 m_0——a_0 的误差；

m_1——a_1 的误差；

m_2——a_2 的误差；

$\sigma_y(\tau)$—— 频率稳定度。

当卫星钟的指标确定后,可以根据式(10 - 7)、式(10 - 8)计算不同预报时间间隔内的钟差预报精度,举例如下。

选定卫星原子钟射频端口指标为:

准确度	5×10^{-10}
漂移率	1×10^{-13}/日
稳定度	$1 \times 10 - 11$/日
	3×10^{-12}/10s
	1×10^{-12}/100ns
	3×10^{-13}/10000s

由此,可以计算出 10h 内稳定度引起的误差为 10.8ns,漂移率引起的误差为 1.5ns,总误差优于 12ns。

10.3　导航信号空间传播时延校正

导航信号空间传播时延校正包括对流层和电离层传播时延校正两部分。对流层传播时延校正已在卫星定位工程中讨论,这里主要讨论电离层传播时延校正技术。

当卫星无线电信号经过电离层时,由于传播路径上电子含量不同,不同的折射率产生不同程度的色散,信号传播路径发生不同程度的变化,造成传播路径上的时延变化,影响伪距测量精度。对卫星轨道确定、时间同步和用户定位、测速均造成误差。所以,精确实现电离层传播时延校正是卫星无线电导航的关键技术之一。

电离层传播折射率为

$$N_p = \left(1 - \frac{N_e e_t^2}{4\pi^2 f^2 \varepsilon_0 m_e}\right)^{1/2} \tag{10-9}$$

式中　f—— 无线电信号工作频率;

N_e—— 电子密度(电子数/m^3);

e_t—— 电子电荷量,$e_t = 1.6021 \times 10^{-19}$;

ε_0—— 真空介电常数,$\varepsilon_0 = 8.85 \times 10^{-12}$;

m_e—— 电子质量(kg),$m_e = 9.11 \times 10^{-31}$。

将式(10 - 9)展开,略去二次微小项,有

$$N_p = 1 - 40.28\frac{N_e}{f^2} \tag{10-10}$$

无线电信号经过电离层,折射率引起传播路径的附加距离为

$$\sigma_\rho = \int^s (N_p - 1)\,ds = -40.28\frac{1}{f^2}\int^s N_e ds$$

设 N_Σ 为电波传播路径上的电子总含量，则

$$N_\Sigma = \int^s N_e \mathrm{d}s$$

$$\sigma_\rho = -40.28\frac{N_\varepsilon}{f^2} \tag{10-11}$$

将 σ_ρ 定义为

$$\sigma_\rho = \rho - \rho_0 \tag{10-12}$$

式中　ρ—— 测量伪距；

ρ_0—— 空间真实距离。

从式(10－12) 中出发，如果采用双频 f_1、f_2 进行伪距测量，则有

$$\rho_{f_1} = \rho_0 + \delta\rho_{f_1}$$

$$\rho_{f_2} = \rho_0 + \delta\rho_{f_2} \tag{10-13}$$

$$\delta\rho_{f_1} = -40.28\frac{N_\Sigma}{f_1^2}$$

$$\delta\rho_{f_2} = -40.28\frac{N_\Sigma}{f_2^2}$$

从以上两式可得

$$\delta\rho_{f_2} = \delta\rho_{f_1}\frac{f_1^2}{f_2^2}$$

对于观测量有

$$\rho_{f_1} = \rho_0 + \delta\rho_{f_1}$$

$$\sigma_{f_2} = \rho_0 + \delta\rho_{f_2}$$

以上两式相减，得

$$\sigma_\rho = \rho_{f_1} - \rho_{f_2} = \delta\rho_{f_1} - \delta\rho_{f_2} = \delta\rho_{f_1}\left(1 - \frac{f_1^2}{f_2^2}\right) = \delta\rho_{f_1}\left(\frac{f_2^2 - f_1^2}{f_2^2}\right)$$

即

$$\delta\rho_{f_1} = \sigma_\rho\frac{f_2^2}{f_2^2 - f_1^2}$$

将改正量代入观测量方程中，可得观测量的真值，即

$$\rho_0 = \rho_{f_1} - \sigma\rho\frac{f_2^2}{f_2^2 - f_1^2} \tag{10-14}$$

式(10－14) 是双频电离层改正的基本模型。可以此根据电离层改正残差设计

两个工作频率间的最小间隔。当$f_1 = 1.56\text{GHz}$,$f_2 = 1.21\text{GHz}$,伪距测量精度为1ns时,双频电离层校正残差为2.49ns。当使用频率为1.27GHz和1.21GHz时,双频电离层校正残差为10.6ns。频差间隔越大,电离层校正精度越高,所以GPS、GLONASS、伽利略及北斗卫星导航定位的频率选择,都抢用1559MHz ~ 1610MHz和1215MHz ~ 1260MHz间的两个工作频段。而GPS利用美国国内有力的频率协调机制,强占了1176.45MHz为L_5导航频率,并利用中国、欧盟对新工作频率的需求,完成了1176.45MHz的国际协调。通过1575.42MHz工作频率的配合,从而使1ns的伪距测量精度得到了2.26ns的电离层校正精度。如果能将2483.5MHz ~ 2500MHz频率推向全球RNSS应用,由1176.45MHz、1575.42MHz、2500MHz组成的三频导航模型,可以将电离层校正残差降低至1ns以内。

双频工作可以使电离层校正精度达到理想的结果,所以高精度的导航接收机往往采用双频工作机制。为了降低用户成本,往往需要单频工作,那么如何提高电离层校正精度呢?有两个方法可以利用,一是建立单频电离层校正模型,二是按区域网格为用户广播电离层校正参数。在广域差分系统中,就是用电离层网格形式进行实时电离层校正参数广播。

1. 单频用户电离层模型校正

GPS为单频用户提供电离层校正模型,利用该方法可以使电离层路径延迟的75%得到校正。根据式(10-13),当电子总含量N_{Σ}取经典值$1\times10^{18}/\text{m}^3$时,使用频率$f_1 = 1560\times10^6\text{Hz}$的电离层附加时延为

$$\delta\rho_{f_1} = -40.28\,\frac{1\times10^{18}}{(1560\times10^6)^2} = 16.55(\text{m})$$

电离层引起的附加时延75%被消除,意味着通过模型校正的电离层时延残差为

$$16.55\times(1-75\%) = 4.13(\text{m})$$

GPS采用8个广播参数来描述不同观测方向(方位和仰角)上的电离层时延参数改正量,它们是:α_0、α_1、α_2、α_3和β_0、β_1、β_2、β_3,它们分别是垂直时延幅值的三次方系数和模型周期的三次方系数,其定义见表10-1。

表10-1　GPS电离层参数[20]

参数	位数	标度因子	有效范围	单位
α_0	8 *	2^{-30}		s
α_1	8 *	2^{-27}		s/半圆
α_2	8 *	2^{-24}		s/(半圆)^2
α_3	8 *	2^{-24}		s/(半圆)^3
β_0	8 *	2^{11}		s

（续）

参数	位数	标度因子	有效范围	单位
β_1	8 *	2^{14}		s/ 半圆
β_2	8 *	2^{16}		s/（半圆）^{2}
β_3	8 *	2^{16}		s/（半圆）^{3}
注：* 表示参数应是 2 的补码，最高有效位（MSB）是符号位（“+”或“-”）				

电离层校正的算法需要根据用户的近似地理纬度 φ_u 和经度 λ_u，分别计算 GPS 卫星的仰角 E 和方位角 A、观测时间 t，结合 α_n、β_n 参数进行电离层延迟校正参数计算。角测量使用的单位为半圆，时间为 s，其步骤如下。

（1）计算地心角 ψ。

$$\psi = 0.0137/(E + 0.11) - 0.022 \quad （半圆）$$

（2）计算亚电离层纬度 ϕ_I。

$$\phi_I = \phi_u + \psi\cos A \quad （半圆）$$

如果 $\phi_I > +0.416$，则 $\phi_I = +0.416$，如果 $\phi_I < -0.416$，则 $\phi_I = -0.416$。

（3）计算亚电离层经度 λ_I。

$$\lambda_I = \lambda_u = \psi\sin A/\cos\phi_I \quad （半圆）$$

（4）确定朝向各 GPS 卫星观测时亚电离层位置的地磁纬度。

$$\phi_m = \phi_I + 0.064\cos(\lambda_1 - 1.617) \quad （半圆）$$

（5）确定亚电离层上的当地时间。

$$t = 4.32 \times 10^4\lambda_1 + \mathrm{GPST(s)}$$

如果 $t < 0$，则 $t = t + 86400$；$t > 86400$，则 $t = t - 86400$。

（6）变换到斜向时间延迟，计算倾斜因子 F。

$$F = 1.0 + 16.0 \times (0.53 - E)^3$$

（7）计算 X，从而计算电离层时间延迟。

$$X = \frac{2\pi(t - 50400)}{\sum_{n=0}^{3}\beta_n\phi_m^n}$$

如果 $|X| > 1.57$，则

$$T_{ion} = F \times [5 \times 10^{-9}]$$

否则

$$T_{ion} = F \times \left[5 \times 10^{-9} + \sum_{n=0}^{3}\alpha_n\phi_m^n \times \left(1 - \frac{x^2}{2} + \frac{x^4}{24}\right)\right]$$

2. 区域网格电离层校正

所谓网格就是在地面高 350km 处构造一张电离层校正地图，网格上的每个点 IGP 对应着该点的垂直电离层延迟，用户接收机通过计算这些时延获得自己电离层穿刺点的电离层垂直延迟(IPP),从而获得传播方向上的伪距时延修正 t_{ion}。网格单元大小由电离层的相关程度、获得网格计算参数的参考站数量、间距,以及覆盖区域的大小和 GEO 卫星电离层广播可分配的电文容量决定。通常在中低纬度地区为 5°×5°,中高纬度(55°～75°)地区为 10°×10°,高纬度(75°以上)地区为 15°×15°,即可满足上述要求。电离层相关特性与实际距离的关系见表 10-2。

表 10-2　电离层相关特性与间距的基本关系

相关距离	100km～400km	400km～1500km	1500km～3000km	3000km～5000km	5000km～10000km
相关系数	0.95	0.87	0.70	0.50	0.30
相关性	极强	强	标准相关	弱	松散

在标准相关中,东西相关距离大约是南北相关距离的两倍,与纬度的相关性较弱,南北间距为 1800km,东西间距为 3000km。在网格点设计时,选择间距为 400km～500km 较合适。为了便于在卫星电文中广播,网格点广播采用由南向北、由西向东的统一编号,见表 10-3。

表 10-3　网格点 IGP 编号表示范例

B/L	70	75	80	85	90	95	100	105	110	115	120	125	130	135	140	145
55	10	20	30	40	50	60	70	80	90	100	110	120	130	140	150	160
50	9	19	29	39	49	59	69	79	89	99	109	119	129	139	149	159
45	8	18	28	38	48	58	68	78	88	98	108	118	128	138	148	158
40	7	17	27	37	47	57	67	77	87	97	107	117	127	137	147	157
35	6	16	26	36	46	56	66	76	86	96	106	116	126	136	146	156
30	5	15	25	35	45	55	65	75	85	95	105	115	125	135	145	155
25	4	14	24	34	44	54	64	74	84	94	104	114	124	134	144	154
20	3	13	23	33	43	53	63	73	83	93	103	113	123	133	143	153
15	2	12	22	32	42	52	62	72	82	92	102	112	122	132	142	152
10	1	11	21	31	41	51	61	71	81	91	101	111	121	131	141	151

按网格点编号 NUMIGP 计算任一网格点上的纬度 B_{IGP} 和经度 L_{IGP}、地磁纬度 B_{IGP}^{m} 和地方时 t_{IGP}。

$$B_{IGP} = 5 + CNUM_{IGP} - int[(NUM_{IGP} - 1)/10 \times 10] \times 5$$

$$L_{IGP} = 70 + int[(NUM_{IGP} - 1)/10 \times 5]$$

$$B_{IGP}^{m} = B_{IGP} + 11.6°\cos(L_{IGP} - 291°)$$

$$t_{IGP} = 3600 \times (L_{IGP}/15 + UTC)$$

网格电离层延迟数据的搜集形成和应用，其基本步骤如下。

(1) 计算监测站载波相位平滑伪距。

(2) 计算多个监测站及主控站的电离层时延值。

(3) 计算投影函数。

(4) 计算穿透点电离层天顶延迟。

(5) 计算穿透点坐标。

(6) 计算穿透点地方时间。

(7) 计算穿透点电离层延迟。

(8) 计算网格点电离层延迟。

(9) 拟合网格点电离层天顶延迟。

(10) 计算网格点天顶延迟误差 GIVE。

(11) 用户天顶延迟 UIVE。

(12) 用户测距路径误差 URVE。

10.4　精密定轨与轨道修正

现代卫星导航系统采用中圆轨道卫星、地球静止轨道卫星、地球倾斜同步轨道卫星组成导航星座。卫星的精密轨道确定的难度不一样，因此在定轨测量参数、定轨站方案和定轨模型等方面均有不同考虑。对于以中圆轨道卫星组成的全球定位系统来说，一般采用全球布站方案，伪距与载波相位为测量参数，通过长周期观测拟合进行精密定轨，如 GPS、伽利略导航系统。GLONASS 不是全球布站，其测站范围也跨越了 180° 经度范围。北斗卫星导航系统主要靠我国国内设站定轨，所以难度大。为实现对中圆轨道卫星的精密定轨还要发展星间链路，实现星际间的精密伪距测量和星间时间同步。

轨道确定主要采用动力学法，卫星运动方程求解采用数值法，状态估计采用批处理法和序贯法，通过周期拟合可以获得满意的轨道精度。

对于卫星运行过程中所发生的轨道机动（如 GEO 卫星约两个星期进行的经度方向机动，一个月进行的纬度方向机动），因机动力难以准确计量并建模，将使机动后的一定时间段内的运动轨迹发生较大的偏差，其过渡历程将达 24h ~ 72h，这一时段卫星轨道对定位精度的影响只能用轨道修正的方法予以削弱。轨道机动对精密定轨的影响过程如图 10 - 1 所示，经过机动调整后，在新的轨道参数下趋于稳定。

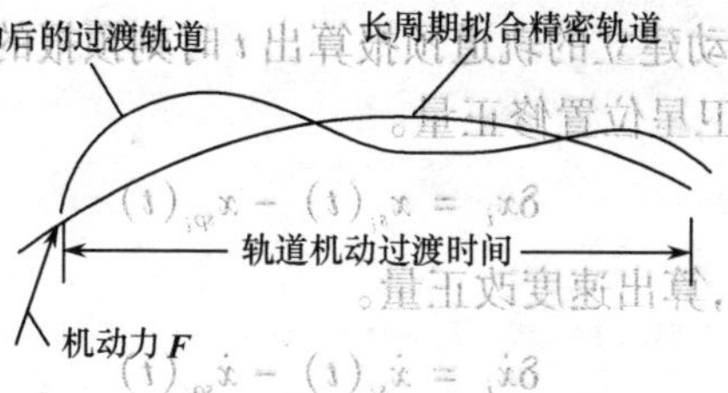

图 10－1　轨道机动过渡过程

1. 卫星轨道修正

精密轨道确定可以通过卫星轨道修正克服卫星机动带来的影响，是广域差分定位采用的基本手段，尤其对采用星地双向无线电时间同步方案的系统，具有更显著的优势，可以将卫星钟差和卫星轨道误差分离。通过向用户广播卫星位置及卫星速度修正参数 x,y,z 和 $\dot{x}$、$\dot{y}$、$\dot{z}$，达到提供精密卫星位置的目的。

在测站坐标已知情况下，伪距观测量 ρ 是所测卫星坐标 (x,y,z)、星地钟差 Δt_s 与时间 t 的函数，即

$$\rho = \rho(x,y,z,\Delta t_s,t) \tag{10-15}$$

式中　Δt_s—— 星地钟差。

由时间同步站与卫星共同用星地双向无线电法完成卫星与地面站的时差量。

同卫星位置误差引起的伪距测量误差为

$$\Delta\rho = \frac{\partial\rho}{\partial x}\Delta x + \frac{\partial\rho}{\partial y}\Delta y + \frac{\partial\rho}{\partial z}\Delta z \tag{10-16}$$

$$\Delta\rho = e_x\Delta x + e_y\Delta y + e_z\Delta z \tag{10-17}$$

式中　e_x、e_y、e_z—— 卫星观测方向对 3 个坐标轴的方向余弦。

可以看出，接收机与卫星间相对位置不同，产生的伪距误差不同，随卫星观测方向而变化，所以不可能用伪距修正，采用卫星位置修正量 δx_j 和速度修正 $\delta\dot{x}_j$ 是合适的，其中 $j = 1,2,3$，对应 3 个坐标轴。

求解 δx_j 和 δx_j 的基本原理和过程如下。

(1) 通过测轨观测站获得卫星控制期间卫星伪距（和载波相位）观测数据 $\rho^{(i)}$，i 为观测轨站的数目，$i = 3$。

(2) 由时间同步站利用星地双向伪距（或激光）法获得星地钟差 Δt_s。由于测轨站与时间同步站，其钟差 Δt_s 为一相同数值参数。

(3) 利用倒定位法求解 t 时刻卫星位置 $x_s(t)$。

$$\rho^i(t) = \left[\sum_{j=1}^{3}(x_j^i + x_{sj}(t))^2\right]^{1/2} + \Delta t_s \tag{10-18}$$

(4) 根据卫星机动建立的轨道预报算出 t 时刻预报的卫星位置 $X_{spj}(t)$。

(5) 计算 t 时刻卫星位置修正量。

$$\delta x_i = x_{s_i}(t) - x_{sp_i}(t) \tag{10-19}$$

(6) 类似的方法,算出速度改正量。

$$\delta \dot{x}_i = \dot{x}_{s_i}(t) - \dot{x}_{sp_i}(t) \tag{10-20}$$

2. 精度估计

以在中国区域喀什、乌鲁木齐、成都、三亚、北京、厦门、哈尔滨设站,对 80°E、110.5°E、160°E 进行轨道修正为例,进行精度估算。

设伪距观测误差 $m_\rho = 0.3\text{m}$,星地时间同步误差 $m_{st} = 0.6\text{m}$,双频电离层修正残差 $m_{ion} = 0.75\text{m}$。观测 80°E、110.5°E、160°E 卫星的 PDOP 分别为 22、21、57.4。

等效距离误差为

$$m_R = (m_\rho^2 + m_{st}^2 + m_{ion}^2)^{1/2} = 1.25(\text{m})$$

其位置误差分别为

80°E 卫星 $\delta x = 1.25 \times 22 = 27.5\text{m}$

110.5°E 卫星 $\delta x = 1.25 \times 21 = 26.25\text{m}$

160°E 卫星 $\delta x = 1.25 \times 57.4 = 71.75\text{m}$

与不做轨道修正相比,显著提高了精度;与 10h 长周期精度预报相比,精度恶化2.5倍。可以通过降低精度使用,来提高GEO卫星的可用度。当然,要降低轨道精度恶化对系统的影响,还要考虑 δx、$\delta \dot{x}$ 更新率,更新率越高,用户可得到的内插精度越高。更新率的设计不仅受系统工作能力限制,如观测数据抽样、主控站运算及信息更新率等,还受卫星广播信号格式的限制。应努力做到 δx、$\delta \dot{x}$ 的更新周期小于 1s。

10.5 完好性监测与预报

卫星导航系统完好性由三部分共同完成,它们分别是卫星自主完好监测性、用户接收机自主性监测(RAIM)和地面完好性通道(GIC)。地面完好性通道是融合在地面运行控制系统或应用系统中的完好性监测。本文讨论的重点是地面完好性监测的任务与实现,RAIM 将在用户机中讨论。

地面完好性通道的概念源于 20 世纪 80 年代美国联邦航空局为美国本土航空提供非精密进近的方案中。当时的方案是通过建在美国本土内的 4 个监测站和两段具有 L 频段通信转发器的静止轨道卫星向航空用户提供完好性信息广播,以后的卫星完好性广播,其工作频率与导航信号频率相同,并将完好行信息统一编排在导航电文中,如 WAAS、EGNOS。

完好性功能作为区域任务段中的一部分纳入运控系统，该部分的实现依赖于完好性监测站（IMS）网对伪距误差的观测，而完全独立于轨道确定处理。通过位置精确标定的完好性监测站可以观测真实的伪距误差，以便与轨道预报精度相比较，如果观测误差与预报的精度要求不符，则可发现卫星导航信号有问题。而空间导航信号误差由卫星钟、轨道偏差、传播误差和卫星有效载荷畸变构成，究竟是哪种因素造成的很难区分。提供有效区分的手段不仅有利于定位精度的提高，而且有利于卫星信号完好性判断。

10.5.1　星地双向伪距时间同步分离卫星完好性

双向伪距时间同步是唯一能分离钟差与轨道误差的方法。根据双向伪距测定卫星钟与地面钟的原理，当星地粗同步精度满足星地相对运动下距离精度时，星地钟差由式（10－6）导出：

$$\Delta t_{gs} = \frac{1}{2}(\rho_s - \rho_g)$$

与卫星轨道参数相分离，根据式（10－7）按模型计算预报钟差 $\Delta t(t)$，再由 $\Delta t_{gs} - \Delta t(t)$ 之差判定卫星钟的完好性。

$$\Delta T_{\mathrm{Itg}} = \Delta t_{gs} - \Delta t(t) \tag{10-21}$$

当 ΔT_{Itg} 超出卫星钟预报精度时可报警卫星钟差。

10.5.2　DLL 相关监测卫星载荷完好性

在卫星导航系统中用接收机非相干延迟锁相环 DLL 完成对卫星信号的恢复，从而进行伪距测量（详见第12章）。当 A. J. Van Dierendonck 于1992年得到的所观测的卫星信号带宽为无限大时，其用 chip 宽度归一化的伪距测量方差为

$$\delta_{\mathrm{DLL}}^2 = \frac{B_L d}{C/N_0}\left[1 + \frac{1}{(C/N_0)T(1-d)}\right] \tag{10-22}$$

式中　B_L——环路带宽（Hz）；

d——归一化后的相关间距；

T——相关处理积累时间；

C/N_0——信号载噪比。

δ_{DLL} 乘以 chip 宽度为以时间（s）表示的伪距测量标准差，再乘以光速 c 则为以距离表示的伪距测量标准差。

在实际工程中导航信号不可能为无限带宽。拥挤的导航频段，只能选2倍码速率带宽 J. W. Betz 进行了修改，当接收通道的带通滤波器为矩形滤波模型时，热噪声的方差近似公式为

$$\delta^2_{n\mathrm{DLL}}=\begin{cases}\dfrac{R_L(1-0.5B_LT)}{2(C/N_0)}\times 2d\left[1+\dfrac{1}{T(C/N_0)(1-d)}\right] & bd\geqslant\dfrac{\pi}{2}\\[2ex] \dfrac{B_L(1-0.5B_LT)}{2(C/N_0)}\left[\dfrac{1}{b}+\dfrac{b}{\pi-1}\left(2d-\dfrac{1}{b}\right)^2\right]\cdot & \\ \left[1+\dfrac{1}{T(C/N_0)(1-d)}\right] & \dfrac{1}{2}<bd\leqslant\dfrac{\pi}{2}\\[2ex] \dfrac{B_L(1-0.5B_LT)}{2(C/N_0)}\dfrac{1}{b}\left[1+\dfrac{1}{T(C/N_0)}\right] & 0<bd\leqslant\dfrac{1}{2}\end{cases}$$

(10-23)

b 为用 chip 宽度归一化后信号带宽，详见第 12 章。

由此可见，采用不同的 b、d，有不同的伪距测量方差，因此可以对卫星信号畸变进行完好性监测，从而判定有效载荷的完好性。

如何进行卫星信号的畸变判定呢？

在监测接收机中设有两种相关器，一种是宽相关器（$d=1/2$），另一种是窄相关器（如 $d\leqslant 1/16$）。对于正常无畸变接收信号，尽管相关特性不是标准三角性，但左右对称性较好。相关峰最大点为接收码与本地即时码对齐，如图 10-2 所示。若对窄相关器的相关结果进行线形逼近处理后，所得本地即时码与宽相关结果重合。对于非正常有畸变的导航信号，宽窄相关处理的结果不重合，产生偏差 ΔT_c，从而判定导航信号发生了畸变。

图 10-2 中 $F(d)$ 为归一化相关值，d 为归一化相关间距。

从图中看出，此时的 δ_{DLL} 已不代表由热噪声产生的方差了。

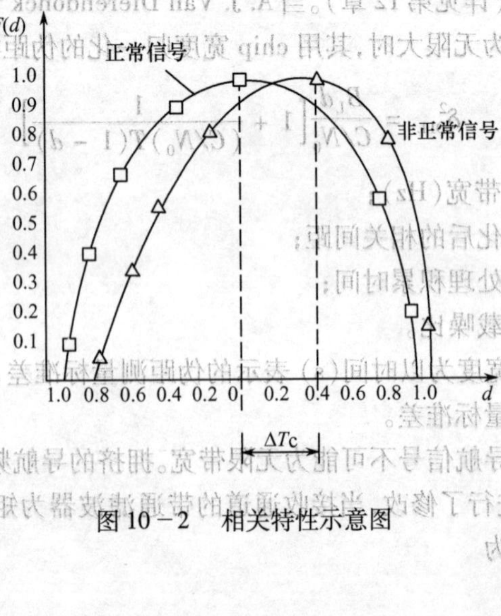

图 10-2 相关特性示意图

接收信号的畸变可能由以下原因造成。

(1) 卫星发射的导航信号畸变,使相关峰偏移,甚至出现多相关峰。

(2) 受相干伪卫星信号的影响,使相关曲线不对称,如受多路径干扰影响,码波形前沿恶化。

(3) 接收机的RF滤波器影响,使信号畸变。卫星系统也可能出现输出滤波器变坏,它归类于原因(1)。

(4) 受强噪声干扰,使相关峰变得偏平。

普通用户机因成本关系,一般只能用宽相关器,在信号无畸变时可确保精度,在信号畸变时无法监测,这就是监测接收机为什么还要采用多个并进行窄相关器的原因。所以,卫星信号的完好性监测应由专门的完好性监测站和中心处理系统来完成。

通过上述分析可以看出,具有宽窄相关处理的监测接收机可以完成对接收信号的完好性判断。3台监测接收机同时工作的监测站,完成对该环境条件下导航信号的完好性判断。为了排除接收机的故障原因和多径效应的影响,多个监测站联合判断,才能最后确定导航信号的完好性,这就需要设立完好性监测站网和完好性处理中心,由完好性处理中心根据监测站观测到的测距误差判断导航信号的完好性。当然,完好性处理中心还必须对电离层完好性做出判断,这种判断均可用监测站3台监测接收机的ΔT_c,分离出电离层的影响。

10.6　运行控制系统集成

运行控制系统的集成有两项任务:一是系统内的集成,二是多导航系统的集成。系统内的集成是完成精密轨道确定与轨控期轨道修正,星地与星间、站间时间同步,完好性监测与完好性计算等一系列同一个系统内功能与指标的集成。通过发布的导航电文与信号格式,构成完整的RNSS服务。

多导航系统的集成,或者叫系统间的集成,是完成导航与定时、通信的集成和本国卫星导航系统与国外导航系统的集成。下面将讨论导航系统的集成。

10.6.1　RNSS与RDSS相结合实现导航通信与识别三大功能集成

一个成功的卫星导航系统应完成导航、通信、识别三大功能的高度集成。从卫星系统、运控系统到用户最终实现全面集成,使用户及用户调度指挥者把握所管辖的何用户(Who)、何时(When)、何地(Where)、为什么(Why)、怎么样(How)6个(W)问题。RNSS功能可以解决何时在何地的迫切问题,RDSS系统的识别与通信功能不但能回答调度者用户是谁,其通信和报告功能还能回答航行目的地、执行何任务

(What) 和任务效果(How) 问题。

1. 集成的基本原理与方法

GPS系统用户通过用户终端与军用Internet网络的结合,拟实现通信系统的组合集成(NAVCOM)。北斗导航系统已实现了RDSS概念下的定位、定时和通信的集成。虽然伽利略导航系统总结了GPS、GLONASS的不足,在方案中制定了救援服务方案,但也没有真正解决导航、通信、识别的完美集成。通过RNSS与RDSS的集成可以更好地解决上述目标。

所谓RNSS与RDSS集成概念,是在卫星导航系统的卫星和运控系统中集成RNSS与RDSS两种业务,使用户既可以不发射响应信号,自主完成连续定位、测速任务,又可以根据需要进行RDSS方式的位置报告,以及用户跟踪识别和短电文通信。在用户终端实现RNSS与RDSS的双模集成和国外GPS的应用集成,其基本原理和方法如下。

(1) 在部分导航卫星(GEO,IGSO)上同时安排RDSS载荷和RNSS载荷,地面运控系统具有RNSS与RDSS信号及信息处理和运行控制能力。

(2)RNSS与RDSS的导航体制和信号格式统一在同一时间系统。

(3)GEO卫星的RDSS出站信号和RNSS导航信号均可用于用户自主导航,又可用于位置报告和通信服务。即S频段信号可用于RNSS(所谓无源) 定位,RNSS的L频段信号可用于通信服务。

(4) 地面运控系统RDSS业务具有用户通信随机接入能力,可以处理短促突发信号,完成用户至中心控制系统的信息交换。

(5) 用户入站信息可以携带用户位置实现位置报告,又可以不携带用户位置信息。由RDSS直接从应答信号中处理出用户位置坐标,实现"无信息" 传输的位置报告。

2. RNSS与RDSS集成的性能特点

这种双导航系统的集成与RNSS + NAVCOM相比有如下特点。

(1) 在导航系统内完成导航与通信的集成,既增强了导航的能力,又避免了因通信体制、部门编制不同带来的通信苦恼,互通性好。

(2) 位置报告链路与导航链路相结合,其信息传输链路具有与GPS P(Y) 码相当的安全性。利用RDSS原理实现无位置信息传输的用户位置报告,保密安全性好。

(3) 卫星波束覆盖范围内的所有用户都具有随机接入能力,直接通信的范围广、接通能力强、实时性好。

(4) 双模用户机定位手段丰富、可靠性高,并通过短电文校正参数,提高定位精度。

(5) 系统及用户终端的效费比高,成本相对低廉。

(6) 利用RDSS实现双向授时,其精度可优于10ns,与通常的GPS单向授时相比,其时间同步精度可提高5倍 ~ 10倍。

10.6.2 多系统信息融合与国外系统的集成

目前已有GPS、GLONASS提供民用服务,正在建设的伽利略导航系统也以全球民用服务为目的,未来全球可能存在3个 ~ 4个全球导航系统。由这些导航系统的权宜结合和完好性监测报告,构成ICAO所希望的全球卫星导航系统(GNSS)。

目前,这些系统有的已十分成熟,如GPS已达到了10m定位精度。但就其精度、可用度、连续性和完好性的综合考核,不但达不到 I 类精密进近所需要的要求,也没达到非精密进近所需的导航要求。从目前现状看来,任何一个独立系统都难以满足全球导航服务要求。事实证明,由ICAO建设一个民用全球卫星导航系统也不现实。所以实现多系统兼容服务,以全面增强导航性能是现实的选择。即使只有两个全球导航系统,在用户的可视范围内仍将有12颗 ~ 22颗卫星可供选择。有3个导航系统具备提供服务能力,就能对付某一系统的突发事件,确保双系统的长期可选择性。对于12颗 ~ 22颗可选择卫星,精度几何因子高(PDOP ≤ 2.0),从而降低对用户等效距离误差(UERE)的要求,可满足 I 类精密进近的精度要求。由于可选卫星数增多,可靠性和连续性也得到增强。通过对卫星完好性的监测,有希望直接满足 I 类精密进近的全部需要。那么,系统信息融合的工作有那些呢?

(1) 设立多系统综合监测站。在系统监测站的设计上,通过GPS监测接收机、GLONASS监测接收机、伽利略监测接收机的联合工作兼容设计,完成对多系统导航信号的测量和判断,设计一个兼容性的监测接收机可能是合适的选择,GPS、伽利略导航系统和北斗导航系统在体制上的可兼容性为其创造了条件。

(2) 实现系统卫星的精密轨道确定与修正。利用系统综合监测站的观测资料,完成系统卫星的精密轨道确定,在此基础上实现国外卫星轨道的精确修正。

(3) 实现系统卫星完好性计算与报告(详见10.7.4小节)。

10.7 多系统联合广域增强系统的运行与控制

多系统联合广域增强系统是基于将来正式运行的北斗导航系统、GPS、GLONASS和伽利略导航系统的民用导航信号,为中国民用航空导航用户提供满足 I 类精密进近服务的广域增强系统,服务区域为中国及其周边地区。

10.7.1 系统组成

系统空间段:北斗、GPS、GLONASS和伽利略导航卫星。

系统地面段运行控制系统:包括一个主控站,20个 ~ 30个多系统监测站,监测站上有双频北斗监测接收机。其中 5 个 ~ 7 个监测站上配置有增强卫星(GPS、GLONASS 和伽利略导航卫星)接收机。

系统应用终端:多系统兼容用户机。接收北斗、GPS、GLONASS 和伽利略导航卫星信号,实现定位、测速、位置报告和空中交通管理。

图 10-3 是多系统联合广域增强系统概念图,是为满足基于北斗导航系统为主卫星导航系统的联合广域增强系统。在北斗导航系统内,完成北斗导航卫星的运行控制,并提供精密的电离层校正参数。因此对 GPS、GLONASS 和伽利略等导航卫星只提供卫星钟差校正参数、卫星星历校正参数及完好性信息,而电离层校正参数由对北斗卫星的观测得到。所以地面运行控制只需要 5 个 ~ 7 个具有增强卫星观测能力的监测站,其中任一个监测站均能完成对空间段已选定的增强卫星的参数注入,这大大提高系统的工作效率和可靠性。

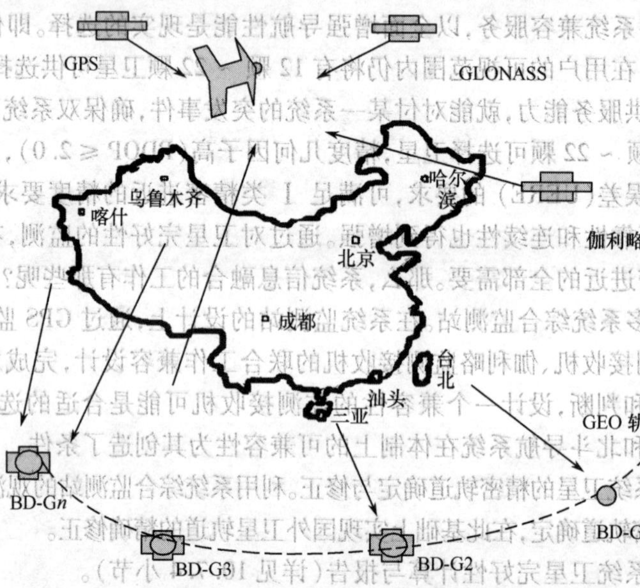

图 10-3　多系统联合广域增强系统概念

10.7.2　系统工作原理

系统以被监测的 GPS、GLONASS 和伽利略卫星为增强卫星,同北斗导航卫星一起作为用户观测卫星。

系统监测站利用单频监测接收机实现对 GPS、GLONASS 和伽利略卫星的观测,提供精密卫星钟差校正参数,精密轨道校正和完好性评定所需的伪距测量值、载波相位测量值和多普勒积分观测值,并将观测值送主控站进行计算、评定。

系统主控站根据中国区域满足Ⅰ类精密进近所需的健康卫星,进行选定卫星的钟差校正值计算、精密轨道校正计算和完好性评定。而这种可用卫星的选择应该是动态的，可用卫星满足8颗 ~ 12颗即可。将这些可用卫星通过监测站的上行注入系统注入到北斗GEOs卫星。GEOs卫星广播被监测卫星钟差、星历改正参数。

广域增强覆盖区域内的用户接收机按照GEOs卫星广播的可用卫星及其校正参数，实现精密导航定位，而电离层校正参数参照北斗电离层校正参数进行修正。

对于不满足精度和完好性的卫星，不提供钟差校正及星历校正参数，可提供未被监测标志。

系统在主控站的调度下完成多系统广域差分校正参数的计算。主控站的任务是：与北斗系统主控制系统协调工作，并完成下述工作。

(1) 广域增强卫星的选择和校正参数的计算。从GPS、GLONASS和伽利略卫星中，选择几何图形分布良好、用户等效距离误差小的卫星进入增强卫星星座。

(2) 根据广域增强系统可用卫星星座需要，分配各监测站监测卫星任务。

(3) 根据全系统GEOs卫星分布和工作情况，分配监测站注入卫星任务。

主控站与各监测站之间由地面通信网和卫星通信网两条链路完成数据交换。

广域差分算法任务是：计算选定的增强卫星的三维星历误差、卫星钟差误差、电离层校正参数，作为向用户广播的校正参数。

主控站利用监测站双频北斗监测接收机的观测数据，独立处理北斗卫星三维星历、卫星钟差与电离层时延测量误差，以便为单频用户提供独立的电离层改正参数。

主控站利用4个 ~ 7个已知位置监测站观测的增强卫星(GPS、GLONASS)伪距，来确定该卫星的星历改正数、钟差和监测站的钟偏差，根据大家熟悉的广域差分GPS(WADGPS)利用单频伪距观测量确定卫星星历改正数和卫星钟差的原理，测得从监测站 i 到卫星 j 的伪距 P_{ij} 经大气误差和多路径修正后为

$$\begin{aligned} p_{ij} &= D_{ij}e_{ij} - B_j + b_i + n_{ij} \\ &= [(R_j + \delta R_j) - S_j]e_{ij} - B_j + b_i + n_{ij} \end{aligned} \tag{10-24}$$

式中　p_{ij}——测量的伪距；

D_{ij}——从监测站 i 到卫星 j 的距离矢量；

e_{ij}——从监测站 i 到卫星 j 的单位距离矢量；

R_j——根据GPS(GLONASS……)电文计算的卫星 j 的位置；

δR_j——卫星 j 的星历误差矢量；

S_i——已知监测站 i 的位置；

B_j——卫星钟偏差；

B_i——监测站钟偏差；

n_{ij}——测量噪声。

以上各参量如图10-4所示[13]。

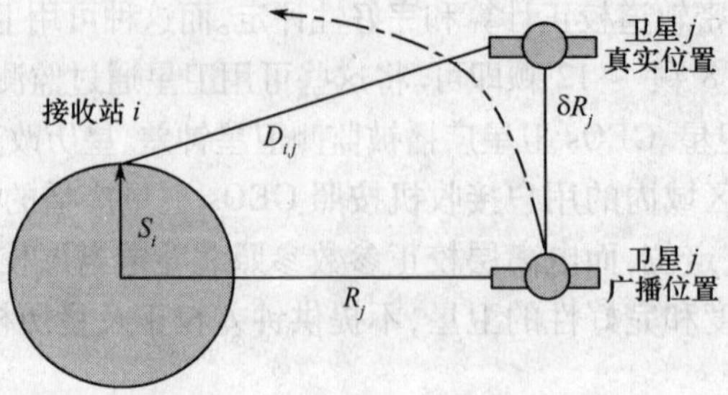

图 10－4　增强卫星星历误差

对所有监测站($i = 1,2,\cdots,n$) 和增强卫星($j = 1,2,\cdots,m$) 分别定义为

$$x = [\delta \boldsymbol{R}^{\mathrm{T}} \quad \boldsymbol{B}^{\mathrm{T}} \quad \boldsymbol{b}^{\mathrm{T}}]^{\mathrm{T}}$$

其中

$$\delta R = [\delta \boldsymbol{R}_1^{\mathrm{T}} \delta \boldsymbol{R}_2^{\mathrm{T}} \cdots \delta \boldsymbol{R}_{\mathrm{M}}^{\mathrm{T}}]^{\mathrm{T}}$$

$$\boldsymbol{B} = [B_1 B_2 \cdots B_{n-1}]^{\mathrm{T}}$$

$$\boldsymbol{b} = [b_1 b_2 \cdots b_m]^{\mathrm{T}}$$

如果对所有监测站($i = 1,2,\cdots,n$) 和增强卫星($j = 1,2,\cdots,m$),将式(10－24) 所有的测量量集中起来,并进行整理,得到就可以解出卫星星历改正数,也就是星历误差矢量,以及卫星钟差,作为增强卫星(GPS、GLONASS、伽利略卫星) 的改正参数。详细算法可参阅帕金森等编著,栗恒义等译《GPS 理论与应用》(第二卷上册)。

10.7.3　GEOs 卫星校正参数及完好性广播电文

GEOs 卫星是北斗系统地球静止轨道卫星,它首先是系统的工作卫星,同时也是广播 GPS、GLONASS、伽利略卫星星历校正参数和钟差校正参数的广播卫星。在北斗导航系统中有多颗 GEOs 卫星执行广域差分校正参数广播任务,但为了中国区域内用户有足够的观测卫星可应用,GEOs 卫星的广播任务应予优化分配。原则上,东边区域的 GEOs 卫星广播分布于我国东部的 GPS 或 GLONASS 或伽利略卫星的校正参数;西部区域的 GEOs 卫星广播分布于我国西部的 GPS 或 GLONASS 卫星的校正参数。由于 GPS、GLONASS、伽利略卫星系统的可观测卫星非常多,达 33 颗以上,因此全部广播是困难的,所以主控站要对进入广域增强系统的星座卫星进行选择。其选择的原则如下。

(1) 对区域用户来说,有良好的几何图形,可改善用户的精度几何因子。

(2) 有良好的星历及钟差改正精度。

(3) 有良好的卫星完好性。

在此基础上参与广域差分的卫星数可以大大减少，含北斗卫星在内约计12颗，校正参数及完好性电文的容量应包括：

卫星识别：6b

Ⅰ类精密进近完好性指示：1b

参数对应的时间 T：9b

钟差改正数：13b

钟速改正数：8b

卫星 $\Delta x\Delta y\Delta z$、$\Delta\dot{x}\Delta\dot{y}\Delta\dot{z}$ 校正参数：$11\times3+8\times3=57$b

每颗卫星总数据位：94b

如果校正参数的更新率为1次/3min，完好性指示为告警指示，3min内安排12颗卫星的总电文比特数为1116b。3颗～5颗GEOs卫星可以确保其电文的容量和实时性。

10.7.4　卫星完好性监测

卫星完好性监测将根据不同系统的卫星按不同的方法完成其监测和判断。对于北斗导航系统由全系统监测站所配备的具有宽窄相关接收的监测接收机进行信息收集，由主控站根据多站监测结果进行系统的完好性判断。

当完成了北斗卫星的完好性判断后，对于GPS、GLONASS或伽利略卫星的判断完全可以用成本比北斗卫星监测接收更低的普通兼容精密定位接收机，也可以用具有良好RAIM性能的兼容用户机来完成。

此时，兼容接收机选定4颗经完好性检测合格的北斗卫星，一颗欲将进行完好性监测的外星(如GPS)，即4个北斗卫星加一颗外星，构成5个观测方程。

$$\overline{\boldsymbol{R}}_{\mathrm{u}}=\overline{\boldsymbol{R}}_i-\overline{\boldsymbol{D}}_i \quad (i=1,2,\cdots,5) \qquad (11-25)$$

式中　$\overline{\boldsymbol{R}}_{\mathrm{u}}$——从地球中心到用户的矢量；

$\overline{\boldsymbol{D}}_i$——从用户到第 i 颗卫星的矢量；

$\overline{\boldsymbol{R}}_i$——从地球中心到第 i 颗卫星的矢量；

i——第1颗～第5颗卫星。

由于仅需4颗卫星就能计算监测接收机的位置，于是5个方程可以构成4个子集(每一个子集排除一个北斗卫星)，得到4个独立的接收机位置解 x_1^j、x_2^j、x_3^j、x_4^j。与接收机的已知位置 x_0^j 相比较(x_0^j 为接收机的3个位置参数 $j=1,2,3$)，分别得到4个位置偏差：Δx_1^j、Δx_2^j、Δx_3^j、Δx_4^j。当4个子集求解的卫星几何图形(PDOP值)相当时，上述4个位置偏差符合随机特性。5个卫星的4个定位解的总定位误差为

$$\Delta\bar{x} = \sqrt{\sum_{1}^{4}\Delta X_{1}^{j2}} \tag{10-26}$$

将 $\Delta\bar{x}^{j}$ 分解为平面位置误差 ΔP 和垂直位置误差 ΔH。根据国际民航 Ⅰ 类精密进近（CAT - Ⅰ）的误差要求：

$$2\Delta p \leqslant 18.2\text{m}$$

$$\Delta p \leqslant 9.1\text{m}$$

$$2\Delta H \leqslant 7.7\text{m}$$

$$\Delta H \leqslant 3.8\text{m}$$

当 Δp、ΔH 均满足要求时，可判断 GPS 卫星作为 CAT - Ⅰ 的可选择卫星，并向用户进行预报。

在上述计算中，将 $\Delta\bar{x}$ 作为最大值进行判断。在式（10-31）中的4个子集中，卫星与监测接收机间的 HDOP、VDOP 值应小于 CAT - Ⅰ 规定的门限值。

用类似的方法，可以将选择的 GPS、GLONASS 卫星的完好性进行逐一判断，从而进入广域增强星座。

为了将增强星座卫星的校正参数与完好性监测独立进行。在选择完好性监测站时，应选择那些没有参与卫星钟差和卫星轨道确定的监测站，如图 10 - 6 所示。3 个监测站作为精密定轨和卫星钟差确定，3 个监测站作为完好性监测。为了对我国周边用户有足够的卫星，可以适当增强监测站的数目。

10.7.5 监测站组成

监测站与北斗监测站并址统一设计，基本组成如图 10 - 6 所示。

北斗监测接收机组由 3 台独立工作的接收机及原子钟组成相互验证的卫星数据采集系统，完成对北斗卫星的钟差、星历校正，完好性判断所需原始资料的采集与判断处理。

GPS 监测站接收机组成的结构和工作原理同北斗监测站的接收机组。

由于有北斗、GPS 卫星的完好性估计的基础，因此 GLONASS、伽利略卫星的监测可以大大简化。可利用北斗/GPS/ GLONASS 和北斗/伽利略兼容接收机完成对 GLONASS 和伽利略卫星的完好性监测，其原理如 10.4 节所述。

联合监测站所接收的观测量和定位精度估计参数经本站信息处理后，分别按星历钟差与完好性判断信息分类。对于完好性告警等短时效性信息，由卫星通信网送主控站，慢变化量信息可由地面通信网送主控站。

主控站分配给监测站的广播参数，由信息处理分系统接收后，按选定的 GEO 北斗卫星上行链路注入该卫星。

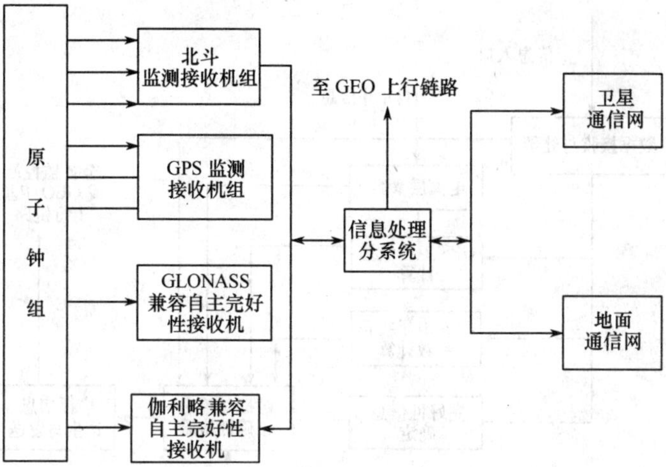

图 10 - 6　联合监测站组成

10.7.6　主控站联合广域差分软件功能

主控站联合广域差分的硬件系统将与北斗主控站统一设计。本节以 GPS 广域差分软件处理为例，介绍 GPS 卫星差分完好性在主控站的处理流程。

主控站应用软件有 6 个主要功能模块：数据接收和处理、GPS 卫星精密轨道计算、GPS 卫星校正参数计算、完好性计算与确定、数据与信息正确性检验、广播信息生成与发送。由于与北斗系统共同组成广域差分系统，不需要单独由 GPS 卫星形成电离层广播参数。其软件功如图 10 - 7 所示，功能说明如下。

(1) 数据接收和处理。本功能模块接收各类入站数据，进行转储和分配。

(2) 电离层参数模块。将来自北斗系统信息处理的电离层校正参数换成适合 GPS 卫星频率的校正参数，用于 GPS 卫星精密定轨和校正参数计算。

(3) GPS 卫星精密轨道计算。利用 GPS 观测数据，参照系统电离层校正参数确定 GPS 卫星的精密轨道，产生 GPS 卫星精密星历，预报卫星轨道，并生成下次卫星测控文件计算，具体过程如下。

① 电离层影响的校正。

② GPS 卫星轨道确定。

③ 接收机钟差解算。

④ GPS 卫星精密星历计算。

⑤ GPS 卫星轨道预报。

⑥ 计划生成。

(4) 卫星改正数计算。利用接收到的观测数据与(2)、(3) 模块产生的电离层改正参数和卫星精密星历，计算卫星钟差改正数和星历改正数，处理过程如下。

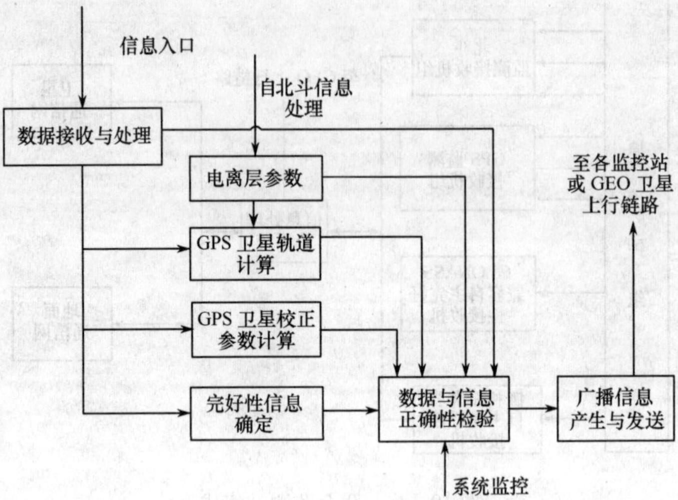

图 10－7　外星系统软件处理功能图

① 观测数据电离层影响的修正。

② 卫星钟差慢变量计算。

③ 卫星钟差快变量计算。

④ 卫星钟差改正数计算。

⑤ 用户差分距离误差 UDRE 计算。

⑥ 卫星星历改正数计算。

⑦ 卫星星历误差(EPRE) 计算。

⑧ 伪距误差 RMS 计算。

(5) 完好性信息确定。为了确定卫星和差分数据的完好性，本功能模块必须接收用于导航服务的所有卫星的导航数据。当某颗卫星或差分改正数不能用于导航服务，或者卫星差分改正数未被监测时，提供告警信息。该功能模块处理过程如下。

① 卫星完好性确定。

② 差分改正数完好性确定。

(6) 数据与信息正确性检验。为完成广播信息的正确性检验，本功能模块应完成以下 3 层检验。

① 拟合残差验证改正数。

② 用平行的硬件、软件，按两路数据进行一致性验证。

③ 用北斗电离层对 GPS 原始测量数据对比验证。

(7) 广播信息产生和发送。为满足广播信息格式及服务控制要求，功能模块应实现以下功能。

① 广播信息的编辑。

② 广播信息的加密控制。

③ 广播信息的分发。

(8) 为了完成系统的操作和维护，还要提供必要的系统监视与控制，具体功能如下。

① 业务管理。

② 系统管理。

③ 系统监视和控制。

④ 系统维护。

系统内部数据流程如图 10－8 所示。

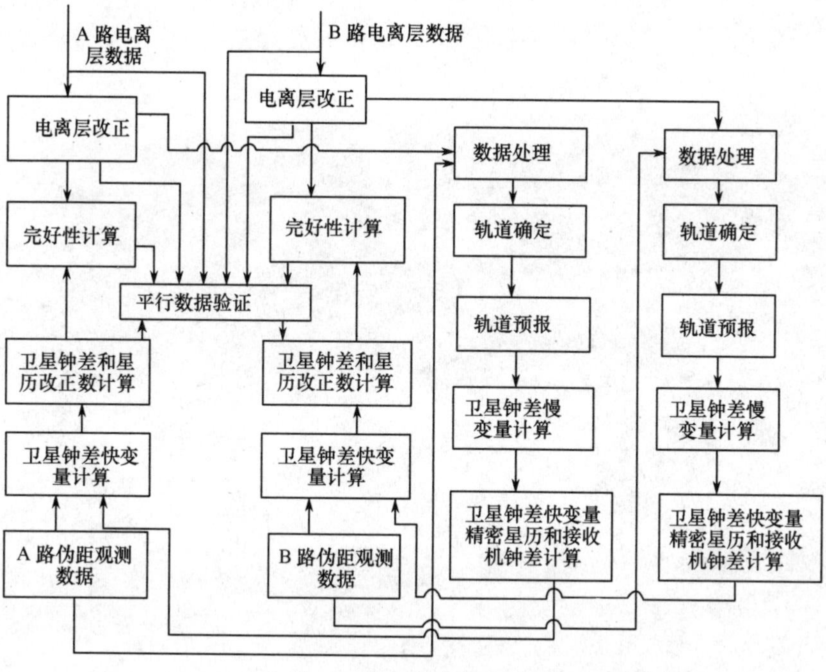

图 10－8　系统内部数据流程

(9) 应用软件的组成包括以下程序。

① 通信程序。

② 数据予处理程序。

③ GPS 卫星精密星历生成程序。

④ 电离层改正程序。

⑤ 卫星钟差估计程序。

⑥ 卫星广播星历改正程序。

⑦ 完好性处理程序。
⑧ 数据验证程序。
⑨ 广播信息的生成与加密程序。
⑩ 业务管理程序。
⑪ 系统管理程序。
⑫ 监控显示程序。

第11章　导航卫星和导航载荷

11.1　卫星和导航载荷历史

1957年10月4日，苏联第一颗人造地球卫星的上天，标志着人类导航卫星的开始。通过对这颗卫星发回地面的无线电信号的观测，使人们认识到来自已知位置的人造地球卫星的精密时间信号能有助于领航员的领航。从此，人造卫星可以起到太阳和恒星表一样的定位功能，而且，精密的卫星时间信号也可以代替轮船上的记时仪。将地基无线电台搬到为数不多的卫星上，可以提供全球覆盖，这是一个全天时、全天候的高精度定位系统。1958年，美国海军发射了第一颗导航卫星——子午仪（Transit）卫星，并同时开始了621B和TIMATION导航卫星试验。1973年，美国国防部开始了GPS研究计划。

导航卫星一开始就以“武器”的形式出现，在苏联与美国两大阵营的冷战对峙中迅速发展。苏联在相应时期也建成了“圣卡达”及GLONASS系统。卫星导航具有武器与工具的两重性，既能增强军队能力，又能促进经济发展，是迄今军民双用最好的代表。

导航卫星技术向紧密依赖地面支持，向着对地面依赖越来越少的方向发展。GPS卫星可脱离地面支持180天而不降低使用性能。努力提高定位测速精度、可用度、连续性和完好性，始终是导航卫星的发展方向。

导航载荷是实现导航目标的直接设备，是关系导航精度和完好性的主要载荷。尤其是星上自主完好性和地面完好性通道（GIC）在星上的良好反应，是十分重要的技术要求。目前水平较低，手段薄弱。从GPS、GLONASS的发展史可以看出，在精度、可用度、连续性和完好性方面是今后发展的重点。

GPS发展经历了BLOCKⅠ、BLOCKⅡ、BLOCKⅡA、BLOCKⅡR，进入了BLOCKⅡF部署阶段。第一颗BLOCKⅠ卫星于1978年2月2日发射，到1985年10月9日共发射了11颗卫星，其中10颗成功（表11－1）。

表11－1　初期GPS卫星发射历史

BLOCK	SVN	PRN	国际认别号	NASA[1]号	轨道	发射日期	时钟	可用日期	撤出服务
BLOCK Ⅰ									
—	01	04	1978－020A	10684	—	19780222	—	780329	850717
—	02	07	1978－047A	10893	—	19780513	—	780714	810716
—	03	06	1978－093A	11054	—	19781006	—	781113	810518
—	04	08	1978－112A	11141	—	19781210	—	780108	811014
—	05	05	1980－011A	11690	—	19800209	—	800227	831128
—	06	09	1980－032A	11783	—	19800426	—	800516	910306
—	07					19811218	发送失败		
—	08	11	1983－013A	14189	—	19830714	—	830810	930504
—	09	13[4]	1984－059A	15039	C－1	19840613	—	140719	—
—	10	12	1984－097A	15271	A－1	19840908	Cs	841003	—
—	11	03	1985－093A	16129	C－4	19851009	Rb[5]	851030	—
—	—	—	—	—	—	—			
BLOCK Ⅱ									
Ⅱ－1	14	14	1989－013A	19802	E－1	19890214		890415	—
Ⅱ－2	13	02	1989－044A	20061	B－3	19890610	Cs	890810	—
Ⅱ－3	16	16	1989－064A	20185	E－3	19890818	Cs	891014	—
Ⅱ－4	19	19	1989－085A	20302	A－4	19891021	Cs	891123	—
Ⅱ－5	17	17	1989－097A	20361	D－3	19891211	Cs	900106	—
Ⅱ－6	18	18	1990－008A	20452	F－3	19900124	Cs	900214	—
Ⅱ－7	20	20	1990－025A	20533	B－2	19900326	Cs	900418	—
Ⅱ－8	21	21	1990－068A	20724	E－2	19900802	Cs	900822	—
Ⅱ－9	15	15	1990－088A	20830	D－3	19901001	Cs	901015	—
—	—	—	—	—	—	—	Cs	—	—
BLOCK ⅡA									
Ⅱ－10	23	23	1990－103A	20959	E－4	19901126	Cs	901210	—
Ⅱ－11	24	24	1991－047A	21552	D－1	19910704	Cs	910830	—
Ⅱ－12	25	25	1992－009A	21890	A－2	19920223	Cs	920324	—
Ⅱ－13	28	28	1992－019A	21930	C－2	19920410	Rb	920425	—
Ⅱ－14	26	26	1192－039A	22014	F－2	19920707	Cs	920723	—
Ⅱ－15	27	27	1192－058A	22108	A－3	19920909	Cs	920930	—

（续）

BLOCK	SVN	PRN	国际认别号	NASA[1]号	轨道	发射日期	时钟	可用日期	撤出服务
Ⅱ－16	32	01[6]	1192－079A	22231	F－1	19921122	Cs	921211	—
Ⅱ－17	29	29	1192－089A	22275	F－4	19921218	Cs	930105	—
Ⅱ－18	22	22	1193－007A	22446	B－1	19930203	Cs	930404	—
Ⅱ－19	31	31	1193－017A	22581	C－3	19930330	Cs	9304B[7]	—
Ⅱ－20	07	07	1193－032A	22657	C－4	19930513	Cs	930612	—
Ⅱ－21	09	09	1193－042A	22700	A－1	19930626	Cs	930720	—
Ⅱ－22	05	05	1193－054A	22779	B－4	19930830	Cs	930928	—
Ⅱ－23	04	04	1193－068A	22877	D－4	19931026	Cs	931122	—
Ⅱ－24	—	—	—	—	—	—	—	—	—

(1) NASA 目录号也称 NORAD 或美国空间指挥部标号；
(2) 未列出轨道平面位置即表示卫星已经不再进行；
(3) 时钟：Rb 为铷，Cs 为铯；
(4) 在日食期间，PRN13 卫星的电源容量不足以维持 L_1/L_2 发送，因此有可能在此期间关闭 PRN13 号卫星对 L_1/L_2 的发射，最多每天达 12h；
(5) PRN03 使用的铷钟没有做温度控制；
(6) SVN32 卫星在 93 年 11 月 28 日已经由 32 改为 01；
(7) 对 PRN31 卫星的故障维修工作于 1993 年 6 月 18 日完成，解决了 L_2 间断锁定问题

第一阶段卫星发射从 1973 年立项，到 1978 年发射第一颗卫星经历了 5 年时间，尚不能进入系统总概念验证的主要障碍来自传统而肤浅的“第 22 号军规”。两个主要问题是：(1) 在不清楚用户设备是否能与卫星协同工作的情况下，怎么能对用户设备进行验证呢？(2) 在不能确保卫星与用户设备协同工作的情况下，怎么能发射卫星呢？这将 GPS 计划推向了什么也不能做的境地，只好将用太阳能供电的卫星发射机改造成伪卫星，布置在试验场的沙漠上，从而验证了用户设备与卫星的协同工作，使卫星导航走出了逻辑上的死胡同。10 颗 BLOCKⅠ 卫星完成了 GPS 系统总概念正确性验证，11 种陆、海、空运载体的试验精度为 6m ~ 16m(SEP)。

BLOCKⅡ 卫星从 1989 年 2 月 4 日开始发射，到 1990 年 10 月 1 日为止，共发射了 9 颗卫星。BLOCKⅡ 卫星其发射助推器按航天飞机的接口设计，在“挑战者号”航天飞机失事以后，又对这一决定进行了修改，火箭仍是 GPS 卫星的运载工具。BLOCKⅡ 卫星发射后发现，工作 14 天时间后逐渐变差，所以 BLOCKⅡA 卫星增加了自主动量管理能力，在 180 天周期内工作，无须同地面联系。

BLOCKⅡ/BLOCKⅡA 卫星的导航电文是由 GPS 控制系统逐日完成并加载上去的。BLOCKⅡR 卫星有星间链路，可以完成相互间的距离测量，通过星上卡尔曼滤波器可以为 BLOCKⅡR 卫星提供自主导航能力。使用星间链路距离测量、BLOCKⅡR 卫星开普勒轨道参数中误差，能支持 16m(SEP) 的导航精度，可在 180 天内无须与地面控制系统联系，而 BLOCKⅡA 卫星在 180 天末的可比误差为千米级。

1993 年 12 月，GPS 系统具备初始运行能力(IOC)，空军空间指挥部宣布开始运行 24 颗 GPS 卫星，这是 GPS 发展 20 年的重要里程碑。1994 年 2 月，美国联邦航天局(FAA) 宣布 GPS 可用于航空导航。

GPS 提供精密定位服务精度 SEP 16m，民用 SPS 标准定位精度 SEP 25m，通过 SA 提供降低精度服务 2drm 100m。

空间部分允许的非相关总误差(rss) 大约为 3.5m(1δ)，之所以用 rss，是由于这些误差是非相关的，或在统计上是独立的。获得的卫星性能，使用铷原子频标(AFS) 测量时为 2.2m(1σ)，使用铯原子频标测量时为 2.9m(1σ)。这两种性能的测量都是在最后一次由地面更新之后 24h 进行的。在正常条件下，地面每 24h 对卫星更新一次。

空间部分在卫星天线输入端的功率为 L_1 I 支路 14.3dBW，Q 为 11.3dBW，L_2(P(Y) 码) 为 8.1dBW。地球表面附近的功率 L_1 的 I(C/A 码) 为 -160.0dBW，Q(P(Y) 码) 为 -163.0dBW，L_2(P(Y) 码) 为 -166.0dBW。卫星工作寿命要求为 7.5 年，设计寿命为 10 年。

GLONASS 虽然与 GPS 相同年代开始建设，但直到 1982 年 10 月 12 日才发射第一颗 GLONASS 卫星，至 1998 年的 17 年中共发射了 76 颗，68 颗可用(表 11-2)。

表 11-2 GLONASS 展开阶段

序号	cosmos	发射时间	启用时间	状态	组号
1	1413	1982.10.12	1982.11.10	1984.03.30	1
2	1490	1983.08.10	1983.09.02	1985.10.29	2
3	1491	1983.08.01	1983.08.31	1988.06.09	2
4	1519	1983.12.29	1984.01.07	1988.01.28	3
5	1520	1983.12.29	1984.01.15	1986.09.10	3
6	1554	1984.05.19	1984.06.05	1986.09.16	4
7	1555	1984.05.19	1984.06.09	1987.09.17	4
8	1593	2004.09.04	1984.09.22	1985.11.28	5
9	1594	1984.09.04	1984.09.22	1986.09.16	5

（续）

序号	cosmos	发射时间	启用时间	状态	组号
10	1650	1985. 05. 18	1985. 06. 06	1985. 11. 28	6
11	1651	1985. 05. 18	1985. 06. 04	1987. 09. 17	6
12	1710	1985. 12. 25	1986. 01. 17	1989. 03. 06	7
13	1711	1985. 12. 25	1986. 01. 20	1987. 09. 17	7
14	1778	1986. 09. 16	1986. 10. 17	1989. 07. 05	8
15	1779	1986. 09. 16	1986. 10. 17	1988. 10. 24	9
16	1780	1986. 09. 16	1986. 10. 17	1988. 10. 12	198
17	1838	1987. 04. 24	—	a_3	9
18	1839	1987. 04. 24	—	a_3	9
19	1840	1987. 04. 24	—	a_3	9
20	1883	1987. 09. 16	1987. 10. 10	1988. 06. 06	10
21	1884	1987. 09. 16	1987. 10. 09	1988. 08. 20	10
22	1885	1987. 09. 16	1987. 10. 05	1989. 03. 07	10
23	1917	1988. 02. 17	—	a_3	11
24	1918	1988. 02. 17	—	a_3	11
25	1919	1988. 02. 17	—	a_3	11
26	1946	1988. 05. 21	1988. 06. 01	1990. 05. 10	12
27	1947	1988. 05. 21	1988. 06. 03	1991. 09. 18	12
28	1948	1988. 05. 21	1988. 06. 03	1991. 09. 18	12
29	1970	1988. 09. 16	1988. 09. 20	1990. 05. 21	13
-	1971	1988. 09. 16	1988. 09. 28	1989. 08. 30	13
30	1972	1988. 09. 16	1988. 10. 03	1992. 08. 12	13
31	1987	1989. 01. 10	1989. 02. 01	1994. 02. 03	14
32	1988	1989. 01. 10	1989. 02. 01	1994. 02. 03	14
33	1989^A	1989. 01. 10	大地测量	—	14
—	2022	1989. 05. 31	1989. 07. 04	1990. 01. 23	15
34	2023	1989. 05. 31	1989. 06. 15	1989. 11. 08	15
35	2024^A	1989. 05. 31	大地测量	—	15
36	2079	1990. 05. 19	1990. 06. 20	1994. 08. 17	16

（续）

序号	cosmos	发射时间	启用时间	状态	组号
37	2080	1990. 05. 19	1990. 06. 17	1994. 08. 27	16
38	2081	1990. 05. 19	1990. 06. 11	1993. 01. 20	16
39	2109	1990. 12. 08	1991. 01. 01	1994. 06. 10	17
40	2110	1990. 12. 08	1990. 12. 29	1994. 01. 20	17
41	2111	1991. 04. 04	1990. 12. 28	1996. 08. 15	17
42	2139	1991. 04. 04	1991. 04. 28	1994. 11. 14	18
43	2140	1991. 04. 04	1991. 04. 28	1993. 06. 04	18
44	2141	1992. 01. 30	1991. 05. 04	1992. 06. 16	18
45	2177	1992. 01. 30	1992. 02. 24	1993. 06. 29	19
46	2178	1992. 01. 30	—	—	19
47	2179	1992. 01. 30	1992. 02. 18	—	19
48	2204	1992. 07. 30	1992. 08. 19	1997. 08. 05	20
49	2205	1992. 07. 30	1992. 08. 19	1994. 08. 27	20
50	2206	1992. 07. 30	1992. 08. 25	1996. 08. 26	20
51	2234	1993. 02. 17	1993. 03. 14	1994. 01. 07	21
52	2235	1993. 02. 17	1993. 08. 25	—	21
53	2236	1993. 02. 17	1993. 03. 14	1997. 08. 23	21
54	2275	1994. 04. 11	1994. 09. 04	+	22
55	2276	1994. 04. 11	1994. 05. 18	1999. 09. 09	22
56	2277	1994. 04. 11	1994. 05. 16	1997. 08. 29	22
57	2287	1994. 08. 11	1994. 09. 07	1999. 02. 03	23
58	2288	1994. 08. 11	1994. 09. 04	+	23
59	2289	1994. 08. 11	1994. 09. 07	+	23
60	2294	1994. 11. 20	1994. 12. 11	+	24
61	2295	1994. 11. 20	1994. 12. 15	1997. 07. 27	24
62	2296	1994. 11. 20	1994. 12. 16	+	24
63	2307	1995. 03. 07	1995. 03. 30	+	25
64	2308	1995. 03. 07	1995. 04. 05	+	25
65	2309	1995. 03. 07	1995. 04. 05	1997. 12. 26	25

（续）

序号	cosmos	发射时间	启用时间	状态	组号
66	2316	1995.07.24	1995.08.26	+	26
67	2317	1995.07.24	1995.08.22	+	26
68	2318	1995.07.24	1995.08.22	+	26
69	2323	1995.12.14	1996.01.07	+	27
70	2324	1995.12.14	1999.04.26	+	27
71	2325	1995.12.14	1996.01.18	+	27
72	2362	1998.12.30	1999.01.29	+	28
73	2363	1998.12.30	1999.01.29	+	28
74	2364	1998.12.30	1999.02.18	+	28
(1) 时间为莫斯科时间(UTC + 3h + 00min)； (2) 状态列出的是卫星停止使用日期；“+” 表示在轨工作； (3)1993 年 9 月 24 日俄罗斯总统令 GLONASS 正式启用； (4)1995 年底 24 颗工作卫星，GLONASS 全系统运行					

11.2　导航卫星平台

导航卫星平台与通信卫星等其他卫星平台一样，包括测控、控制、推进、热控、结构及电源等分系统，分别为卫星提供与地面站间无线传输通道、姿态与轨道控制、产生姿态与轨道控制所需力距、卫星热量控制、结构支撑与电源。由于导航卫星需维持高精度轨道和稳定的时间及信号传输时延，要求控制与推进分系统有平稳而独立的姿态与轨道系统。卫星姿态的控制对轨道的影响要小，在轨道控制的过程中最好有精确的力矢量计量。热控分系统对有效载荷和星载原子钟频率所需的工作温度稳定、准确。GLONASS 卫星的定向及稳定系统为确保卫星初始对日和对地定向、卫星纵轴指向地心、太阳电池对日定向、轨道修正发动机推力定向等，设计了带有控制飞轮和喷气卸载的主动三轴定向稳定系统。当卫星向预定的轨道结构点（系统或工作点）转移时，通过卫星修正调姿动力装置来完成。为了给卫星设备创造必须的工作温度条件，将卫星设备置于圆柱形密闭容器内，这个圆柱形密闭容器同时也是卫星的主要承力结构。

以 GLONASS 卫星为例，卫星平台应具有的特性如下。

定向和稳定系统：

定向精度 /(°)

纵轴	0.5 ~ 1.0
太阳电池	5
力矢量	5 ~ 11
修正系统:	
发动机推力/N	
修正	5
稳定	0.1
总冲/N	90000
电源系统:	
太阳电池工作功率/W	1250
蓄电池工作容量(A·h,W·h)	45,1260
输出电压/V	27 ± 1
温控系统:	
温控范围/℃	(15 ~ 30) ± 1
频率标准	0 ~ 40
密封舱	5 ~ 40
发动机装置:	
能量消耗/W	36
使用寿命/年	3 ~ 5
连续工作时间/天	1415 ~ 1485
质量(仅结构)/kg	237
能量消耗(平均每天)/W	1000

GPS 相关指标略有提高。

11.3 导航载荷要求

导航卫星载荷的发射工作频率在两个以上,其功率大小应使到达地面的标准天线功率电平在 -160dBW 左右,且要求发射机的相应噪声降至最小。两个 L 频段发射机链路的群时延变化一致,最好在 1ns 以内,使用户能得到准确的电离层校正。

发射机在工作频率内的增益平坦,最好控制在 1dB,以使用户接收机的码相关处理函数具有较好的对称性。

一些导航卫星还要求具有接收地面上行信号能力,并实现高精度伪距测量,以便为系统提供独立的时间同步精度。GLONASS 卫星还携带激光反射器,以使地面控制系统完成高精度激光距离测量。

最先进的导航卫星载荷还具有星间链路，以实现星间的距离测量并通过星上的卡尔曼滤波器完成星历误差估计，实现 180 天的自主导航，并具有星上软件系统重新启动和加载的能力。

星上有效载荷的完好性应以卫星自动检测为主，以便实时准确地通报用户。尤其应有高精度的原子时间频率系统，长期稳定度不得低于 1×10^{-13}/日。

卫星有效载荷的可靠性是通过器件和部件的冗余度来保证的。同时应使用经飞行验证了的高可靠性元器件（晶体管、集成电路、继电器等），使每个元器件的故障不致降低系统部件性能，更不能传导至整个系统。

单点故障应降低至最低限度，并对所有卫星单元做详细的可靠性分析，以便确定这些折衷方案的有效性。

11.4　GPS 卫星导航载荷[13]

GPS 卫星导航载荷以 BLOCK Ⅱ R 最具先进性，是 BLOCK Ⅱ、BLOCK Ⅱ A 的替代卫星。1978 年，MARTIN MARIETTA（当时的通用电气天文空间子公司）和 ITT 宇航通信部主承研制。

GPS 导航信号由总导航载荷（TNP）产生并发射，而原子频率系统（AFS）是 TNP 的心脏，它为 GPS 提供精确时间和频率标准。AFS 包括两部铷原子频标和一部铯原子频标。

L 频段发射系统由 3 个发射机链组成，分别为 L_1、L_2、L_3 3 个频率，L_1、L_2 用于导航，L_3 用于核爆炸检测。

BLOCK Ⅱ R 卫星的 TNP 的重要作用是：保持时间系统（TKS）的稳定性和自主导航（Auto NAV）能力，是该卫星相对于以前卫星的巨大飞跃。

BLOCK Ⅱ R 卫星中心是一个每边为 1.83m（6 英尺）的立方体，太阳帆板展态约 9.14m（30 英尺），卫星的起飞质量为 2054.5kg（4480 磅）。在轨质量约为 1075kg（2370 磅）。用德尔塔运载火箭发射。卫星有 16 个助推器和一套标准的总线设备：遥测、跟踪及指挥装置（TT&C）、载荷控制装置（PCE）、卫星处理单元（SPU）和姿态基准系统。

卫星设计寿命 10 年，存储时间 4 年，自主导航时间 180 天。

11.4.1　原子频标

（1）原子频标需求根据：卫星钟相对于 GPS 时间维持精度 6ns。

（2）R_b GPS BLOCK Ⅱ R 原子频标的可靠性是 0.750（7.5 年末期），功耗 15W，质量 6.35kg（14 磅）。C_S GPS BLOCK Ⅱ R 原子频标的可靠性是 0.775（7.5 年末期），功耗 26W，质量 9.98kg（22 磅）。

11.4.2 星上处理

星上处理的任务是：产生导航信息，完成星历计算和数据加密，产生P码和C/A码，监测载荷的健康状况，提供时钟误差校正。

星上处理在任务数据单元(MDU)内完成，在控制区段通过卫星TT&C分系统进行上行加载时，MDU提供导航数据存储。按要求分配给L频段系统，加载在P码或C/A码上向空间发射出去。MDU在必要时修改这些导航信号，以实现SA政策。

MDU有能力在长达180天的时间内自主工作，无须接收来自地面控制系统的更新导航数据。这种模式是通过处理星间伪距测量数据和星间交换数据来实现的，方法是利用这些信息完成卫星星历和时钟校正参数计算，并将其发送给用户。

MDU软件程序复杂而庞大，为了自主工作180天，必须完成原来由地面控制系统CS完成的导航信息及时钟校正参数处理，还有完好性监视、导航参数的曲线拟合，以及用户测距精度URA估计，导航数据化，选择可用度，协调世界时控制以及辅助的失调恢复。

整个任务处理(MP)软件均用Ada语言编写。

空间程序具有可改编性，可根据地面指令进行完全的重新编程。在冷启动后，处理器指引PROM内的程序，通过该程序利用S频段上行数据链传送工作程序。PROM程序有足够的诊断能力，以验证上行加载和执行飞行程序所需要的处理器、存储器和数据接口的运行是否适当。

除了上行加载程序外，也可做部分上行加载，以方便更改。MDU软件还能提供时间保持系统的控制。系统时钟相对于GPS时的短期稳定度由压控VCXO的稳定度维持，但长期稳定度将由系统时钟耦合到更稳定的基准时钟来维持。利用相位计将系统时钟的相位与基准时钟的相位进行比较，然后利用其相位差变换成ΔF指令进行调整。

11.4.3 频段系统

频段分系统的主要功能如下。

(1) 产生C/A、P码。各自以1.023Mb/s、10.23Mb/s形成PN码。

(2) 进行数据调制。将50b/s数据与P码、C/A码进行模2加运算。

(3) 编码输出相位调制在1575.42MHz的L_1载波和1227.6MHz的L_2载波上。数据由这两个频率发送出去，以便允许用户进行高精度电离层时延校正。

(4) L_1的固态高增益放大器输出50W电平。L_2的电平输出为10W。

(5) 将L_1和L_2在双工器中进行合并。当安装L_3后，将为三工器。

(6) 双工器将合并的射频(L_1和L_2)功率送至天线系统。天线系统为一个由螺旋天线组成的相控阵列，产生覆盖整个地球的赋形波束。

天线的赋形波束如图 11－1 所示。当卫星直接在头顶时(90° 仰角)，路径损失最小，在位于地球覆盖区边缘(卫星在地平线上)时则达到最大。这两个极端情况下的路径长度差约为 500km，所以由此而引起的路径损失差为

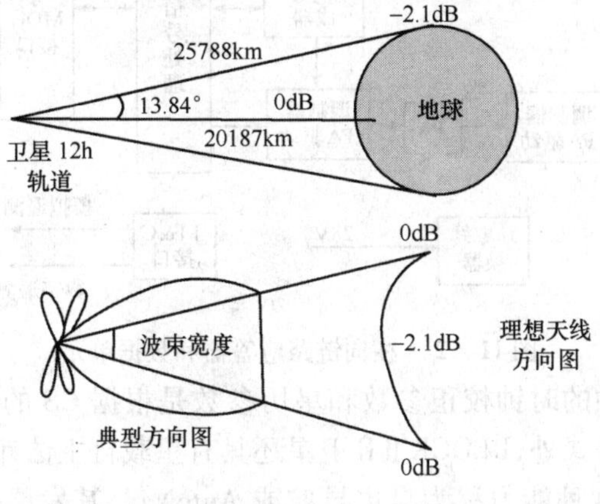

图 11－1　天线波束宽度和路径损失值[13]

2.1dB。为均匀照射地球表面，将赋形波束设计成如图 11－1 所示样子，它是围绕从卫星至地球中心的轴线成对称状的。在视角大于 28° 时，天线辐射的射频能量几乎为零，而在 28° 以内的总辐射能量为最大。

11.4.4　横向链路

GPS BLOCKⅡR 卫星均包含一个横向链路应答器单元(CTDU)，同时具有数据通信和测距模式，以便进行星间的距离测量和相互通信，实现自主工作 6 个月，同时保证 URE 小于 6m 的能力。

CTDU 是一个时分多址(TDMA)的跳频扩频通信系统，工作在 UHF 频段，它包含一个 5Mb/s 的伪随机码和一个 108W 的射频输出功率。

CTDU 的主要功能包括：使用跳频载波在卫星之间传送数据；使用两种载波频率在卫星之间进行单向测距，测量内部(CTDU)时延。次要功能包括：截获和鉴别横向链路发射；实现恢复符号、跳频和帧的定时；在发射模式中产生截获同步头。

横向链路应答器和数据单元如图 11－2 所示。

在数字频率合成器的辅助下，射频变频器取得所接收到的跳频信号，将其变频至中频。专用数字信号处理器对中频信号进行数字变换，并完成对接收信号的检测、跟踪和解调。

11.4.5　自主导航

BLOCKⅠ 和 BLOCKⅡ GPS 卫星广播的导航电文是由地面控制系统 CS 每日

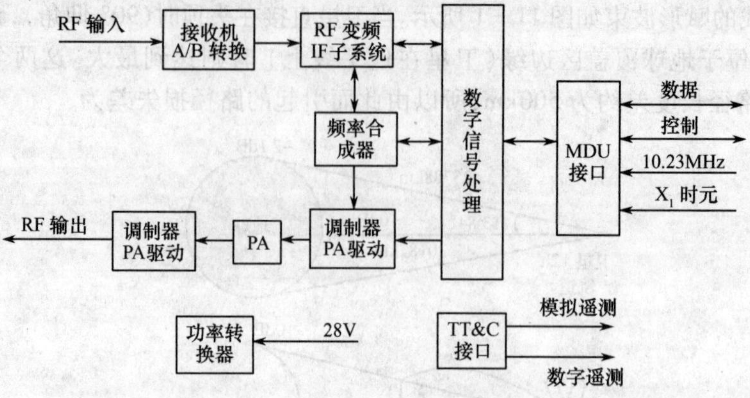

图 11-2 横向链路应答器和数据单元

上行加载的，电文中的时钟校正参数和星历参数是根据 CS 的当前估计进行预报的。除了这种工作模式外，BLOCKⅡR 卫星还具有星载自主估计星历和钟差并产生导航电文的能力，这种能力称为自主导航或 AutoNav，其发展受以下 4 个因素的推动。

(1) 持久性。地面控制 CS 是系统最易受损的环节，通过 AutoNav 达到 180 天连续运行且满足精度的能力，从而将降低易损性、提高持久性，也许将来会废除任何检测站。

(2) 降低上行加载要求。使用 AutoNav 以后，CS 向卫星上行加载的数据减少，减缓对上行站实时性的要求。

(3) 完好性。横向链路测距提供了一个独立的基准，以便卫星能直接相互比较其星历和钟差。

(4) 精度。AutoNav 能将由 CS 每 24h 更新一次的星历和钟差预报缩短为 4h，这无疑提高了使用星历和钟差的精度。

AutoNav 根据 UHF 横向链路提供的星间伪距测量来估计星历和时钟，除了使用 UHF 横向链路进行测距外，还进行了信息交换。这样，卫星就在每对卫星之间进行时钟偏移和伪距测量，每颗卫星用这样测量来更新其时钟和星历卡尔曼滤波器。

AutoNav 使用的 UHF 横向链路与 BLOCKⅡ 上用作中继 NDS 通信的横向链路后向兼容，在 BLOCKⅡR 中，横向链路也完成相应的 NDS 功能。因此，AutoNav 功能是用最少的附加星载设备来完成的。但是，与 BLOCKⅡ 后向兼容性能对系统设计构成了严重困难。AutoNav 必须使用固有的链路协议而不能干扰同时位于轨道中的 BLOCKⅡ 卫星。在这种协议中，每颗卫星均被分配 1.5s 的时隙，时隙位于 36s 的 TDMA 帧中。在每帧中，卫星在它所分配的时隙内发射，而在其他 23 个时隙内接收。AutoNav 在由几个 TDMA 帧组成的一个周期内完成。

图 11-3 给出了 AutoNav 处理框图。CTDU 完成横向链路通信及测距功能。来

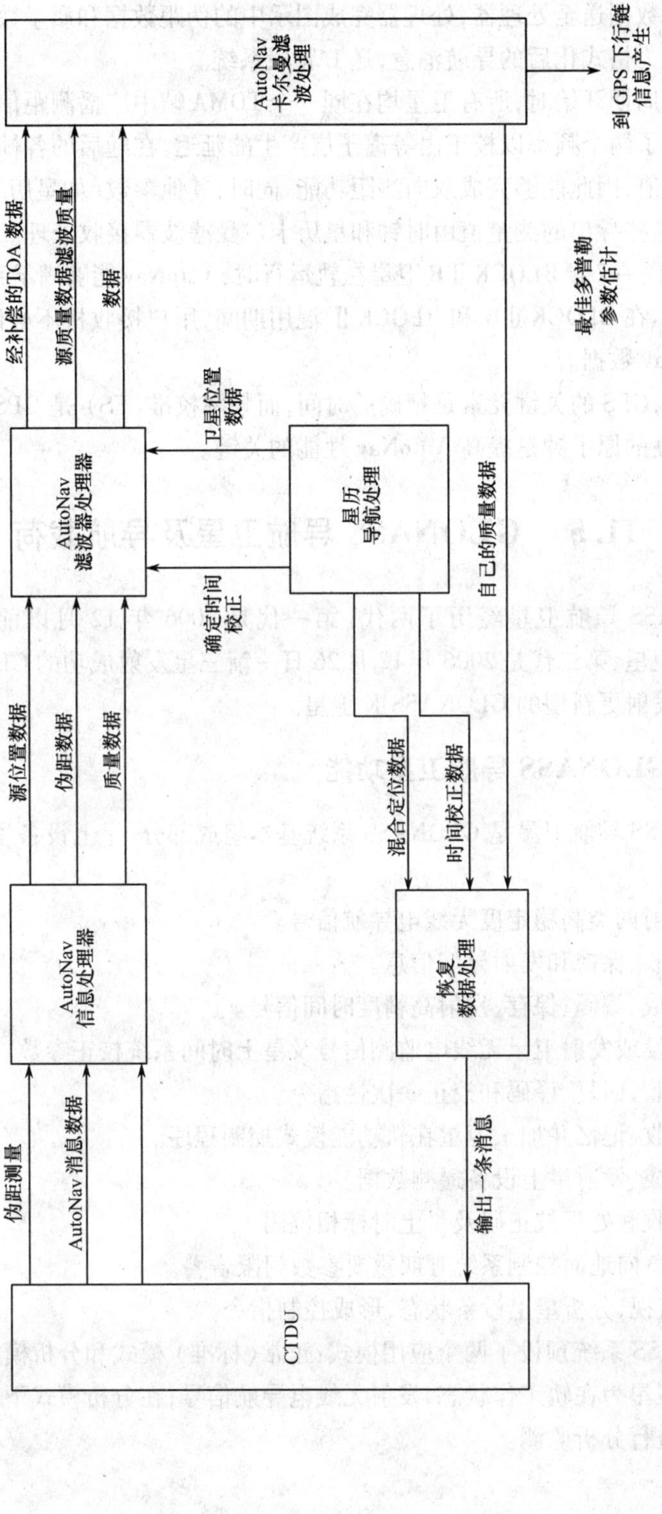

图 11-3　AutoNav 处理

自 CTDU 的数据送至处理器,处理器完成图示中的伪距数据和质量数据处理功能。处理的结果为格式化后的导航消息,送 L 频段系统。

在每个周期开始时,所有卫星均在同一个 TDMA 帧中广播测距信号。这两个测距信号使用了两个频率以校正由等离子层产生的延迟。在随后的各帧中,它们还广播伪距测量值,因此能够完成双向测距功能。同时,其他参数(如星历)也在输出信息中广播。这些导出的测量值由时钟和星历卡尔曼滤波器接收处理。

当有4颗~7颗BLOCKⅡR卫星在轨运行时,AutoNav能够满足系统的精度和完好性要求。在 BLOCKⅡR 和 BLOCKⅡ 混用期间,用户接收机不必区分 AutoNav 和非 AutoNav 数据。

很明显,GPS 的关键元素是精确的时间,而频率校准(FS)是 GPS 精确时间的保证,高精度的原子钟是提高 AutoNav 性能的关键。

11.5 GLONASS 导航卫星及导航载荷

GLONASS 导航卫星经历了两代,第一代是 2006 年 12 月以前的在轨运行 GLONASS 卫星,第二代是2006 年12 月26 日一箭三星发射成功的 GLONASS-M 卫星,以后将发射更新型的 GLONASS-K 卫星。

11.5.1 GLONASS 导航卫星功能

GLONASS 导航卫星是 GLONASS 系统基本组成部分,星上设备主要完成以下功能。

(1) 发射两类高稳定度无线电导航信号。

(2) 接收、保持和发射导航信息。

(3) 形成、编码、保存、发射高精度时间信号。

(4) 转发或发射卫星无线电监测信号及星上时间系统校正参数。

(5) 接收、回复、译码和校正一次性指令。

(6) 接收、记忆并加工卫星在轨功能模式控制程序。

(7) 形成、发射星上设备遥测数据。

(8) 接收和处理校正码及星上时标相位码。

(9) 紧急向地面控制系统呼叫重要参数门限告警。

(10) 监视、分析星上设备状态,形成控制指令。

GLONASS 系统预设了两个应用模式:正常(标准)模式和分析模式。在正常模式下,导航卫星为在轨工作状态,发射无线电导航信号;在分析模式下,导航卫星将脱离网络,进行分析监测。

11.5.2　卫星组成

星上设备包括:导航发射机、时间系统、控制组合系统、定向和稳定系统、修正系统、电源系统、热控系统、星上加注和环境保障设备、结构组件和电缆网。

为确保可靠性,大部分上设备均采用冗余备份。

1. 导航发射机

导航发射机的任务是形成发射 L_1、L_2 两个频段的高稳定无线电导航信号。

L_1 频段信号含有测距码、星上时标和导航数据(星历、时间校正参数、频率和相位校正)。L_2 频段的导航信号只含有测距码,只起电离层时延校正作用。

星上导航发射机包括导航信号形成设备和天线馈电系统。导航信号形成由独立模块完成,主要设备——导航信号形成器放置于密闭器内。

为了监测星上设备状态,设有振幅和信号遥测传感器,传感器测得的信号输入遥测系统。振幅传感器检测放大器的高功率输出电平。仪器设备的组合与切换既可按指令进行,也可按传感器的状态分析结果自动进行。

天线馈电系统的作用是定向发射 L_1、L_2 两个频率的导航信号,包括发射器(12个)、分配部件(4个)、分配器及电缆。

天线馈电系统结构是栅形,由两组螺旋阵列组成,中心组4个,周边组8个分布在直径为850mm 环上。

星上发射机的主要技术特性如下。

频率范围(MHz):

L_1 频道	1597 ~ 1621	
L_2 频道	1241 ~ 1261	

增益(dB):

L_1 频道	中心 10	
	±15° 角内	12
	±19° 角内	8
L_2 频道	中心 9	
	±15° 角内	11
	±19° 角内	9

输出功率/W:

L_1 频道	64
L_2 频道	10

有效发射功率/W:

L_1 频道	30
L_2 频道	21

能量消耗/W: 530

2. 时间系统

星上时间系统的任务是:连续输出高稳定时间频率信号,形成标准时标信号,确保生成标准频率精度信号和同步脉冲信号。f_1 为正弦波,其余为脉冲信号。同步器还形成时间间隔信号。时间编号是用频率为 100Hz 的 32 位二进制序列码。

星上时间系统包括原子频率基准(3 套)、同步频率和时标形成装置。

原子频率基准由石英晶体振荡器、原子射线筒和自动频率微调系统组成。石英晶体振荡器产生 5MHz 振荡频率,原子射线筒和自动频率微调系统联合形成 5MHz 的高稳频率信号。

同步频率和时标形成装置包括正弦放大器和形成装置。由原子频标输出 5MHz 的高稳定度频率信号,经正弦信号放大器分别送给外部应用用户。

星上时统工作在标准或者值班方式。值班方式即为检查方式,保证频率输出和石英晶体振荡器输出。在完成卫星设备检查后,按照地面监测和控制分系统指令进入标准模式。

如果星上时标超过确定标准,可按地面监测和控制分系统指令进行校正。在未校正到额定范围时,给用户发出"相位不可信"信号。从正常方式转入值班方式是根据卫星的控制指令进行的。

卫星钟的主要技术参数如下:

输出频率标称值/MHz	5
时标保持精度/ns	20
日稳定度	$1 \times 10^{-13} \sim 5 \times 10^{-13}$

在 ±20kHz 范围内信号离数谱分量与 5MHz 主要分量相比衰减量大于 90dB。

质量/kg	20.7

3. 控制组合系统

控制组合系统包括星上指令系统、星上计算处理、星上遥测系统、控制组合器。

星上指令设备的功能是:配合监测和控制分系统用无线电和可见光测量卫星轨道参数;为控制卫星系统执行一次性指令;处理时间程序、发出导航信息;接收、形成、发出星上时标信号;发出遥测信息;转发地面设备交换的信息。

星上指令系统设备由低频部件、高频部件、密码防护、天线馈电系统和一套光学角反射器组成。天线馈电系统含有弱定向接收发射天线和定向发射天线,定向天线在卫星正常时使用。

星上计算处理的任务是:存储和处理导航信息,形成导航帧并输给导航发射机;监测导航发射机状态并实施切换;存储并向测量系统发出时间程序码和阶跃码;接收、形成、发出对地面控制综合设施的呼叫信号;星上计算处理设备沿遥测通道发出电文工作特性的自动测试信息;在故障情况下形成并通过导航通道发送“星上计算处理报告”，并停止使用卫星，以便在地面站分析故障情况。

控制组合系统的技术指标如下。

星上计算处理：

信息记录速度/Hz	1000
供电后准备时间/min	3
处理信息间隔/日	30
最大处理速度/(程序/s)	2

指令系统设备：

时间校对精度/ms	0 ~ 2
接收速度/Hz	
一次性指令	100
时间程序	1000

卫星控制综合设备保证入轨后接通卫星，卫星与运载火箭分离后向火工品装置供电。在所有用电设备间分配电源，在进行修正、卸载控制飞轮时，分系统联合工作，当定向紊乱或电源故障时，控制卫星系统。

4. 定向和稳定系统及其辅助设备

定向和稳定系统任务是：阻尼稳定卫星并保证初始对日和对地定向；卫星纵轴指向地心，太阳电池对日定向；轨道修正发动机推力矢量沿速度矢量定向（修正脉冲作用期间）。

GLONASS 卫星有控制飞轮与喷气卸载系统、主动三轴定向与稳定系统。定向与稳定系统的组成包括敏感元件（角速度测量模块、对地和对日定向仪器、偏航通道太阳姿态仪器、地磁仪）和执行元件（机电执行机构、太阳电池帆板驱动装置、电磁装置、稳定飞轮、动力装置、控制组合）。

定向与稳定系统在下列模式下工作：阻尼稳定、初始对日定向、绕横轴转动、初始对地定向、对地定向、修正时定向。

卫星太阳电池由四块平面直角板组成，它们两两成对组成两翼，相对于稳定平面（*XOY*）对称分布。太阳电池翼绕垂直于稳定平面的轴（*OZ* 轴）转动，在正常使用时指向太阳。每颗卫星向预定的轨道结构点（系统或工作点）转移是利用卫星修正调姿动力装置（两个对称模块）进行的。

11.6　伽利略导航卫星及导航载荷可选方案[15]

伽利略导航系统正处于研制建设中，根据欧洲全球导航卫星系统（GNSS－2）的比较研究，有 MEO 和 GEO 两种导航卫星，卫星方案有 3 种不同建议方案。MEO/GEO 卫星分系统框图如图 11－4 所示。

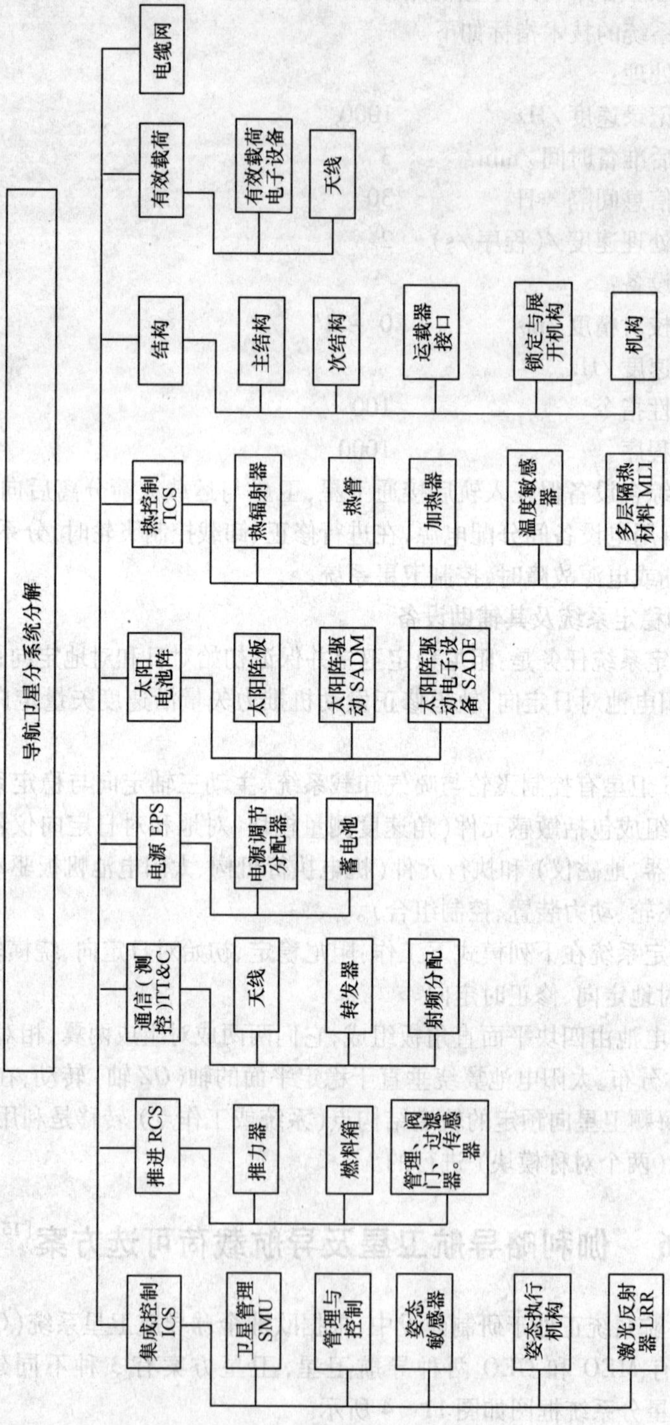

图 11-4 伽利略 MEO/GEO 卫星分系统框图

11.6.1　卫星定义

根据主要技术要求对 MEO 卫星平台进行设计。

(1) 约 30 颗卫星组成星座,分布在 3 个轨道平面。

(2) 轨道高度约 24000km,倾角大于 50°。

(3) 导航有效载荷方案 4,质量为 73kg,功率为 454W(不含余量),外加 71W 功率增量调节,以备选用有效载荷方案 3。

(4) 天线口径 1.3m。

(5) 通信(TT&C) 载荷,56kg/500W 不含余量。

(6) 有效载荷电子设备占用面积 1.33m^2。

(7) 备选发射火箭:

"质子"号 M - Breeze + 长整常,发射质量 4880kg

"联盟" 号 ST + Fregat 发射质量 1300kg

"阿里安"5 号 Esv 发射质量 4000kg

(8) 可靠性(卫星、包括有效载荷)0.8(10 年)。

(9) 寿命 15 年。

GEO 卫星除携带导航、通信有效载荷外,有地球静止欧洲导航覆盖业务(EGNOS) 能力。

GEO 卫星的导航有效载荷将增大功率,天线口径增至 1.9m,要求与 MEO 具有通用性,考虑与 MEO 卫星用相同的火箭发射。

伽利略导航卫星的有效载荷有 3 种不同的信号结构,不同公司的有效载荷可供选择。

为了保证系统的可用性,有效载荷必须有一定可靠性,达到高可靠性的措施有:简化有效载荷结构(如使载荷数最少);提高功能集成度(如使设备数量最少)。

11.6.2　MEO 卫星配置

根据卫星总体需要,顶层设计应满足以下要求。

(1) 姿态控制方式:三轴稳定及偏航控制。

(2) 有效载荷在轨运行姿态:天线指向天底。

(3) 平台敏感器和执行机构满足视场和定向要求。

(4) 测控天线全空间覆盖。

(5) 全部光照时期、太阳阵对日定向应优化、简化。

太阳阵转动轴垂直卫星的偏航轴。

1. 集成控制与数据管理系统(ICS)

本分系统用于卫星管理,其具体功能如下。

(1) 姿态与轨道控制(AOCS)。通过 ICS 的敏感器获得卫星姿态数据,由执行机构完成姿态调整。

(2) 数据处理(DH)。数据处理包括:遥测管理,处理来自地面的遥控指令,确认后分配给卫星各用户,达到遥控管理目的。

① 遥测管理:收集星上各装置遥测数据,分发给测控分系统向地面发送。发送速率不变,以适应异常情况下更详细的遥测报告信息。

② 星上基准时间:保持时间信息并分配给星上用户。

③ 数据存储与检索:通过数据存储,选择通信,向地面传送遥测信息。

④ 自主活动安排与执行,包括实现对指令加密等自主工作安排和故障检测、隔离与功能恢复。

2. 姿态与轨道控制系统(AOCS)

其任务是保持有效载荷指向地球,并使卫星在偏航控制下转动,太阳阵列绕其轴转动,使太阳板始终垂直于太阳入射角。

3. 推进系统

推进系统任务是提供推力和力矩,完成卫星速度调整,轨道捕获、位置保持、卫星寿命终止后移往弃置轨道。

其主要工作模式如下。

(1) 稳定点火,用于沿轨迹或垂直轨道的位置保持,基本上每年一次,每次工作几分钟;还用于备用星的重新定位和对寿命终止卫星的弃置处理。

(2) 非调制状态,机动时实行开环推力控制。

(3) 调制状态,用于辅助姿态控制。

4. 测控分系统

遥测、跟踪和遥控系统(测控、TT&C) 完成卫星上行遥控指令和卫星导航数据的接收,向地面站发送卫星状态信息和数据,响应地面站测距信号。主要设备有:热备份遥控接收机 2 台;热备份导航数据接收机 2 台;冷备份发射机 2 台;全向天线2副,$\pm Z$ 轴上各一副;S 频段应答机2台,用于遥控接收和遥测发送;专用 S 频段接收机 2 台,用于接收导航数据;2 副全向天线,均可在转移轨道、应急情况下接收地面遥控信号,导航数据由全向天线接收。

2 台 S 频段转发器都能接收和发射由遥控基带传来的遥测数据流。遥测、遥控均采用 ESA 分包标准,其功能如图 11 - 5 所示。

5. 电源分系统(EPS)

EPS 功能是满足星上用户电源要求。

提供 42.5V 全调节母线电压。

EPS 基本组成如下。

(1) 太阳阵翼 2 个。

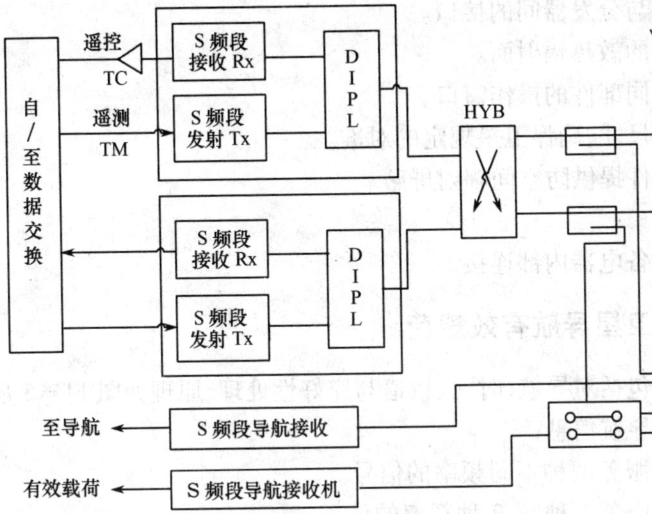

图 11－5　测控系统框图(方案之一)

(2) 太阳阵驱动机构(SADA) 2 个。

(3) 太阳阵电子仪器(SADE) 1 个。

(4)46A 镍氢蓄电池 2 组(各 23 个单体组成)。

(5) 电源调节分配器(PCDU) 1 个。

6. 太阳阵装置

2 个太阳阵翼为卫星上各装置和蓄电池提供一次电源。2 个太阳阵驱动装置(SADA) 保证在任务期间太阳阵跟踪太阳。

其性能指标如下。

(1) 寿命末期提供功率 －2000W。

(2) 太阳电池总面积 －12.5m²。

(3) 设计寿命 15 年。

(4) 太阳翼总质量 42.0kg。

(5) 展开方式　刚性折叠展开。

(6) 太阳阵跟踪　绕俯仰轴。

7. 热控分系统

热控分系统可使所负责的装置,在规定任务阶段和寿命期间的温度、湿度稳定性和均匀性在协调一致的范围内。

8. 结构

主要功能:

(1) 承受各状态下的静力和动力载荷。

(2) 对各分系统提供机械支撑。

(3) 提供卫星与分发器间的接口。

(4) 提供必要的散热辐射面。

(5) 提供对不同部件的操作窗口。

(6) 提供稳定尺寸，确保卫星规定的对准。

(7) 为电子部件提供防空间辐射屏蔽。

9. 电缆网

电缆网提供设备电器内部连接。

11.6.3 MEO 卫星导航有效载荷

导航有效载荷包括对导航、时间、轨道与完好性处理，原理如图 11－5 所示。自动产生和传输以下导航信息：

(1) OAS 开放服务两种不同频率的信号。

(2) CAS 受控服务 1 种 ～ 2 种频率的信号。

(3) CAS2 两种不同频率的信号。

OAS 和 CAS 是使用同样两种频率组成还是每种业务使用单独的频率组成尚未完全确定。

所有的频率信号都产生于星上原子频率标准。

导航数据从 NAV 处理器不同的导航数据表发送出去，不同的导航数据见表11－3。

表 11－3 导航数据分组

	供给装置		供给装置
用户完好性数据	完好性处理设施	其他用户 NAV 资料： 卫星储运损耗警告 星座可用状态 伽利略导航系统时间与 UTC 之差 伽利略导航系统与 GPS 时间差	轨道与同步处理器／导航控制中心
用户钟参数	轨道与同步处理器		
用户空间精确性信号	轨道与同步处理器		
用户轨道参数	轨道与同步处理器		
用户精确轨道模拟参数	轨道与同步处理器		

每个表可能不是包括一个信息实体，每个信息实体都有一个有效时间和一个发布时间。NAV 处理的表自动选择出有效性符合要求并且是最新的数据，然后产生 NAV 信息。

卫星表中数据由两个渠道提供：一是轨道与同步化处理器通过全球域网、全球上行站提供；二是完好性处理通过区域网、区域上行链路接口、全球上行链路接口、上行站提供。

11.6.4　GEO卫星及导航载荷

GEO卫星有小型GEO卫星、中型GEO卫星两种方案可供选择，由不同的公司提供，其平台有效载荷的功能同MEO卫星。

直接入轨GEO卫星位置保持：15年内控制在南北0.1°，东西0.1°。

地球同步转移轨道方案卫星位置保持：15年内控制在南北7°，东西0.1°。

2005年3月获悉伽利略系统采用(27+3)MEO卫星星座，而不采用GEO卫星方案，如何实现完好性监测与预报值得关注。

11.7　北斗卫星导航载荷

北斗卫星是中国北斗导航系统空间段组成部分，由两种基本形式的卫星组成，分别适应于GEO和MEO轨道。

北斗导航卫星由卫星平台和有效载荷两部分组成。卫星平台由测控、数据管理、姿态与轨道控制、推进、热控、结构和供电等分系统组成。有效载荷包括导航分系统、天线分系统。GEO卫星还含有RDSS有效载荷。因此，北斗卫星为提供导航、通信、授时一体化业务创造了条件。

北斗导航卫星分别在1559MHz ~ 1610MHz、1200MHz ~ 1300MHz两个频段各设计有两个粗码、两个精密测距码导航信号，具有公开服务和授权服务两种服务模式。

卫星平台采用了中国通信卫星成熟的技术，设计寿命10年，在轨寿命8年。

北斗卫星有效载荷的辐射功率可使地面接收信号强度大于 -160dBW。星上时间频率子系统由原子频标产生导航载荷的统一频率源，实现原子频标的无间隙切换。另外，还具有卫星激光测距功能。

北斗导航卫星具有星上信息处理能力，具有上行注入信号的测量、解调、译码、分类、导航电文生成、加密等功能。另外，还具有部分程序重新加载、卫星完好性自主监测功能。

11.8　导航载荷比较与发展方向

比较上述几个卫星导航系统的卫星导航载荷，有以下共同特点和发展趋势。

(1) 力求在L频段有丰富的工作频段和调制编码信号。GPS分别有1575MHz ± 12MHz、1227MHz ± 12MHz、1176MHz ± 12MHz 3个导航信号，通过QPSK、BOC调制分割，在同一频率上实现不同用户服务。

(2) 导航卫星向自主导航(AutoNav)能力方向发展，GPS BLOCK ⅡR卫星在脱离地面控制系统支持180天内,可维持额定导航精度,这是增强战时可靠性的重大措施。

（3）自主导航的三大支柱是:高性能的原子钟、星间链路测距与通信、星上信息处理。克服原子钟长期稳定性不足的出路还是发展星间链路技术。

（4）提高系统的集成度以增强卫星的可靠性。

第 12 章　卫星导航用户机

卫星导航用户机是卫星导航系统的应用终端，由导航接收机和导航定位处理器组成。导航接收机的功能是完成导航信号的接收和伪距测量，导航定位处理器的功能是完成导航定位计算，如图 12－1 所示。

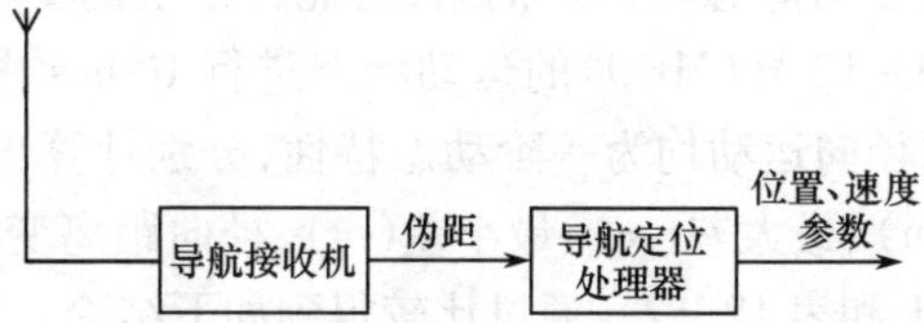

图 12－1　卫星导航用户机

卫星导航用户机的主要难点是在卫星与接收间相对高速运动条件下的信号捕获、跟踪、伪距测量和定位处理，有必要对运动特性进行分析。

12.1　用户与卫星间相对运动特性

由于卫星相对于地球的高速运动，用户载体相对地面的高速运动，因此无论是所谓的静态用户还是动态用户，卫星导航信号与用户导航接收机间均存在高速相对运动。用户接收机的伪距测量与定位处理均要承受动态效应的影响。在伪距工程测量中有以下认识误区。

（1）简单用以下关系式设计伪距测量精度，即

$$\sigma_{\mathrm{DLL}}^{2}=\frac{B_{L}d}{C/N_{0}}\left[1+\frac{1}{T(C/N_{0})(1-d)}\right]$$

而忽视了在工程实施中导航信号是有限带宽。接收机带宽过大常会造成 C/N_0 下降。事实上接收机测量误差包括动态应力误差项和随机误差项，上式仅为随机误差项，仅是接收机测量误差的一小部分。在 GPS P 码接收机中，随机误差为 0.2m，包括动态应力和通道时延在内的固定偏差项为 0.5m，因此努力降低动态应力等固定偏差项误差是设计的重点。

(2) 对信号积累时间 T 的选择依据不足,以至选择了过窄的环路带宽 B_L(0.01Hz),使环路频繁失锁。

(3) 认为伪距测量是从接收信号中恢复出卫星发射信号与本地时标之时间差,仅与两种信号的分辨率和前沿随机抖动有关。

(4) 忽视伪距测量时刻的精确归算。

(5) 将伪距平滑与信号积累时间相混淆。

(6) 将载波平滑与载波辅助码环跟踪相混淆。

(7) 以窄相关技术提高伪距测量精度,忽视了窄相关应用的前提。

为了从根本上提高用户机伪距测量精度,努力降低固定偏差项影响,有必要分析用户与卫星间的相对运动特性。那么,首先分析在100ms信号积累期间的运动特性。

以中国北京和三亚为静态用户观测站,对北斗系统的1~5号(GEO)卫星、6~8号(IGSO)卫星、9~12号(MEO)的运动状态进行100ms内的动态分析。假设用户与卫星间的相对径向运动均为一阶动态特性,分别计算出与实际径向运动曲线相比较下的方差(m)、最大差(m)、最小差(m)、径向距离变率(m/100ms)、高度角,其数据见表12-1和表12-2。通过比较得到如下结论。

(1) MEO卫星较GEO、IGSO卫星距离变率大,其最大径向距离变率如下:

GEO卫星　　320m/s
IGSO卫星　　284m/s
MEO卫星　　857m/s

(2) 100ms内最大加速度引起的径向位移如下:

GEO卫星　　0.0022m
IGSO卫星　　0.0029m
MEO卫星　　0.0114m

(3) 其最大径向距离变率和径向最大位移随观测站纬度的增高而增高,北京站较三亚站高。

(4) 低仰角径向距离变化率大,高仰角径向位移大、线性度差。

表12-1　北京静态用户相对运动动态特性模拟计算

时间/h	星号	方差/m	最大差/m	最小差/m	径向距离变率/(m/100ms)	高度角/(°)	备注
0.00	1	0.0012	0.0019	-0.0013	16.2721	37.5154	
12.00	1	0.0012	0.0020	-0.0013	15.7598	37.5451	
23.92	1	0.0012	0.0019	-0.0012	16.2861	37.5091	

（续）

时间/h	星号	方差/m	最大差/m	最小差/m	径向距离变率/(m/100ms)	高度角/(°)	备注
0.00	2	0.0010	0.0017	-0.0011	-22.5963	30.7253	
12.01	2	0.0010	0.0017	-0.0011	-23.3484	30.7195	
23.92	2	0.0010	0.0016	-0.0011	-22.5900	30.7300	
0.00	3	0.0013	0.0022	-0.0014	-3.6133	43.2898	
12.00	3	0.0014	0.0022	-0.0014	-4.2538	43.3162	
23.92	3	0.0013	0.0022	-0.0014	-3.6068	43.2924	
0.00	4	0.0008	0.0014	-0.0009	26.9392	25.6164	
12.00	4	0.0009	0.0014	-0.0009	26.4794	25.6358	
23.92	4	0.0008	0.0014	-0.0009	26.9531	25.5950	
0.00	5	0.0006	0.0009	-0.0006	-31.2707	16.0445	
12.00	5	0.0006	0.0010	-0.0006	-32.0434	16.0252	
23.92	5	0.0006	0.0009	-0.0006	-31.2645	16.0594	
0.00	6	0.0012	0.0020	-0.0014	28.4966	42.2586	开始
2.88	6	0.0003	0.0005	-0.0003	26.2581	5.0871	变化点
8.95	6	0.0003	0.0005	-0.0003	-25.1459	5.0351	升起
15.39	6	0.0018	0.0030	-0.0020	-7.1820	77.6669	最高
17.24	6	0.0018	0.0029	-0.0019	0.0028	73.2143	变化点
23.92	6	0.0012	0.0019	-0.0003	28.4501	42.4729	结束
0.00	7	0.0018	0.0029	-0.0019	-4.9962	76.7520	开始
1.50	7	0.0017	0.0028	-0.0019	0.0022	72.8499	变化点
10.86	7	0.0003	0.0005	-0.0003	26.4348	5.0309	落下
16.93	7	0.0003	0.0006	-0.0004	-24.5857	5.0877	升起
23.38	7	0.0018	0.0029	-0.0019	-7.4700	77.5352	最高
23.92	7	0.0018	0.0029	-0.0019	-5.0862	76.7753	结束
0.98	8	0.0003	0.0005	-0.0003	-24.9753	5.0480	升起
7.44	8	0.0018	0.0029	-0.0020	-7.8648	77.4136	最高
9.51	8	0.0018	0.0029	-0.0019	-0.0093	72.8132	变化点
18.83	8	0.0003	0.0005	-0.0004	26.8016	5.0525	落下
4.63	9	0.0006	0.0010	-0.0007	-81.7136	5.0414	升起
8.12	9	0.0068	0.0110	-0.0074	-4.9687	76.6756	最高

（续）

时间/h	星号	方差/m	最大差/m	最小差/m	径向距离变率/(m/100ms)	高度角/(°)	备注
8.27	9	0.0068	0.0110	-0.0073	-0.0765	76.2521	变化点
12.60	9	0.0005	0.0009	-0.0060	84.8301	5.0538	落下
2.79	10	0.0010	0.0017	-0.0011	-67.7333	5.0403	升起
5.84	10	0.0070	0.0113	-0.0076	-0.0127	82.6389	变化点
5.96	10	0.0070	0.0114	-0.0075	4.5548	83.3790	最高
9.86	10	0.0006	0.0010	-0.0006	82.5068	5.0632	落下
2.87	11	0.0014	0.0022	-0.0015	-49.4577	5.0705	升起
3.73	11	0.0021	0.0035	-0.0023	-27.1524	9.5778	最高
4.64	11	0.0018	0.0029	-0.0020	-5.0609	5.0342	落下
10.84	11	0.0010	0.0016	-0.0011	-68.6558	5.0217	升起
13.94	11	0.0071	0.0114	-0.0076	0.0643	84.0441	变化点
14.02	11	0.0070	0.0114	-0.0077	3.0101	84.4649	最高
17.94	11	0.0006	0.0009	-0.0006	83.1778	5.0801	落下
0.58	12	0.0008	0.0013	0.0008	-76.8364	5.1158	升起
2.44	12	0.0037	0.0060	-0.0040	-29.7995	26.7257	最高
3.45	12	0.0033	0.0053	-0.0036	-0.0775	19.7573	变化点
4.44	12	0.0018	0.0029	-0.0020	15.3017	5.0362	落下
9.32	12	0.0014	0.0022	-0.0015	-47.6817	5.0011	升起
11.83	12	0.0062	0.0100	-0.0067	0.0035	58.4634	变化点
12.25	12	0.0063	0.0102	-0.0068	16.7331	61.3441	最高
15.32	12	0.0005	0.0009	-0.0006	85.7298	5.0995	落下

注：(1)升起：卫星出地平线后，高度角大于5°；

(2)变化点：距离由大到小变为由小到大，或反之；

(3)最高：高度最大；

(4)落下：卫星高度角由大到小于5°

表12－2　三亚静态用户相对运动动态特性模拟计算

时间/h	星号	方差/m	最大差/m	最小差/m	径向距离变化/(m/100ms)	高度角/(°)	备注
0.00	1	0.0014	0.0022	－0.0015	25.3382	49.3213	
12.00	1	0.0014	0.0023	－0.0015	25.1954	49.3186	
23.92	1	0.0014	0.0022	－0.0014	25.3537	49.3076	
0.00	2	0.0014	0.0022	－0.0015	－24.6390	49.8542	
12.00	2	0.0014	0.0023	－0.0015	－25.0849	49.8485	
23.92	2	0.0014	0.0023	－0.0015	－24.6317	49.8596	
0.00	3	0.0017	0.0028	－0.0019	0.8282	68.2821	
12.00	3	0.0018	0.0028	－0.0019	0.5396	68.3150	
23.92	3	0.0017	0.0028	－0.0019	0.8347	68.2848	
0.00	4	0.0009	－0.0014	－0.0010	37.0985	29.7325	
12.00	4	0.0009	－0.0014	－0.0010	36.9982	29.7117	
23.92	4	0.0009	－0.0014	－0.0009	37.1125	29.6996	
0.00	5	0.0008	0.0014	－0.0009	－37.0829	29.1015	
12.00	5	0.0009	0.0014	－0.0010	－37.5766	29.0845	
23.92	5	0.0008	0.0014	－0.0009	－37.0740	29.1203	
0.00	6	0.0016	0.0027	－0.0018	18.7212	65.2587	开始
6.09	6	0.0004	0.0007	－0.0005	4.5086	7.4358	最低
6.63	6	0.0005	0.0008	－0.0005	0.0289	8.0846	变化点
13.35	6	0.0019	0.0030	－0.0021	－0.4677	89.0786	最高
23.92	6	0.0016	0.0027	－0.0018	18.6468	65.4230	结束
0.00	7	0.0016	0.0025	－0.0017	8.9005	57.2108	开始
14.07	7	0.0005	0.0008	－0.0005	5.0143	7.4418	最低
14.68	7	0.0005	0.0008	－0.0005	0.0230	8.2676	变化点
21.33	7	0.0018	0.0030	－0.0020	－0.4394	89.0220	最高

（续）

时间/h	星号	方差/m	最大差/m	最小差/m	径向距离变化/(m/100ms)	高度角/(°)	备注
23.92	7	0.0016	0.0025	-0.0016	8.8733	57.3704	结束
0.00	8	0.0006	0.0011	-0.0007	-9.4574	15.1896	开始
5.38	8	0.0019	0.0030	-0.0020	-1.1089	88.8063	最高
5.57	8	0.0018	0.0030	-0.0020	-0.0113	86.9784	变化点
22.05	8	0.0004	0.0007	-0.0005	4.9329	7.4787	最低
22.64	8	0.0005	0.0008	-0.0005	-0.0003	8.2601	变化点
23.92	8	0.0006	0.0010	-0.0007	-9.3595	15.0495	结束
3.58	9	0.0007	0.0012	-0.0008	-78.8652	5.1498	升起
6.78	9	0.0066	0.0107	-0.0071	-14.7900	68.9748	最高
7.25	9	0.0065	0.0105	-0.0070	-0.0116	65.9471	变化点
12.87	9	0.0008	0.0013	-0.0009	75.1575	5.0353	落下
1.60	10	0.0013	0.0021	-0.0014	-55.5881	5.0747	升起
4.82	10	0.0070	0.0113	-0.0075	-0.0460	80.2019	变化点
4.99	10	0.0070	0.0113	-0.0076	6.7046	81.1675	最高
8.86	10	0.0008	0.0014	-0.0009	71.9669	5.0301	落下
9.66	11	0.0012	0.0020	-0.0013	-56.5745	5.1119	升起
12.92	11	0.0070	0.0114	-0.0076	-0.1407	82.1061	变化点
13.05	11	0.0070	0.0114	-0.0076	4.9960	83.1675	最高
16.97	11	0.0009	0.0114	-0.0009	71.7428	5.0301	落下
1.37	12	0.0007	0.0011	-0.0007	-80.7873	5.0818	升起
3.30	12	0.0035	0.0056	-0.0037	-38.8747	25.3603	最高
5.92	12	0.0018	0.0029	-0.0019	-5.7564	5.0141	落下
7.85	12	0.0017	0.0027	-0.0018	-22.9039	5.0455	升起
10.65	12	0.0055	0.0089	-0.0059	0.0242	47.5716	变化点
11.43	12	0.0058	0.0093	-0.0062	25.7152	54.0183	最高
14.29	12	0.0006	0.0009	-0.0006	84.8147	5.0415	落下

（5）对于固定观测站 MEO 导航卫星的非线性效应引起的径向距离误差在100ms 内最大为0.0114m。对0.1m 伪距测量精度而言，可以忽略不计，只考虑一阶动态效应有足够的伪距测量精度。

（6）如果用户的运动轨迹在接收机用非相干延迟锁相环 DLL 进行相关处理的信号积累时间内可以视为一阶动态效应的，那么用户与卫星间的相对运动也符合一阶动态效应。只考虑相对运动速度对伪距测量的影响，加速度项可以不计。无论是车、船、还是高速飞机均可以满足此条件。所以，尽管在高动态条件下，用户与卫星的相对运动在积分周期内都可以视为等速运动。

12.2 伪距测量及误差分析

导航接收机利用非相干延迟锁相环 DLL 完成对导航信号的捕获、跟踪，恢复出卫星导航信号。

在7.2.2小节中论述了伪距的定义，它表示指定时刻卫星钟同用户钟间的相对时差与信号自卫星到用户间的传播时延之和乘以光速。如式(7-1)所示，它包含了两个量的定义，一是发生伪距的时刻，二是伪距的大小。伪距发生的时刻以伪距测量信号从卫星发出为准，相对几何关系如图12-2所示。在信号积累时间内，卫星从 $t_{sini}-t_{sent}$、用户从 $t_{rini}-t_{rent}$ 时刻均可视为高速线性运动。严格说来，由于二者间的相对运动，卫星发射的扩频码(chip)速率到达用户接收端后，其宽度发生了变化，与本地接收机的 chip 宽度不相等，与卫星发射的 chip 宽度也不相等，信号积累的初始时刻的伪距 $P_{ini}(t)$ 与信号积累的结束时刻的伪距 $P_{ent}(t)$ 也不相等。不少文献将本地时刻 t_{rent} 的测量值 $P_{ent}(t)$ 定义为伪 t_{rent} 时刻测量的伪距。从卫星开始发射测量信号 $t_{sini}\sim t_{rent}$ 时刻，用户开始积累接收信号 $t_{rini}\sim t_{rent}$ 之间，由于可将卫星与用户间的相对运动视为线性关系，当用载波环对码环予以辅助、跟踪良好的条件下，其接收伪码的 chip 宽度不变，相关特性的对称性基本不变。因此，可以将相对运动下的伪距测量等同于固定空间距离上的伪距测量。$t_{rini}\sim t_{rent}$ 之间的信号积累不影响伪距测量的精度，仍然可视为 t_{rent} 时刻的伪距测量值。

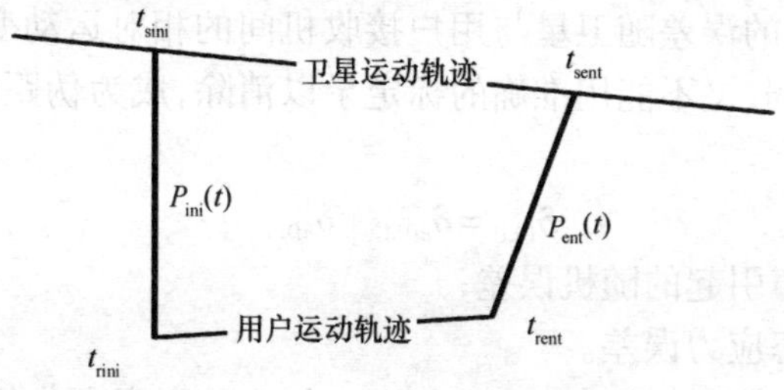

图12-2 伪距几何关系

一个具有高精度测距前提的典型的 DLL 延迟锁相环如图12－3 所示。下面将讨论伪距精度的设计与环路参数的选择。

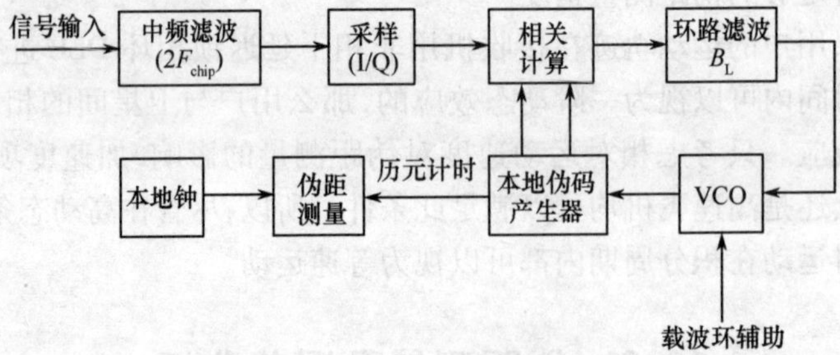

图 12－3　典型 DLL 延迟锁相环

12.2.1　伪距误差类型及特性

从伪距定义出发，考察用户接收机对卫星信号的恢复过程、噪声对测距精度的影响、通道时延差的稳定性等问题，其伪距测量误差可分为三部分：随机误差、固定偏差（系统误差）、动态应力误差。随机误差服从高斯分布规律，用标准偏差 RMS 表示，由系统热噪声引起。固定偏差由卫星信号发射通道时延、用户接收通道时延共同引起，可以通过精确标定而削弱，最终以系统残差形式影响测距精度和定位精度。在实际工程应用中，一般不作标定扣除，而是分别控制发射通道和接收通道的长期时延稳定性，分别将卫星信号发射通道时延和用户接收机通道时延列入卫星钟与用户钟内。

12.2.2　动态应力误差

准确的伪距测量前提是用户接收机准确恢复出发射信号的伪距相位。从理论分析出发，由于动态效应，接收码的码元宽度不再是发射码的码元宽度，且码元宽度也不恒定，所以接收伪码与本地伪码不可能一一对齐。只有相位对齐时刻的码相位才能准确反应伪距。换句话说，在未准确对齐条件下的测量伪距，残留有动态应力误差，这种残留的误差随卫星与用户接收机间的相对运动变化而变化。既不能用统计的方法削弱，又不能用准确的标定予以消除，成为伪距测量的一部分，即伪距误差：

$$\delta_{\mathrm{DLL}} = \delta_{n\mathrm{DLL}} + \delta_{d\mathrm{DLL}} \tag{12-1}$$

式中　$\delta_{n\mathrm{DLL}}$——噪声引起的随机误差；

$\delta_{d\mathrm{DLL}}$——动态应力误差。

在工程实践上，当等速运动至 3000km/s 时，chip 宽度变化仅 1ns，一般可忽略不计。

12.2.3　伪距随机误差

如前所述,卫星导航接收机采用非相干延迟锁相环 DLL 恢复被接收的卫星信号。A. J. Van Dierendonck 于 1992 年得出在导航信号及接收机带宽均为无限宽情况下,采用早减迟功率鉴相算法的码环跟踪噪声方差为

$$\delta_{n\mathrm{DLL}}^2 = \frac{B_L d}{C/N_0}\left[1 + \frac{1}{T(C/N_0)(1-d)}\right] \tag{12-2}$$

工程实际中,无论是信号带宽,还是接收机带宽均不可能做到无限带宽,式(12-2)方差与工程实际有较大差别。

J. W. Betz 将导航信号发射通道及接收机通道带宽建模为矩形滤波器,分析得到了热噪声引起的方差近似公式为

$$\delta_{n\mathrm{DLL}} = \begin{cases} \dfrac{B_L(1-0.5B_LT)}{2(C/N_0)}2d\left[1+\dfrac{1}{T(C/N_0)(1-d)}\right] & bd \geqslant \dfrac{\pi}{2} \quad (12-3\mathrm{a}) \\ \dfrac{B_L(1-0.5B_LT)}{2(C/N_0)}\left[\dfrac{1}{b}+\dfrac{1}{\pi-1}\left(2d-\dfrac{1}{b}\right)^2\right] & \\ \left[1+\dfrac{1}{T(C/N_0)(1-d)}\right] & \dfrac{1}{2} \leqslant bd \leqslant \dfrac{\pi}{2} \quad (12-3\mathrm{b}) \\ \dfrac{B_L(1-0.5B_LT)}{2(C/N_0)}\left(\dfrac{1}{b}\right)\left[1+\dfrac{1}{T(C/N_0)}\right] & 0 \leqslant bd \leqslant \dfrac{1}{2} \quad (12-3\mathrm{c}) \end{cases}$$

式中　$\delta_{n\mathrm{DLL}}^2$——用 chip 宽度归一化后的噪声方差;

$\delta_{n\mathrm{DLL}}$——标准差(1σ),$\delta_{n\mathrm{DLL}}$ 乘以 chip 宽度为以时间单位表示的噪声标准差,再乘以光速 c 为以距离单位表示的噪声标准差;

b——用 chip 宽度归一化后的信号带宽,在普通卫星导航接收机中 $b=2$;

d——用 chip 宽度归一化后的相关间距,$1/d$ 为本地复制的超前码与即时码之间可供安排的相关器个数;

B_L——码跟踪环路带宽(Hz);

T——信号积累时间(s);

C/N_0——接收机载噪比(dB·Hz)。

在工程应用中,由于导航信号在导航频段上十分拥挤,除考虑发射信号的载噪比外,还应考虑同频带内其他导航信号对被接收信号载噪比的恶化。

式(12-3a) 适合于 $b \geqslant 4, d > \dfrac{1}{2}$ 宽相关情形。

式(12－3b)适合于 $b \leqslant 2, d = \frac{1}{2}$ 小信号带宽、宽相关处理情况。

式(12－3c)适合于 $b > 4, d < \frac{1}{8}$ 大信号带宽,多个窄相关的并行处理情形。

一般来说,减小环路带宽,增长信号积累时间 T,采用窄相关技术均可降低随机误差。但是,减小环路带宽将降低信号捕获跟踪性能,易使环路失锁。增长信号积累时间 T 会增加动态应力误差。

进行窄相关处理的前提是 $b \geqslant 4$,窄相关的总数为 $1/d = 16$,并行处理。窄相关与宽相关的均方差比最小为1/2,信号实际带宽越大,窄相关的数目可减少。常常用这种方法来判断卫星导航信号是否发生畸变,即用于对导航信号完好性判断。由于实际导航信号的占有带宽一般为 $b = 2$,当取 $b \geqslant 4$ 时,必然纳入其他导航信号,引起载噪比恶化,这种判断导航信号完好性的方法较为复杂,必须采用多个并行处理窄相关器才能完成完好性判断。随后,仅对无畸变信号利用窄相关处理来提高伪距测量精度。表12－3列出了不同chip、不同信号带宽下宽相关与窄相关的伪距测量精度。可以看出,利用窄相关技术提高测距精度的代价是大的。仅用一个窄相关器无法判定其结果的正确性,只有利用一组(16个)窄相关器,在判断导航信号确实无畸变时,才能综合确定此相关条件下的码相位跟踪结果是否正确。窄相关器越少,这个错判的可能性就越大。所以,利用窄相关器技术大大增加了接收机的复杂性,与只有一个宽相关器相比,复杂度比为16∶1,而测距误差之比仅为1∶2。所以,

表12－3　chip = 10.23Mb/s,2.046Mb/s

不同相关间距的伪距测量精度

条件 \ 结果		测量精度/cm			
		C/N_0 = 38dB·Hz		C/N_0 = 41dB·Hz	
		宽相关 $d = 1/2$	窄相关	宽相关 $d = 1/2$	窄相关
chip = 10.23Mb/s B_L = 1Hz T = 0.02s	$b = 8$　$d = 1/16$ 信号带宽 B_S = 80MHz 相关器总数 $n = 32$	26	10	18.3	6.5
	$b = 4$　$d = 1/8$ 信号带宽 B_S = 40MHz 相关器总数 $n = 16$	26	13	20	10
chip = 2.046Mb/s T = 0.02s B_S = 40MHz	B_L = 0.05Hz $n = 16$	29	14	20	10

窄相关技术一般不用于导航用户机。对于导航用户机，一般设计 $b = 2, d = \frac{1}{2}, bd = 1, B_L \leqslant 1.0\text{Hz}, T \leqslant 0.02\text{s}$ 代入式(12-3b)有

$$\sigma_{n\text{DLL}}^2 \approx \frac{0.73B_L}{2(C/N_0)}\left[1 + \frac{2}{T(C/N_0)}\right] \tag{12-3d}$$

为了得到 0.3m 伪距测量精度，可采用伪距平滑数。

12.2.4　伪距平滑技术

伪距平滑技术的原理是基于平滑时间 $T_A = 20\text{ms} \sim 100\text{ms}$ 内卫星相对接收机的运动速度为线性特性的基础上的。当在该平滑时间内有 n 个间距相等的伪距测量值 $\rho_1, \rho_2, \cdots, \rho_n$，线性平滑后的伪距值为

$$\rho_A(t_A) = \frac{1}{n}\sum_1^m \rho_n \tag{12-3e}$$

平滑后的伪距时刻为

$$t_A = \frac{1}{n}\sum_1^n t_n \tag{12-3f}$$

平滑后的伪距误差为

$$\delta_{\text{ADLL}} = \frac{1}{\sqrt{n}}\delta_{n\text{DLL}} \tag{12-3g}$$

当 $T = 2\text{ms}, \delta_{n\text{DLL}} = 0.6\text{m}$ 时，设 $T_A = 20\text{ms}, n = 10$，有

$$\delta_{\text{ADLL}} = \frac{1}{\sqrt{10}}0.6 = 0.2(\text{m})$$

12.3　定位与滤波处理

7.2.2 小节已介绍了导航定位解算方程和定位精度估计。由于伪距测量的噪声特性，为了进一步提高定位和测速精度还要用导航滤波器，可以使伪距和伪距变化率的应用达到理想的定位、测速精度。定位与滤波处理的功能就是将伪距观测值转换成用户位置估值，这种转换有两种方法，一是利用一组伪距观测值转换成非滤波(噪声)位置估值，然后用 α/β 跟踪器减小在位置估计中出现的噪声误差，如图 12-4 所示；二是利用卡尔曼滤波器把一组伪距观测值单向地转换成已滤波的用户位置估值，如图 12-5 所示。

12.3.1　α/β 跟踪器[12]

第一种把伪距观测值转换成用户位置估计的方法是利用位置算法和 α/β 跟踪

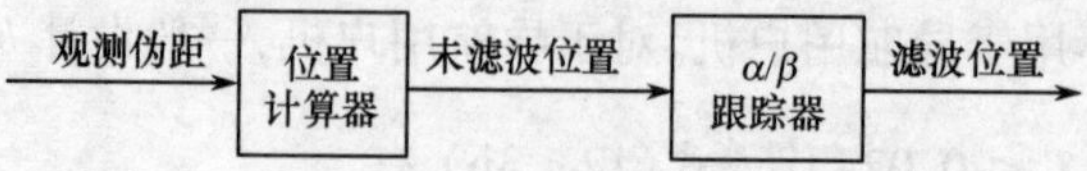

图 12－4　用 α/β 跟踪器的导航处理器

图 12－5　用卡尔曼滤波器的导航处理器

器滤波。如前所述，接收机接收到的卫星信号已含有噪声的，假设这种噪声具有零均值且服从高斯分布。这种噪声引起伪距噪声误差，从而导致非滤波位置数据的噪声误差。α/β 跟踪器就是要从位置数据中尽可能多的滤除这种噪声。

α/β 跟踪器滤出它在每个更新周期结束时从位置计算器收到的位置估值，这些更新周期 T_{up} 的长度与接收机的位置更新周期相同。假设位置估值是在地心地固笛卡儿坐标系，采用3个 α/β 跟踪器分别滤出3个位置变量 X、Y 和 Z。下面介绍 α/β 跟踪器的工作，阐述滤出单一位置变量的单一跟踪器。这里采用的是 X 变量，Y、Z 变量原理相同。

1. α/β 跟踪器的工作原理

当第 K 个更新周期结束时，跟踪器从位置计算器收到非滤波位置估值（X_k），并将这个非滤波位置同跟踪器预报的位置（$\hat{X}_k$）进行比较。接着计算滤波位置 $\bar{X}_k$，它是预报位置和非滤波观测位置的加权平均值，其关系如下

$$\bar{X}_k = (1-\alpha)\hat{X}_k + \alpha X_k \tag{12-4}$$

式（12-4）表达了滤波位置与预报位置同非滤波位置的关系，加权参数 α 的取值范围为0 ~ 1之间。如果 $\alpha = 0$，滤波位置等于预报位置。当 α 增大时，给非滤波观测位置加较大的权，而给预报位置加较小的权。如果 $\alpha = 1$，滤波位置等于计算出的非滤波位置。

然后，跟踪器计算用户速度的滤波估值（$\bar{\dot{X}}_k$），首先按下列关系式计算用户的非滤波观测速度，即

$$\dot{X}_k = (\bar{X}_k - \bar{X}_{k-1})/T_{up} \tag{12-5}$$

式中　T_{up}—— 滤波位置 $\bar{X}_{k-1}$ 至 $\bar{X}_k$ 的时间间隔，也可称作接收机位置更新周期。

跟踪器用预报和非滤波观测速度加权平均值，计算出滤波速度估值：

$$\bar{\dot{X}}_k = (1-\beta)\,\dot{X}(\hat{X}_k + \beta\,\dot{X}) \tag{12-6}$$

接着，跟踪滤波器利用用户当前的速度和位置滤波器估值及用户运动的二阶模型，预报用户的未来速度和位置。所谓二阶模型，就是假设用户的速度为一阶常数（加

速度为零）。因此，跟踪器可以把未来的预报速度安置成当前的滤波速度，即

$$\hat{\dot{X}}_{(k+1)} = \bar{\dot{X}}_k \tag{12-7}$$

跟踪器预报的用户位置为

$$\hat{X}_{(k+1)} = \bar{X}_k + T_{\mathrm{up}}\bar{\dot{X}}_k \tag{12-8}$$

至此，跟踪器可以接收另一个非滤波器观测位置。式(12－4) ~ 式(12－8) 可以联立，并简化为实现 α/β 跟踪器常用的 3 个方程：

$$\bar{X}_k = \hat{X}_k + \alpha(X_k - \hat{X}_k) \tag{12-9}$$

$$\bar{\dot{X}}_k = \frac{\hat{\dot{X}}_{(k-1)} + \beta}{T_{\mathrm{up}}(X_k - \hat{X}_k)} \tag{12-10}$$

$$\hat{X}_{(k+1)} = \bar{X}_k + T_{\mathrm{up}}\bar{\dot{X}}_k \tag{12-11}$$

滤波参数 α 和 β 可以独立改变，α 和 β 的相对值决定着跟踪器的响应衰减量。通过 α 和 β 之间的各种关系的研究，使跟踪器的响应达到"最佳化"，其中广泛采用的关系式是 T. R. Benedict 和 G. W. Bordner 提出的，即

$$\beta = \alpha^2(2-\alpha) \tag{12-12}$$

给出一种轻微的欠阻尼跟踪响应。

α/β 跟踪器是一个在时间上不连续，增益为 1 的低通滤波器。α 和 β 的值决定滤波器的带宽，而 α/β 误差决定滤波器的阻尼。α 和 β 减小，带宽亦减小；α 和 β 增加，带宽亦增加。当 α 和 β 从 0 变到 1 时，带宽从 0Hz 变为 $(1/2T_{\mathrm{up}})$ Hz。因此，通过减小 α 和 β，可以减小滤波位置数据中的噪声分量。

减小 α 和 β 的代价可以采用增加跟踪器时间常数的方式补偿。因为跟踪器包括用户运动的二阶模型，所以只要用户有加速度，估计的用户位置就会有误差。消除误差所需要的时间与跟踪器时间常数成正比。如果用户有一个等加速度，如在转弯期间，用户位置的跟踪估值将不断出现误差。对于等加速度，误差也将是恒定的，且正比于跟踪器的时间常数。因此，减小 α 和 β，其结果将导致滤波位置数据中加速度引起的偏置误差增大。

在 Sinsky 的《轨道目标的 α/β 跟踪误差》一文中，推导了计算由跟踪器引起减噪量公式和为线性等加速度引起的偏差的公式。前者表示滤波输出信号方差与非滤波输入信号方差之比，公式为

$$K_{\bar{x}} = \sigma_{\bar{x}}^2/\sigma_x^2 = \frac{2\alpha^2 + \beta(2-3\alpha)}{4-\beta-2\alpha} \tag{12-13}$$

式中 $\sigma_{\bar{x}}^2$—— 滤波输出信号方差；

σ_x^2—— 非滤波输出信号方差；

$K_{\bar{x}}$—— 方差缩减率。

当 $\alpha = 1$ 时，$K_{\bar{x}}$ 对所有的 β 值都等于1。这是因为当 $\alpha = 1$ 时，滤波位置就是非滤波位置，数据的噪声没有削弱。对于线性等加速度期间由加速度引起的偏差为

$$|\varepsilon_{\bar{x}}| = (1-\alpha)aT_{\text{up}}^2/\beta \tag{12-14}$$

式中 a—— 载体的加速度。

当 $\alpha = 1$ 时，$|\varepsilon_{\bar{x}}|$ 对于所有不为0的 β 值都等于0，和方差缩减率一样，是所期望的。当滤波数据等于非滤波数据时，滤波器不能成为加速度引起偏差的原因。可以证明，这一误差适用于二维等向心加速度的情况。表12-4列出了舰船加速度为0.13m/s²，更新周期为5.4s是方差缩减和加速度引起的偏差与 α 的函数关系，是海洋环境中舰船的常见值。

表12-4 方差缩减率和加速度引起的偏置误差与 α 的函数关系

α	0.1	0.2	0.3	0.4	0.5	0.6	0.7	0.8	0.9	1.0
$K_{\bar{x}}$	0.08	0.15	0.24	0.32	0.41	0.51	0.61	0.71	0.84	1.0
$\|\varepsilon_{\bar{x}}\|$	648	136	50	23	11	5.9	3.0	1.4	0.51	0.0

表12-4的数据说明，在选择跟踪器 α 时，必须综合考虑。如果 α 很小，方差缩减率也小，但是加速度引起的偏差大；如果 α 很大，加速度引起的偏差小，但方差缩减率接近1。在选择 α 时，要综合考虑这两个因素，以期在规定的噪声和加速率条件下得到满意的整体效果。为了衡量整体定位精度，定义一个标准函数 $J_{\bar{X}}$，它等于 2σ 噪声引起的误差加上加速度引起的误差。这是根据两个误差同时存在的最坏情况来考虑的，因此有

$$J_{\bar{X}} = 2\sigma_{\bar{X}} + \left|\sum \bar{X}\right| \tag{12-15}$$

从式(12-13)得出

$$\sigma_{\bar{X}} = \sigma_X \sqrt{K_{\bar{x}}} \tag{12-16}$$

式中 σ_X—— 接收机码元误差 σ_C 和水平位置几何精度因子(HDOP)的乘积，即 $\sigma_X = \sigma_C(\text{HDOP})$。

这里视码元误差为用户等效距离误差，电离层等传播误差被忽略。

2. 开关式 α/β 跟踪器

为了解决无加速度期间高精度定位与有加速度情况不出现大的误差，最合适

的解决办法是采用可变 α 跟踪器。一种开关式 α/β 跟踪器是其可变 α 跟踪器的一种。当跟踪器未检测到加速度时，向用户提供滤波位置数据；当检测到加速度时，便向用户提供非滤波位置数据。在实际工作中跟踪器在固定 α 值下，选择提供滤波数据和非滤波数据。因为当 α 固定时，跟踪器的预报位置输出，用于检测舰船的加速度。这个预报位置要从非滤波位置中减去，即

$$\delta_{X,K} = X_K - \widehat{X}_K \tag{12-17}$$

如果无加速度，差值 $\delta_{X,K}$ 平均值为0；如果有加速度，则不为0，其数值相当于由跟踪器产生的加速度偏差。如果差值通过一个低通滤波器，则可以检测出加速度，采用类似于 α/β 跟踪器的方法，滤波位置偏差 $\bar{\delta}_{X,K}$ 可以展开成

$$\bar{\delta}_{X,K} = (1-r)\delta_{X,K-1} + r\delta_{X,K} \tag{12-18}$$

式中　r—— 低通滤波器常数，可用于开关式 α/β 跟踪器。

如果 $\sqrt{\bar{\delta}_{X,K}^{2} + \bar{\delta}_{Y,K}^{2} + \bar{\delta}_{Z,K}^{2}} < T_{\mathrm{R}}$，则 $X_K^{输出} = \bar{X}_K$；如果 $\sqrt{\bar{\delta}_{X,K}^{2} + \bar{\delta}_{Y,K}^{2} + \bar{\delta}_{Z,K}^{2}} \geqslant T_{\mathrm{R}}$，则 $X_K^{输出} = X_K$，T_{R} 是开关的门限值。

如果 3 个坐标轴上的低通滤波器的输出之和小于门限值，则向用户输出滤波位置数值；如果 3 个坐标轴上的低通滤波器的输出之和大于等于门限值，则向用户输出非滤波位置数值。

应用开关式 α/β 跟踪器的优点在于，在用户没有加速度期间，它允许用一个小的 α 值，并使一个普通 α/β 跟踪器降低噪声的能力不变。在有加速度期间，用户所得位置精度有所降低，但仍可以接受。

12.3.2　卡尔曼滤波器[12]

把伪距观测值转换为滤波位置估值的另一种方法是使观测伪距通过卡尔曼滤波器。卡尔曼滤波器是一个最小误差协方差估算器，当滤出的噪声为高斯噪声，且平均值为零的情况下，用户位置误差有一个最小的协方差。当噪声为非高斯噪声时，卡尔曼滤波器是一个最佳线性滤波器。卡尔曼滤波器用矢量和矩阵来实现，而不是用 α/β 跟踪器中的标量。卡尔曼滤波器中第一个矢量是用户状态矢量，即

$$\boldsymbol{X}_K = [\bar{X}_K \quad \bar{\dot{X}}_K \quad \bar{Y}_K \quad \bar{\dot{Y}}_K \quad \bar{Z}_K \quad \bar{\dot{Z}}_K \quad \bar{T}_K \quad \bar{\dot{T}}_K]^{\mathrm{T}} \tag{12-20}$$

式中，下标 K 表示不同观测时刻。状态矢量完整地描述出用户的滤波位置、速度和钟差速率。它是一个用 α/β 跟踪器分别测定的各个量的矢量表达式。

在处理过程中最关心的矩阵是转移矩阵：

$$
\boldsymbol{\phi}=\begin{bmatrix}
1 & \Delta T & 0 & 0 & 0 & 0 & 0 & 0\\
 & 1 & 0 & 0 & 0 & 0 & 0 & 0\\
 & & 1 & \Delta T & 0 & 0 & 0 & 0\\
 & & & 1 & 0 & 0 & 0 & 0\\
 & & & & 1 & \Delta T & 0 & 0\\
 & & & & & 1 & 0 & 0\\
 & & & & & & 1 & \Delta T
\end{bmatrix} \tag{12-21}
$$

式中　ΔT—— 伪距观测值之间的时间间隔。

将转移矩阵与状态矢量相乘,便得出下一个时间周期的预报状态矢量:

$$\hat{\boldsymbol{X}}_{K+1}=\boldsymbol{\Phi}\boldsymbol{X}_K \tag{12-22}$$

其中

$$\hat{\boldsymbol{X}}_{K+1}=[\hat{X}_{K+1}\ \hat{\dot{X}}_{K+1}\ \hat{Y}_{K+1}\ \hat{\dot{Y}}_{K+1}\ \hat{Z}_{K+1}\ \hat{\dot{Z}}_{K+1}\ \hat{T}_{K+1}\ \hat{\dot{T}}_{K+1}]^{\mathrm{T}}$$

如果对式(12-22)进行计算,则

$$\hat{\boldsymbol{X}}_{K+1}=\bar{\boldsymbol{X}}_K+\Delta T\,\bar{\dot{\boldsymbol{X}}}_K \tag{12-23}$$

$$\hat{\dot{\boldsymbol{X}}}_{K+1}=\hat{\dot{\boldsymbol{X}}}_K \tag{12-24}$$

卡尔曼滤波器和 α/β 跟踪器采用相同的二阶用户运动模型。因此,式(12-23)和式(12-24)所采用的预报方程与 α/β 跟踪器采用的相同,只有一点差别,即 α/β 跟踪器用接收机位置更新周期 T_{up} 作为第 K 个和第 $K+1$ 个状态之间的间隔,而卡尔曼滤波器则用伪距观测值之间的时间间隔 ΔT 作为相邻状态的时间间隔。其原因是在计算机滤出用户位置以前,位置计算和 α/β 跟踪器的组合要等待一组完整的伪距观测值。相反,卡尔曼滤波器每接收一个新的伪距观测值就估算一个新的用户位置。

滤波器根据预报状态矢量 $\hat{\boldsymbol{X}}_K$ 和待测伪距的卫星已知位置,计算出用户到卫星的预报距离 $\hat{P}_K$。当卡尔曼滤波器从接收机接收到观测伪距 P_K 后,就可以计算出预报伪距和观测伪距之间的差,这个差就是通常所说的残差 P^R,即

$$P^R=P_K-\hat{P}_K \tag{12-25}$$

根据这个残差的大小,建立预报状态矩阵,即

$$\boldsymbol{X}_K=\hat{\boldsymbol{X}}_K+\boldsymbol{K}_0P^R \tag{12-26}$$

式中　$\boldsymbol{K}_0$—— 卡尔曼增益矢量。

$$\boldsymbol{K}_0 = [K_{0X}\dot{K}_{0X}\ K_{0Y}\dot{K}_{0Y}\ K_{0Z}\dot{K}_{0Z}\ K_{0T}\dot{K}_{0T}]^{\mathrm{T}} \tag{12-27}$$

在后面的方程表达式中,$(X_K - \widehat{X}_K)$ 与式(12－26) 的残差 P^R 是等价的。在 α/β 跟踪器中,$(\bar{\dot{X}}_{(K-1)})$ 与预报用户速度 $\widehat{\dot{X}}_K$ 等价。

卡尔曼增益矢量将伪距残差变换为预报状态矢量的变化。为实现这一变换,分别执行两种运算,一是坐标转换,二是加权。

坐标转换运算是使卡尔曼滤波器将伪距残差转换为状态矢量的变化,伪距残差是从用户到卫星视线的一维矢量,状态矢量 X、Y、Z 和 T 轴的 8 维矢量,如图12－6 所示。

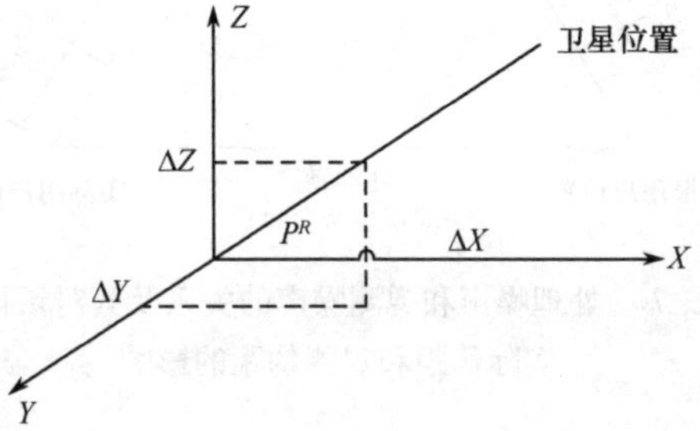

图 12－6　伪距至用户状态坐标的转换

对于增益残差 P^R 有

$$\Delta X = P^R\cos\theta_X \tag{12-28}$$

$$\Delta Y = P^R\cos\theta_Y \tag{12-29}$$

$$\Delta Z = P^R\cos\theta_Z \tag{12-30}$$

从卫星到用户的视线矢量与正向 X、Y、Z 轴之间夹角分别为 θ_X、θ_Y、θ_Z。

因为钟差残差的变化直接依赖于钟差的同等变化,所以钟差项的坐标转换等于1。

卡尔曼增益矢量还可以进行与 α/β 跟踪器的 α/β 相类似的加速运算。通过这一运算确定给定残差的预报状态矢量的变化幅度。例如,当 α 取0.3 残差为 +2 时,在 $\widehat{X}_K$ 中可以加0.6 计算出 X_K,卡尔曼增益矢量的其他项可以同样的方式进行。如果将卡尔曼增益矢量各项改写成加权项与坐标转换项的乘积,则

$$\boldsymbol{K}_0 = [W_X\cos\theta_X\dot{W}_X\cos\theta_X W_Y\cos\theta_Y\dot{W}_Y\cos\theta_Y W_Z\cos\theta_X\dot{W}_Z\cos\theta_Z W_T\dot{W}_T]^{\mathrm{T}} \tag{12-31}$$

式中　W—— 加权项;

cos—— 坐标转换项。

加权项确定给定残差的预报状态矢量变化的大小。这个残差是预报伪距与观测伪距之差，是由处理噪声和观测噪声引起的。

图12－7表示处理噪声和观测噪声之间的关系以及它们对预报伪距、实际伪距和观测伪距的影响。

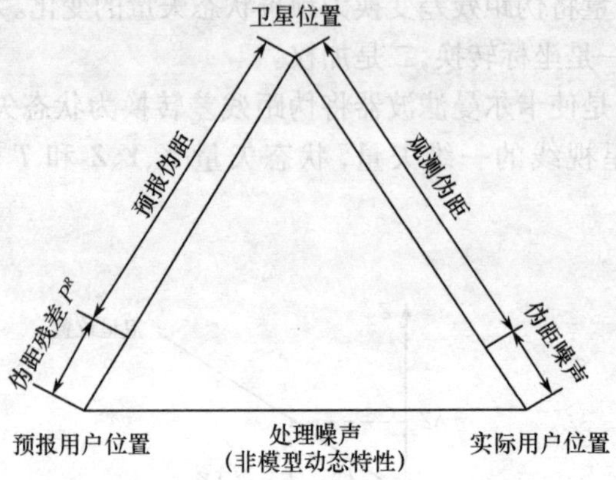

图12－7 处理噪声和观测噪声的关系及其对预报伪距、实际伪距和观测伪距的影响

预报伪距和实际伪距之间的任何差异是由处理噪声引起的。因为卫星运动和信号通过大气层的传播速度误差中的非模型化部分被忽略了，所以，处理噪声等于用户的非模型运动特征。由于预报用户状态时，对用户运动和用户钟差使用的是零加速模型，所以对处理噪声首先产生影响的是用户加速度和钟差变率。实际伪距和观测伪距之间的任何差异是由观测噪声引起的，观测噪声等于接收机的噪声误差。

卡尔曼滤波器的输出应该是用户状态的最佳可能估值。由于处理噪声导致用户状态不同于用户的预报状态，因此滤波器应尽可能多地处理噪声通过滤波器。这样，就能更精确地估计用户状态。然而，由于观测噪声可以引起对用户状态的错误估计，因此，卡尔曼滤波器应尽可能多地滤除观测噪声。遗憾的是，观测噪声和处理噪声都表现为观测伪距的噪声。如果卡尔曼增益矢量的加权因子小，使得滤波器忽视观测噪声，那么也将忽视处理噪声；如果加权因子大，则大量的处理噪声和观测噪声都将通过滤波器。因此，如果观测噪声比处理噪声大，滤除观测噪声而增加的精度将优于滤除处理噪声损失的精度，且加权因子应很小。然而，如果处理噪声比观测噪声大得多，通过处理噪声得到的精度将优于通过观测噪声损失的精度，而且加权因子应很大。卡尔曼增益矢量加权因子的计算是在滤波器的处理噪声和滤除观测噪声之间进行折衷计算的。

为了完整地计算卡尔曼增益矢量，必须定义几个新的矩阵，首先是观测噪声矩阵 $\boldsymbol{R}$。假设采用的时序接收机，它一次只能有一个伪距观测值，则 $\boldsymbol{R}$ 变为一个标量，

$\boldsymbol{R}$ 中的项是观测噪声的期望方差，称为观测噪声协方差。本文将采用观测噪声协方差，它等于期望码元方差 σ_{cn}。

下一个要定义的矩阵是处理噪声矩阵 $\boldsymbol{Q}$。组成该矩阵的各项叫做处理噪声协方差，它们表示用户状态各个位处理噪声的期望协方差。假设用户状态各个位噪声之间均不正交相关，那么，矩阵的所有对角线项为0，这时 $\boldsymbol{Q}$ 变为

$$\boldsymbol{Q}=\begin{bmatrix} \sigma_X^2 & & & & & & & 0 \\ & \sigma_{\dot{X}}^2 & & & & & & \\ & & \sigma_Y^2 & & & & & \\ & & & \sigma_{\dot{Y}}^2 & & & & \\ & & & & \sigma_Z^2 & & & \\ & & & & & \sigma_{\dot{Z}}^2 & & \\ & & & & & & \sigma_T^2 & \\ 0 & & & & & & & \sigma_{\dot{T}}^2 \end{bmatrix} \tag{12-32}$$

这些 σ_X^2 是用户在 X 坐标位置观测噪声的期望方差，其他各项有类似的定义。

对于这项研究，将把 σ_X^2、σ_Y^2、σ_Z^2 和 σ_T^2 置0，这样做的前提是，这些项中的处理噪声起因于 $(\dot{X},\dot{Y},\dot{Z},\dot{T})$ 的处理噪声。速度项的处理噪声协方差等于伪距采样周期 ΔT 与有关轴上最大期望加速度的平方的乘积。这个乘积等于任意速度项在一个采样期间最大期望非模型变化。Q 和 R 的相对大小确定卡尔曼增益矢量的加权性质。

最后一个要定义的矩阵是 $\boldsymbol{H}$，根据我们采用时序接收机这一假设，$\boldsymbol{H}$ 变为一个矢量，它要用户或卫星的新位置对每个伪距观测值重新定义：

$$\boldsymbol{H}=[\cos\theta_x \quad \cos\theta_y \quad \cos\theta_z \quad 0 \quad 1 \quad 0] \tag{12-33}$$

观测矩阵确定卡尔曼矢量增益的转换特性。在把每一个连续的伪距观测值并入状态矢量之前，用以下方程重新计算卡尔曼增益矢量，即

$$\boldsymbol{P}_{(-)}=\Phi\boldsymbol{R}_{(+)}\boldsymbol{\phi}^{\mathrm{T}}+\boldsymbol{Q} \tag{12-34}$$

$$\boldsymbol{K}_0=\boldsymbol{P}_{(-)}\boldsymbol{H}^{\mathrm{T}}(\boldsymbol{H}\boldsymbol{P}_{(-)}\boldsymbol{H}^{\mathrm{T}}+\boldsymbol{R})^{-1} \tag{12-35}$$

$$\boldsymbol{P}_{(+)}=(1-\boldsymbol{K}_0\boldsymbol{H})\boldsymbol{P}_{(-)} \tag{12-36}$$

式中　$\boldsymbol{P}_{(-)}$、$\boldsymbol{P}_{(+)}$——用于中间计算的虚设矩阵。

当卡尔曼滤波器初始化时，$\boldsymbol{P}_{(+)}$ 初始值为 Q，卡尔曼滤波器的实际执行过程如图 12－8 所示。

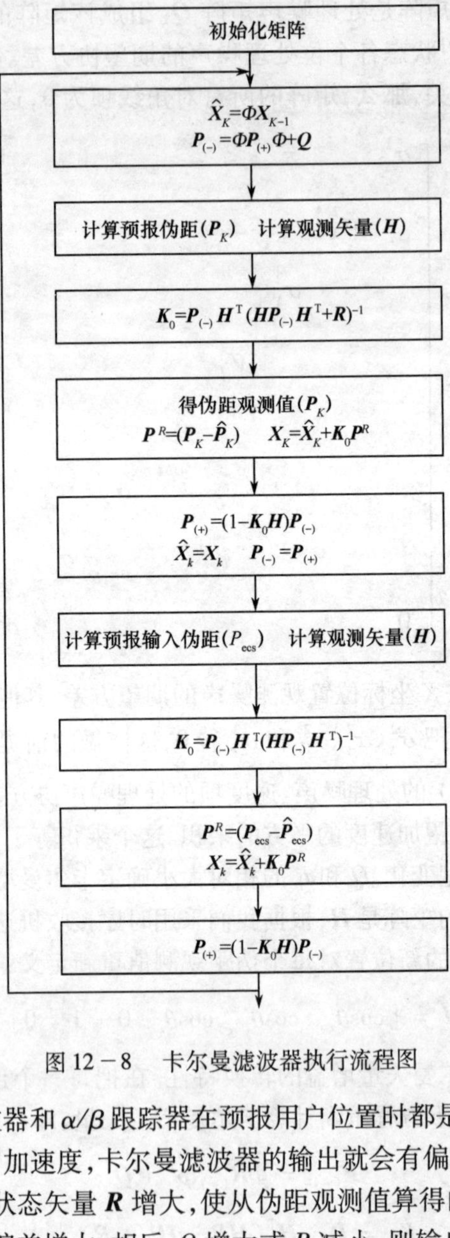

图 12－8　卡尔曼滤波器执行流程图

由于卡尔曼滤波器和 α/β 跟踪器在预报用户位置时都是利用用户运动二阶模型，因此，只要有用户加速度，卡尔曼滤波器的输出就会有偏差。当 R 增大或 Q 减小时，滤波器将使预报状态矢量 $\boldsymbol{R}$ 增大，使从伪距观测值算得的残差权减小，因此输出噪声减小，输出的偏差增大；相反，Q 增大或 R 减小，则输出噪声会增大，输出偏差减小。然而，对于任何给定的减噪量来讲，卡尔曼滤波器输出所含的加速度引起的偏差可比标准 α/β 跟踪器的输出的要小。其理由是卡尔曼滤波器输入伪距观测值是在接收时单个输入的，即接收一个输入一个，而 α/β 跟踪器输入非滤波位置数据，是在接收一组完整的伪距观测值之后输入的。因此，卡尔曼滤波器能检测用户加速度，而所用时间仅是 α/β 跟踪器的 1/3。这样，滤波器的更新时间有效地缩短了 2/3。由于加速度引起的偏差大小正比于滤波器更新时间的平方，偏差可以减小到 1/9，这就是卡尔曼滤波器保持很好的减噪声量，并不会产生明显的由加速度引起的偏差。

第13章　导航用户机应用实例

13.1　航天用户机的捕获与跟踪

这里介绍由 Franch 空间局 Jean-Luc Issler 等提出的高动态捕获跟踪方案[22]。航天卫星导航用户机可用于低地球轨道卫星和航天运载器，在很多情况下工作在极差的信号链路电平下，如：再入太空舱或航天飞船滚动后背离导航卫星需要快速捕获导航卫星信号；地球静止轨道卫星在轨道保持或转移轨道期间，从静止转移轨道 GTO 转移到静止漂移轨道（GDO），卫星轨道极高、导航信号极弱。

用于姿态确定需要有比轨道导航更好的导航星可视条件。

应用混合 GNSS 的接收机（GPS、GLONASS 或 GEO_S）代替 GPS 接收机，使信号减弱。上述条件下，卫星导航接收机的接收信号十分微弱，C/N_0 极低，一种新的信号处理技术可使 C/N_0 捕获门限降低到 20dB · Hz，这里将详细介绍基于 C/N_0 门限的理论和技术。

首先定义一个概念 $(C/N_0)_{LOOP}$，它表示捕获导跟踪环输入端的门限电平，相应的还有接收机输入端的门限电平 $(C/N_0)_{RX}$，由于接收机有执行损耗，使得 $(C/N_0)_{LOOP}$ 与 $(C/N_0)_{RX}$ 不相等，有

$$(C/N_0)_{RX} = L_i + (C/N_0)_{LOOP} \tag{13-1}$$

式中　L_i—— 执行损耗，以分贝数表示；

N_0—— 接收机输入端的噪声谱密度。

$$N_0 = kT$$

式中　k—— 玻耳兹曼常量，$k = 1.379 \times 10 - 23\text{W}/(\text{K} \cdot \text{Hz})$；

T—— 接收机输入端系统噪声温度；

C—— 信号电平。

13.1.1　码跟踪极限

码捕获跟踪极限取决于延迟锁相环 DLL 的跟踪门限，当跟踪达到 1/2 码片的

伪距测量精度时，认为已完成跟踪。对于 GPS C/A 码来说，一个码片的长度 $\Delta = 300\text{m}, \Delta/2 = 150\text{m}$。

如果采用 +/−Δ/2 chip 间隔，伪距测量标准偏差的表达式有

$$\sigma_{\text{PR}} = \Delta \sqrt{\frac{B_{\text{L}}}{2(C/N_0)}\left[1 + \frac{2B}{(C/N_0)}\right]} \tag{13-2}$$

式中　B_L——环路噪声带宽；

B——预检测带宽。

完成跟踪的标准为

$$a/\sigma_{\text{PR}} \leqslant \Delta/2(\text{m}) \tag{13-3}$$

于是，可获得跟踪门限值为

$$C/N_0 \geqslant a^2 B_L\left(1 + \sqrt{1 + \frac{4B}{a^2 B_L}}\right) \tag{13-4}$$

以 GPS 为例，当 $B_L = 1\text{Hz}, T = 0.02\text{s}, a = 3$ 时，有 $(C/N_0)_{\text{LOOP}} \geqslant 17\text{dB}\cdot\text{Hz}$；当 $T = 0.004\text{s}$ 时，有 $(C/N_0)_{\text{LOOP}} \geqslant 20\text{dB}\cdot\text{Hz}$；当信号积累时间为 4ms 时，$(C/N_0)_{\text{LOOP}}$ 为 20dB·Hz，捕获概率为 3σ 的标准差概率 99.9%。

13.1.2　载波跟踪极限

载波环的跟踪精度距离是满足 bit 解调误码率（BER）指标而定的。如果确定每 30min 低于一个错误码时是允许的话，对于数据速率 $R_{\text{b}} = 50\text{b/s}$ 的最大 $\text{BER} = 1\times10^{-5}$，有

$$\text{BER} = \frac{1}{2}\left[1 - \text{erf}\left(\sqrt{\frac{C/N_0}{R_{\text{b}}}}\right)\right] \tag{13-5}$$

$$\text{erf}(x) = \frac{2}{\sqrt{\pi}}\int_0^x \text{e}^{-u^2}\text{d}u \tag{13-6}$$

那么，环路输入的相应的 C/N_0 接近 26.5dB·Hz 时，考虑 2dB 的执行损耗为 28.5 dB·Hz。

13.1.3　仅有码捕获跟踪模式

仅有码捕获跟踪模式是为了进一步降低 C/N_0 门限，但门限的进一步降低，干扰将十分严重。在仅有码跟踪模式下，将载波环开路，载波的数控振荡器 NCO 由外部伪速度（Pseudovelocity）进行辅助，产生相应的多普勒进行控制，延迟锁相环 DLL 由辅助速度控制。用户的真实速度和计算速度之间有一个误差，当误差可允许时，确保其伪距测量精度。一个典型的外部速度传感器辅助的 DLL 环如图 13-1 所

示。这个外部速度传感器是一个与卫星导航接收机紧密耦合的惯性测量单元。

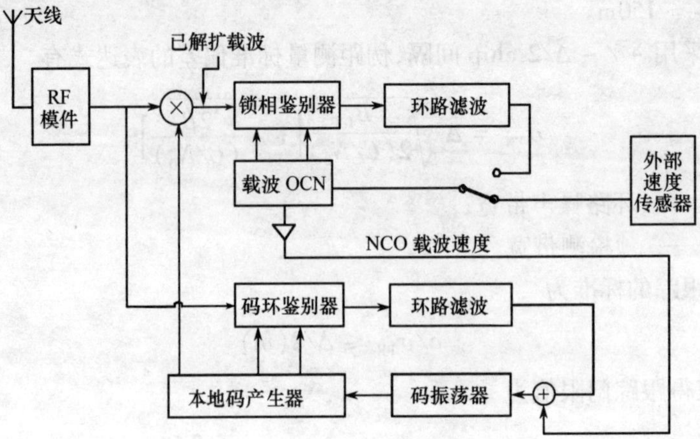

图 13－1　外部速度传感器辅助的 DLL 环

应注意，当仅有码跟踪模式时，载波环开路，不能解调导航电文。

这里外部速度传感器辅助的精度约束条件是 DLL 检测带宽的宽度，如图 13－2 所示。

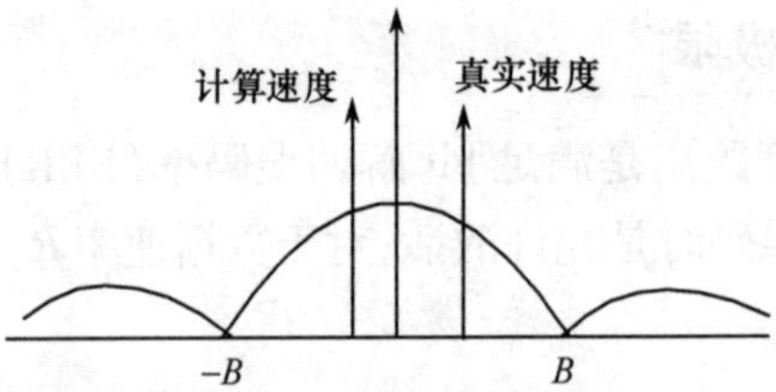

图 13－2　DLL 检测滤波器传递函数

如果检测滤波器是一个积分器或存储器，在仅有码跟踪环下 C/N_0 跟踪门限下的损耗 L_{co} 的表达式为

$$L_{CO} = 10\log\left[\frac{\sin\left(\frac{\pi\Delta V f_0}{Bc}\right)}{\frac{\pi\Delta V f_0}{Bc}}\right]^2 \tag{13-7}$$

式中　ΔV—— 外部速度辅助误差(m/s)；

c—— 光速(m/s)；

f_0—— 载波频率。

通常考虑 L_{CO} 低于 3dB，那么可以导出：

$$\mathrm{abs}[\Delta V] < \frac{0.443Bc}{f_0} \tag{13-8}$$

式中　abs—— 绝对值。

当 $B=50\text{Hz}, f_0=1575.42\text{MHz}$ 时，可以得到：$\text{abs}(\Delta V)\leqslant 4.2\text{m/s}$；如果速度辅助不精密，检测带宽 B 可设较大的值，当 $B=250\text{Hz}$ 时，$\text{abs}(\Delta V)<21\text{m/s}$。

跟踪 GPS C/A 码的例子见表 13－1，其中 $B_L=1\text{Hz}, 3\sigma_{PR}=\Delta/2$。

表 13－1　跟踪 GPS C/A 码数据表

	$B=50\text{Hz}$	$B=250\text{Hz}$
$\Delta V=0\text{m/s}$	17dB · Hz	20dB · Hz
$\Delta V=4.2\text{m/s}$	20dB · Hz	20.1dB · Hz
$\Delta V=21\text{m/s}$	NO〈code only〉	23dB · Hz

13.1.4　捕获处理理论

C/A 码信号的捕获门限由载噪比为 C/N_0 的被接收扩频信号的平方律检波所确定。被接收信号的能量检测由 C/A 信号处理器 ASIC 完成，其模型如图 13－3 所示。

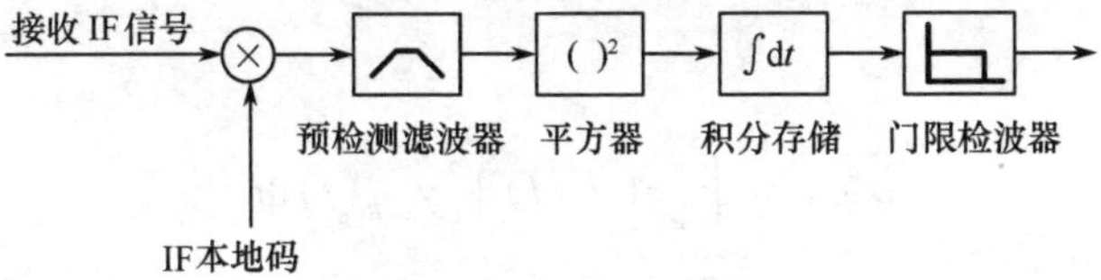

图 13－3　能量检波模型

捕获门限由以下参数确定：

$$\text{捕获概率}=P_a$$
$$\text{预检测带宽}=B$$
$$\text{积分常数}=\tau$$

DLL 本地码码元(chip) 以 $1/\alpha\tau$ 扫描，响应于本地码的扫描速度 $\alpha\text{chip}/\tau$。例如，$\alpha=1/2$，一个 chip 的扫描时间等于 2τ。

平方器的输出为

$$P_{\text{mos}+B}=\text{噪声加信号的平均功率}$$
$$P_{\text{mos}}=\text{有用信号 } C \text{ 平均功率}$$
$$P_{\text{moB}}=\text{噪声 } N_0B \text{ 的平均功率}$$

于是得到

$$P_{\text{mos}+B}=P_{\text{mos}}+P_{\text{moB}}=C+N_0B=N_0B\left[1+\frac{C}{N_0B}\right] \tag{13-9}$$

$$\gamma_B(0) = \text{无有用信号的初始噪声谱密度} = N_0^2 B$$

$$\gamma_{s+B}(0) = \text{有用信号的初始噪声谱密度} = N_0^2 B + 2CN_0$$

在积分器的输出端有

$$\begin{aligned} E_{ms+B} &= \text{带噪声的信号能量} \\ E_{ms} &= \text{有用信号能量} \\ E_{ms} &= \tau P_{moB} = C\tau \\ E_{mB} &= \text{噪声能量} = \tau P_{moB} = N_0 B\tau \end{aligned} \tag{13-10}$$

$$E_{ms+B} = E_{ms} + E_{mB} = N_0 B\tau\left(1 + \frac{C}{N_0 B}\right)$$

$$\sigma_{S+B}^2 = \text{带有用信号的噪声方差}$$

$$\sigma_B^2 = \text{无有用信号的噪声方差}$$

$$H(f) = \text{积分伪速函数}$$

得到

$$\sigma_{S+B}^2 = \int_{-\infty}^{+\infty} |H(f)|^2 \gamma_{s+B}(f)\,\mathrm{d}f \tag{13-11}$$

$$\sigma_B^2 = \int_{-\infty}^{+\infty} |H(f)|^2 \gamma_B(f)\,\mathrm{d}f \tag{13-12}$$

如果噪声谱功率为常数$\frac{1}{\tau}$带宽（即积分滤波器的宽度）≪检测滤波器的宽度，有

$$\sigma_B^2 = N_0^2 B\tau \tag{13-13}$$

$$\sigma_{S+B}^2 = N_0^2 B\tau\left(1 + \frac{2C}{N_0 B}\right) \tag{13-14}$$

应用无量纲系数计算，捕获门限近似为

$$P_{ms+B-a}\sigma_{S+B} > P_{mB} + a\sigma_B \tag{13-15}$$

$$P_{ms+B} - P_{mB} > a(\sigma_B + \sigma_{S+B}) \tag{13-16}$$

如果 $a = 3$ 为 3σ，概率为 99.9%；$a = 2$ 为 2σ，概率为 95%；$a = 1$ 为 1σ，概率为 65%。

门限等式如下

$$N_{0_B}\tau \approx \left(1 + \frac{C}{N_0 B}\right) - a\sqrt{N_0^2 B\tau\left(1 + \frac{2C}{N_0 B}\right)} > N_0 B\tau + a\sqrt{N_0^2 B\tau} \tag{13-17}$$

于是得到捕获门限的表达式为

$$\frac{C}{N_0} > \frac{2a}{\tau}(\sqrt{B\tau} + a) \tag{13-18}$$

如果 $a = 3$，有

$$\frac{C}{N_0} > \frac{6}{\tau}(\sqrt{B\tau} + 3) \qquad P_a = 99.9\%$$

$a = 2$ 时，有

$$\frac{C}{N_0} > \frac{4}{\tau}(\sqrt{B\tau} + 2) \qquad P_a = 95\%$$

当利用相关间距 N_{cb} 的捕获门限为

$$\frac{C}{N_0} > \frac{2a}{f(N_{cb})\tau}(\sqrt{B\tau f(N_{cb})} + a) \tag{13-19}$$

式中，函数 f 取决于卫星导航接收机的设计。

如果

$$f(N_{cb}) = N_{cb}$$

或

$$f(N_{cb}) = \sqrt{N_{cb}}$$

在 C/A 码 $ASIC_s$ 中，DLL 只有一个早迟相关间距用于能量搜索，在这种情况下 $N_{cb} = 2$。

如果 C/A 码 $ASIC_s$ 各个通道用几个相关间距时（不同的 chip 间距），有

$$N_{cb} = 2n$$

13.1.5　仅有码的捕获模型

捕获门限主要与积分常数 τ 和 chip 扫描速度 α 值有关。这里有冷启动和典型辅助捕获两种，这两种情况的区别是确定多普勒定位的 N_{dp} 值的方法不同。当本地码定位在某个短的码相位之间，仍然可以改善捕获性能。这个定位由速度辅助推动码 NCO 来完成。这个速度辅助与仅有码跟踪方式相同。这个详细处理过程在 CNES - SEXTANT 航空电子合同中有详细叙述。仅有码捕获的门限 $(C/N_0)_{co}$ 由下式近似给出：

$$\left[\frac{C}{N_0}\right]_{co} > \frac{2a}{f(N_{cb})\tau}(\sqrt{B\tau f(N_{cb})} + a)L_{co}L_{SS} \tag{13-20}$$

式中　L_{co}—— 由伪速度误差引起仅有码捕获门限损耗，$L_{co} > 1$；

L_{SS}——DLL 本地码扫描速度引起的损耗。

假设积分周期集中在相关 pic 中，有

$$L_{SS} = \frac{2}{\alpha\tau}\int_{(1-\alpha/2)T}^{T}(X^2/T^2)\,dx \tag{13-21}$$

$$L_{SS} = 1 - \frac{\alpha}{2} + \frac{\alpha^2}{12}$$

当位置和时间能被接收机准确估计的话，对于低速扫描积分期间 bit 沿引起的附加损耗可以忽略，可以得到

$$L_{SS} = 2.3\text{dB} \qquad \alpha = 1\text{chip}/\tau$$

$$L_{SS} = 1.1\text{dB} \qquad \alpha = 0.5\text{chip}/\tau$$

$$L_{SS} = 0.5\text{dB} \qquad \alpha = 0.25\text{chip}/\tau$$

下面的例子给出了仅有码捕获的门限参数：

$B = 50\text{Hz}$（需要精密速度辅助）

$\alpha = 2$（门限值为 2σ）

$\tau = 2\text{s}$

$\Delta V = 1\text{m/s}$

$N_{cb} = 1$

$\alpha = 0.25\text{chip/s} = 0.5\text{chip}/\tau$

$\left(\frac{C}{N_0}\right)_{co} = 17\text{dB} \cdot \text{Hz}$（在环路电平上）

考虑 2dB 的执行损耗，接收机输入端为 19dB · Hz。

为了抑制虚假捕获，可利用轨道 RAIM 技术作为解决大范围 C/N_0GPS 信号处理方案。

13.1.6 仅有码的轨道自主导航

如果能由导航接收机以外的惯性轨道导航软件提供伪速度辅助，完全可以实现仅有码的自主导航，其实现如图 13－4 所示。

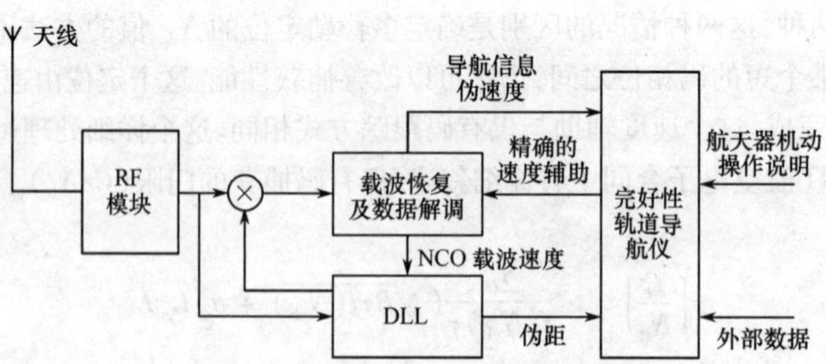

图 13－4 仅有码耦合的轨道导航仪

航天器接收机在冷启动过程中捕获导航卫星。首先导航卫星轨道由导航电文提供，加上卫星历书和时间，就能执行多普勒预析测。经典的多普勒辅助捕获，能增强对该卫星的跟踪能力。在轨飞行器的精确位置被提供后，精密的伪速度辅助就可

实时计算，因此，导航卫星信号就能自主完成在门限 C/N_0 下的捕获。导航精度和稳固性再一次改善。如果链路条件恶化，轨道导航仪也能维持一个好的速度辅助，使较弱的导航卫星信号仍可满足要求，这样就能用于静止转移轨道（GTO）。经典捕获首先用于近地点，然后用在进入轨道。如速度辅助可用，低捕获门限就能在朝向远地点的升起过程中获得成功，如图 13－5 所示。

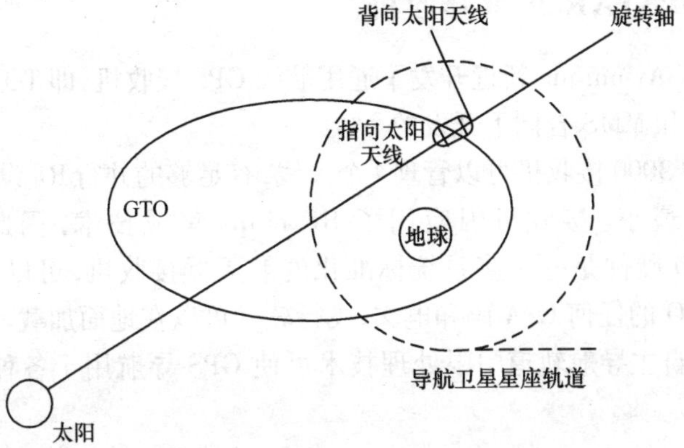

图 13－5　在 GTO 上应用仅有码的自主导航

开发一个精密导航卫星轨道导航软件是很必要的。CNES 开发了一个精密 GPS 轨道导航软件，称为 DIOGENE（Immediate Orbit Determination with GPS and on Board Navigator）。这个导航软件设计成高速率伪速度辅助产品，以降低 C/N_0 捕获和跟踪门限。

13.1.7　DIOGENE 精密 GPS 导航仪

DIOGENE 是一个由 CNES 用 ADA 语言开发的飞行卡尔曼滤波器，能处理以下大部分地球轨道飞行器。

（1）圆或椭圆 LEO 轨道。

（2）静止转移轨道（GTO）。

（3）静止轨道。

（4）应用的轨道参数是 Equinoxial 用 Veis 帧和 UTC 时间表示。

（5）DIOGENE 状态矢量包括航天器最少6个 Equinoxial 轨道参数和接收机本地钟的偏差和漂移。

（6）DIOGENE 还能计算轨道机动，表述了由推力和联合误差引起地情况。

（7）被处理的原始观测量是伪距、伪速度。

（8）DIOGENE 执行轨道 RAIM 功能，并抑制由于不健康卫星或相干测量值引起的虚假捕获，这一优点使轨道导航的完好性成为可能。

由主接收机为 DIOGENE 提供的数据是相干原始测量数据、联合质量因子和发射机的位置，这样就可处理来自 GPS、GLONASS、GNSS、GEO_S、地面伪卫星或其无线电导航干涉的任何数据。

DIOGENE 伪速度辅助的性能是极好的，在 25mSA(可选择性)下，估计精度为若干厘米每秒，这样就可以逼近低捕获门限。

13.1.8 TOPSTAR 3000 接收机

SEXTANT Avionique 新近开发了通用航天 GPS 接收机，即 TOPSTAR 3000，是在 CNES ESA 和 MMS 合同下开发的。

TOPSTAR 3000 接收机可以管理 4 个天线，有足够的并行 RF 设计，使接收机的输入执行损耗最小。接收机因应用了 RF chips 集成技术，因此尺寸并不大。TOPSTAR 3000 硬件是一个多系统标准化的航天器接收机，可以处理来自 GPS、GLONASS、GEO 的任何 C/A 码和电文，飞行软件可以在地面加载。

该接收机自主导航轨道门限处理技术可使 GPS 导航用于各种高度和航天器的指向模型。

13.2 用户机的惯导速度辅助技术[25]

上面介绍了航天用户机利用伪速度辅助捕获跟踪，伪速度辅助来源于航天器的轨道参数和惯性器件。本节专门介绍用户机的惯性速度辅助技术及其对用户机性能的影响。图 13－6 是一个 GPS 接收机的简化框图。利用延迟锁相环(DLL)进行伪距加载波相位测量。然而由于剧烈的高动态或在干扰条件下跟踪性能恶化使环路失锁，为了改善跟踪性能，本文将讨论在惯性速度辅助下的 DLL 性能，重点讨论 DLL 的函数，然后分析噪声带宽、稳态误差和有无附加惯性速度辅助下环路的响应时间。

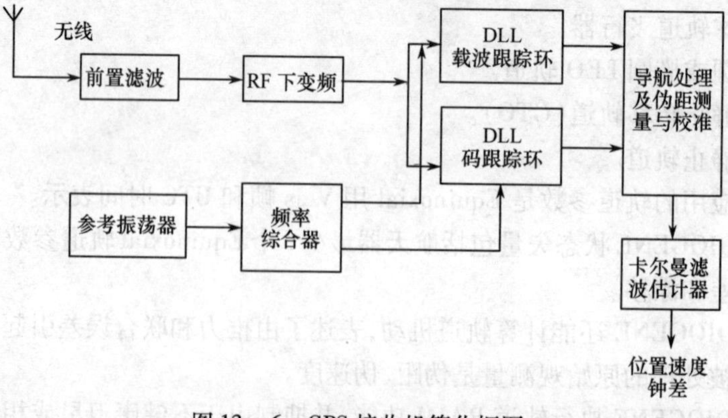

图 13－6 GPS 接收机简化框图

13.2.1 DLL 传递函数

DLL 是一个准最佳迭代构型,包括两个最佳早迟估计器:一个最大相似性估计器和一个最小平方误差估计器。DLL 信号跟踪理论可以在 Parkinson(1996) 等的文章中找到,这里只研究相位变化的跟踪性能。图13-7 是 DLL 的等效图,其中 K 是增益,是跟踪环中的未知参数。

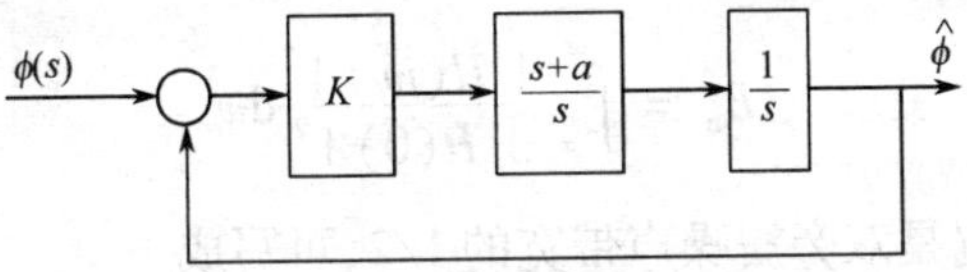

图 13-7　DLL 等效图

跟踪环可以用外部源进行改进,外部源实时估计跟踪环的状态,外部输入就是惯性导航系统(INS) 的速度输出,如图 13-8 所示。

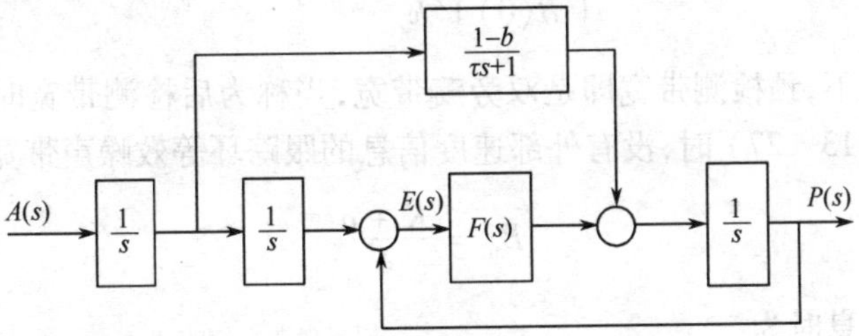

图 13-8　用惯性速度辅助的 DLL 跟踪环

$$F(s) = K(s + a)/s \tag{13-22}$$

图中　b—— 速度尺度因子误差;

τ—— 延迟时间;

$A(s)$—— 用户运动的加速度;

$P(s)$—— 用户的位置;

$E(s)$—— 位置误差。

闭环传递函数(图 13-7) 为

$$H_u(s) = \frac{K_s + K_a}{S^2 + K_s + K_a} \tag{13-23}$$

而传递函数(图 13-8) 为

$$H_{\mathrm{a}}(s) = \frac{[(1-b)+K\tau]s^2+(K+K_a\tau)s+K_a}{\tau s^3+[1+K\tau]s^2+(K+K_a\tau)s+K_a} \tag{13-24}$$

式中，当 $\tau = 0, b = 0$ 时，理想情况下的传递函数为

$$H_{\mathrm{a}}(s) = 1$$

13.2.2 等效噪声带宽

若 $H(jw)$ 为跟踪环的闭环传递函数，那么以 Hz 表示的等效双旁瓣噪声带宽为

$$B_{\mathrm{n}} = \int_{-\infty}^{\infty} \frac{|H(jw)|^2}{|H(0)|^2}\mathrm{d}w \tag{13-25}$$

单旁瓣噪声带宽是双旁瓣噪声带宽的1/2，可写成

$$B_{\mathrm{n}} = \frac{1}{2\pi} = \int_{0}^{\infty} \frac{|H(jw)|^2}{|H(0)|^2}\mathrm{d}w \tag{13-26}$$

由于 $\omega = 2\pi f$，式(13-26)变成

$$B_{\mathrm{n}} = \frac{1}{|H(0)|^2}\int_{0}^{\infty} |H(jw)|^2\mathrm{d}f \tag{13-27}$$

一般情况下，预检测带宽即是双旁瓣带宽，当称为后检测带宽时，则是单旁瓣带宽，用于式(13-27)时，没有外部速度信息的跟踪环等效噪声带宽为

$$B_{\mathrm{n}} = \frac{K+a}{4} \tag{13-28}$$

有外部速度信息时为

$$B_{\mathrm{n}} = \frac{K_a(K+a)\tau^3+K(3a-2ab+K)\tau^2}{4\tau(K_a\tau^2+K\tau+1)} + \frac{(3K-2bK+ab^2)\tau+(1-b)^2}{4\tau(K_a\tau^2+K\tau+1)} \tag{13-29}$$

当环路参数 K 固定时，等效噪声带宽随惯性系统输出的速度参数 b、τ 而变化，图13-9～图13-10和表13-2表示了它们之间的关系。

从图13-9和表13-2看出，在给定的速度尺度因子 b 的误差条件下，噪声带宽随延迟时间的增加而迅速减小，延迟时间 τ 必须选择小于0.001。

当 $K = 20, a = 10.1$(carrall,1977)时，用式(13-28)计算没有速度辅助的等效噪声带宽 $B_1 = 7.525$，$\tau = 0.001$，$b = 0.001$(等效1.85km/h INS)，与用式(13-29)给出带速度辅助信息的等效噪声带宽 $B_2 = 259.501$ 相比较，它是 B_1 的34倍。这样，带有惯性速度信息辅助的跟踪环有宽的噪声带宽。

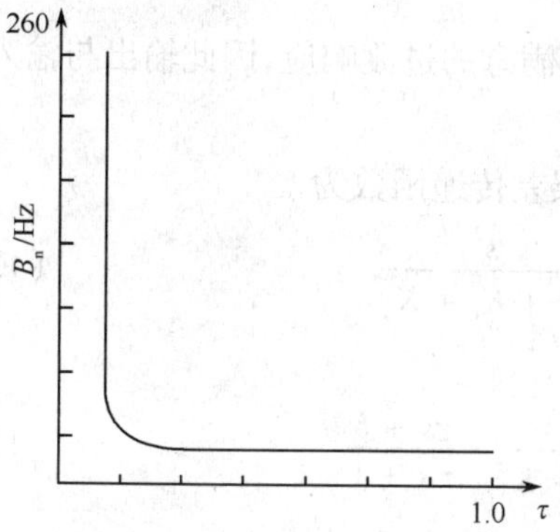

图 13－9　等效噪声带宽随参数 τ 的变化($b = 0.001$)

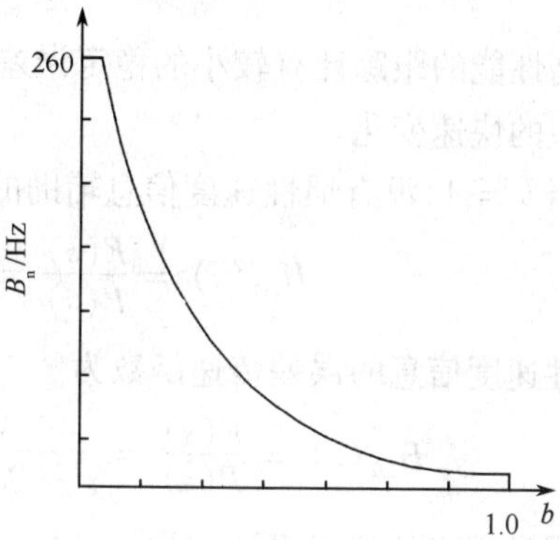

图 13－10　等效噪声带宽随参数 b 的变化($\tau = 0.001$)

表 13－2　等效噪声带宽和参数 b、τ 之关系

$\tau = 0.001$		$b = 0.001$	
b	B_n	τ	B_n
0.001	259.501	0.001	259.501
0.01	255.0025	0.01	34.917
0.02	250.009	0.02	22.363
0.06	230.892	0.06	8.564
0.20	169.901	0.16	10.211
0.70	31.288	0.18	9.949
0.90	10.495	0.32	8.968
0.95	8.391	0.70	8.213
0.97	7.896	0.76	8.161
0.98	7.723	0.90	8.065
0.99	7.599	0.99	8.011
1.00	7.525	1.00	8.012

为有允许的动态性能，DLL 必须设计有足够的噪声带宽(Parkinson,1996)。对于 GPS 测量，动态性能与卫星的运动和接收机的移动有关。对于高动态用户，尤其需要有较宽的噪声带宽。

13.2.3 跟踪环性能分析

高性能的跟踪环有较小的稳定误差和满意的过渡响应,因此输出与输入一样,有相似的快速变化。

当 $b = 1$,没有惯性速度信息辅助的误差传递函数为

$$H_{\text{er1}}(s) = \frac{E(s)}{P(s)} = \frac{s^2}{s^2 + K_s + K_a} \tag{13-30}$$

有惯性速度信息的误差传递函数为

$$H_{\text{er2}}(s) = \frac{E(s)}{P(s)} = \frac{s^2}{s^2 + K_s + K_a} \cdot \frac{\tau s + b}{\tau s + 1} \tag{13-31}$$

可以假设用户的位置表达式为

$$p(t) = p_0 + vt + \frac{1}{2}At^2 \tag{13-32}$$

式中 p_0—— 初始位置;

v—— 速度;

A—— 加速度;

t—— 持续时间。

没有惯性速度信息的稳态误差可表示为

$$E_{\text{ss2}} = \lim_{s \to 0}[s \cdot H_{\text{er1}}(s) \cdot p(s)] = \frac{A}{K_a} \tag{13-33}$$

而有惯性速度信息的稳态误差可表示为

$$E_{\text{ss2}} = \lim_{s \to 0}[s \cdot H_{\text{er2}}(s) \cdot p(s)] = \frac{bA}{K_a} \tag{13-34}$$

给定 $b = 0.001$,有

$$\frac{E_{\text{ss1}}}{E_{\text{ss2}}} = 1000 \tag{13-35}$$

这样,没有惯性速度信息的稳定误差是有惯性速度信息的 1000 倍。

13.2.4 过渡响应时间

通常的传递函数为

$$H(s) = \frac{c_1 s^{k-1} + c_2 s^{k-2} + \cdots + c_n}{s^n + a_1 s^{n-1} + \cdots + c_n} \tag{13-36}$$

状态方程为

$$\dot{X}(t)=\begin{bmatrix}0&1&\cdots&\cdots&0\\0&0&1&\cdots&0\\\vdots&\vdots&\vdots&\vdots&\vdots\\-a_n&-a_{n-1}&\cdots&-a_2&-a_1\end{bmatrix}X(t)+\begin{bmatrix}0\\\vdots\\1\end{bmatrix}u(t)\quad(13-37)$$

输出方程为

$$y(t)=[c_n\quad c_{n-1}\quad\cdots\quad c_1]x(t)\quad(13-38)$$

根据式(13-23),没有惯性速度信息的状态方程和输出方程可写成

$$\begin{bmatrix}\dot{x}_1(t)\\\dot{x}_2(t)\end{bmatrix}=\begin{bmatrix}1&0\\-k_a&-k\end{bmatrix}\begin{bmatrix}x_1(t)\\x_2(t)\end{bmatrix}+\begin{bmatrix}0\\1\end{bmatrix}u(t)\quad(13-39)$$

和

$$y(t)=k_a x_1(t)+kx_2(t)\quad(13-40)$$

相应的,由式(13-24),有惯性速度信息的状态和输出方程可以写成

$$\begin{bmatrix}\dot{x}_1(t)\\\dot{x}_2(t)\\\dot{x}_3(t)\end{bmatrix}=\begin{bmatrix}0&1&0\\0&0&1\\-\dfrac{k_a}{\tau}&-\dfrac{k\tau_a+k}{\tau}&-\dfrac{1-b+k\tau}{\tau}\end{bmatrix}\begin{bmatrix}x_1(t)\\x_2(t)\\x_3(t)\end{bmatrix}+\begin{bmatrix}0\\0\\1\end{bmatrix}u(t)\quad(13-41)$$

和

$$y(t)=\frac{k_a}{\tau}x_1(t)+\frac{k\tau_a+k}{\tau}x_2(t)+\frac{1-b+k\tau}{\tau}x_3(t)\quad(13-42)$$

当 $k=20,a=10.1$,应用4阶 Runge - Kutta 算法,式(13-40)、式(13-42)的过渡时间与参数 b、τ 的关系如图13-11和图13-12所示。

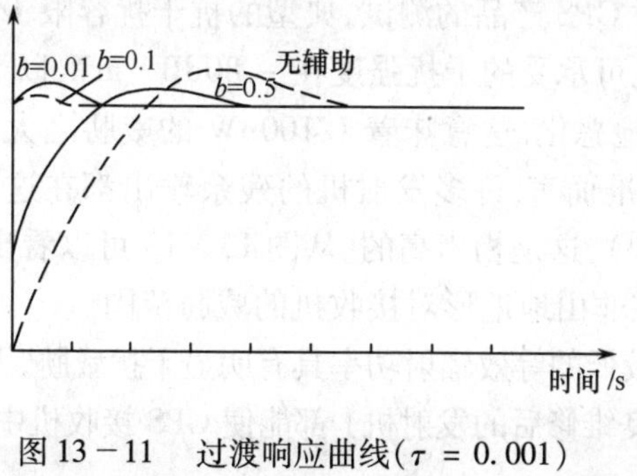

图13-11　过渡响应曲线($\tau=0.001$)

从图13-11和图13-12可以看出,跟踪环的响应时间随 b 和 τ 的降低而降低,当误差带宽为2% 时,没有惯导速度信息的响应时间是0.35s。当 $b=0.001,\tau=$

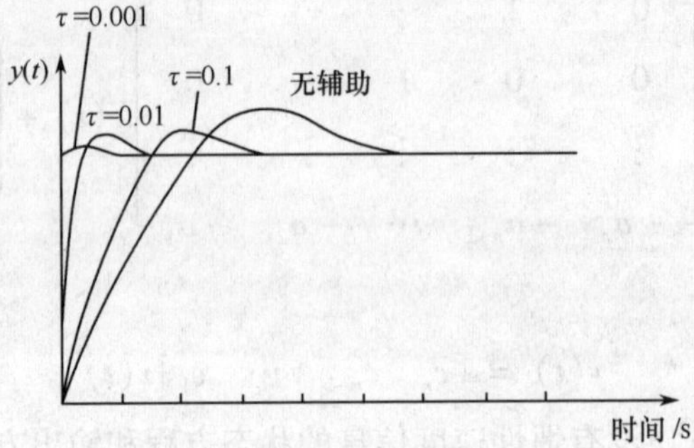

图 13－12　过渡响应曲线(b = 0.001)

0.001,没有惯导速度信息的过渡响应时间是 0.0035s。于是,没有惯性辅助信息的过渡响应时间是有惯性速度辅助的 100 倍。

13.3　用户机时域滤波器抗干扰技术[23]

卫星导航用户机在实际应用环境中,无线电干扰是不可避免的,尤其在复杂的战场环境下,对通信和导航设施的人为干扰是多种多样的,不但强度大,而且干扰的方式多。抗干扰需要从频域、时域着手分析。用户机时域滤波器是从时域的角度出发,设计一个时域(Temporal) 滤波器,以对抗窄带干扰源。介绍的内容包括由 David M. Upto 等提供的采样速率、A/D 深度、IF 频率和 IF/RF 滤波器等研究内容,以及目前的商用产品 AIC－2000、AIC－2100,抗窄带干扰的能力已达 50dB。

13.3.1　干扰对卫星导航完好性的威胁

卫星导航接收机在适度的干扰总量下,必须接收处理比热噪声电平还低 30dB 的微弱信号。基于对 GPS 产品的测试,典型的抗干扰容限 J/S = 30dB。保险的做法是,普通商用接收机可承受的干扰强度在 －80dB · mW 以下。任何天线,前置放大器的增益使其过早地恶化,这意味着 1/100nW 的威胁之大。就美国联邦部航空局(FCC) 的可接收标准而言,许多发射机的残余输出都在这个范围内,根据发射机输出的功率 ERP(W),这是相当高的。从图 13－13 可以看出,假设干扰辐射为 1W 的各向同性干扰,在非山地地形对接收机的威胁范围。

图 13－13 中,较低的等效辐射功率具有明显干扰威胁,无意的干扰源(如调谐不准确的发射机或不良维修后的发射机) 都能使 GPS 接收机中断跟踪。

13.3.2　解除用户机威胁的方案综述

解决用户机干扰源的3个方案之一是使用频谱滤波器,用于抑制 RF 或 IF 带外

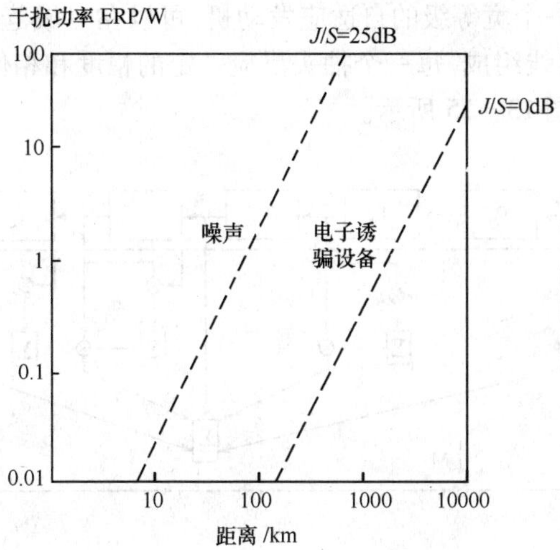

图 13－13　GPS C/A 码捕获易损性

及带内干扰。对于带外干扰，多极陶瓷或螺旋谐振器可提供可选择信号增益，以对抗干扰源。通常是设计成声表面波 SAW 滤波器，以达到很高的抑制率。当干扰在滤波器的通带以内时，从频谱上分离出干扰信号是非常困难的。频谱滤波器虽然也有效，但成本高于时间滤波器。时间滤波器的原理是连续确保只处理卫星导航信号，而不处理其他的临近用户信号。频谱滤波器是利用傅里叶变换（FFT）技术，工作在基带或 IF 频率上，其典型文献是 milstein 提供的"扩频通信中的干扰抑制技术"（proceedings of the IEEE，Vol. 76. June 1988）。

时间滤波器应用多前端复合天线及信号处理技术，确认到达阵列不希望的信号，如图 13－14 所示。它依赖的是数字处理技术。其缺点与简单用户机相同：带有多前端的多天线和联合处理器需要执行算法。时间滤波器可以工作在很宽频带的噪声源上，能用于军事用户机对抗有意干扰。

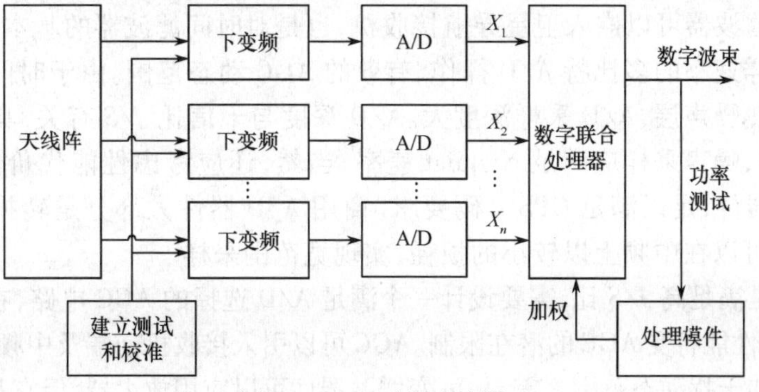

图 13－14　时间滤波器

时间滤波器是一个宽等级的自适应发动机，可以在时域范围内增强所需要的信号。它由抽头延迟线组成，每一个抽头反应一定的幅度和相位。N 个抽头的时间滤波器及其算法如图 13－15 所示。

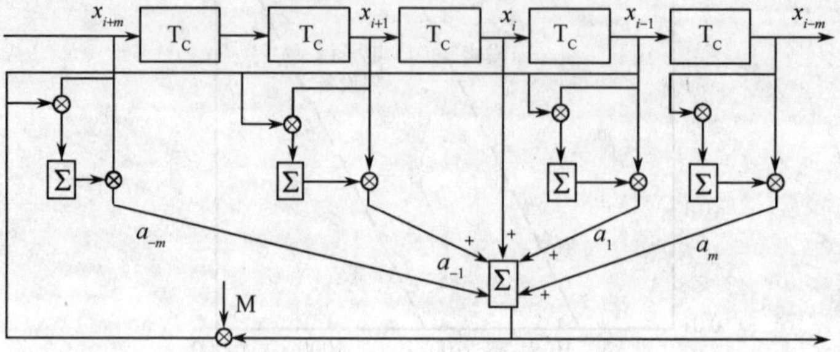

$$
\text{运算}\begin{cases} y_i = x_i \cdot \sum_{k=1}^{N} a_{-k} x_{i+k} \cdot \sum_{k=1}^{N} a_k x_{i-k} \quad i = 1,2,3,\cdots,N \\ a_k < - a_k + m y_i x_{i-k} \quad k = -N,\cdots,N \end{cases}
$$

图 13－15　时间滤波器结构

每个抽头的权自适应对应每个时钟，N 个抽头的滤波器有 N 个修改指令。所以，时间滤波器是一个完整的通用信号处理器件，不需要外界控制，按需要的目标进行编程，从而在时域内或增强或抑制某些特有的信号。产生的新信号叠加在原信号上，从而完成滤波输出。实际上，一个 20 抽头的完整变换，可以抑制 $(N-1)/2$ 个窄带干扰，这个干扰带有 N 个抽头滤波器的拓扑特点。当干扰无输出时，不伤害卫星导航信号，对于单连续波(CW) 有 50dB 的抑制能力，其性能结果如图 13－16 所示。

13.3.3　利用时间滤波器抗干扰的实用考虑

时间滤波器可以嵌入卫星导航接收机，也是对时间滤波器的基本要求，还包括适合采样速率的多比特 A/D 操作、有效的 AGC 动态范围。由于时间滤波器必须采样到热噪声层，A/D 采样深度大。A/D 深度与干信比 J/S 有关，典型的至少是 8b 采样，噪声采样应满足 Nyquist 速率。当然，还应考虑性能代价。现在已有 12b A/D 器件，足以满足 GPS P 码要求。商用 A/D 器件大部分是转换到基带采样。现在，可以在中频上以较小的损耗，实现宽范围采样。

关键是满足高 J/S 比，需要设计一个满足 A/D 选择的 AGC 电路，在大多数情况下，ATF 性能将受 AGC 的潜在限制。AGC 可以引入接收机前端及中频放大器件，满足信号加干扰动态范围之需要。可变增益器件可以应用放大器，但它是用固定增益工作，应配以可变 PIN 二极管衰减器。

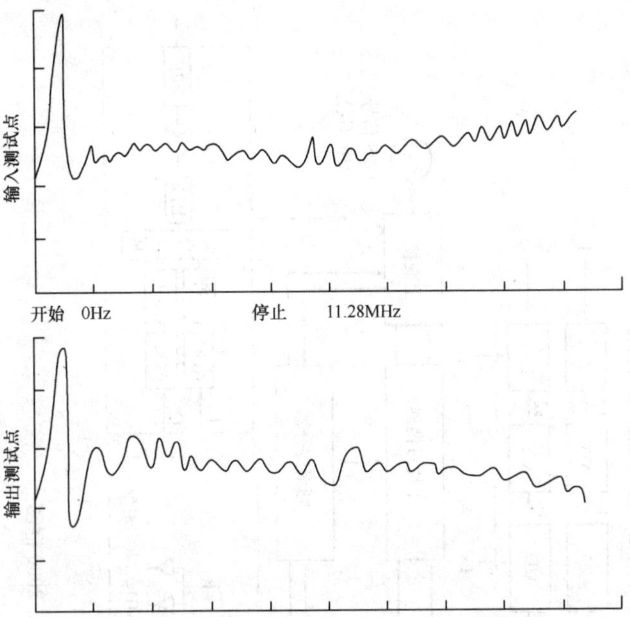

图 13－16　自适应截断滤波器对 CW 干扰测试结果

13.3.4　Mayflower AIC$_s$ 介绍

Mayflower AIC 2000、AIC 2100 已经成为成熟的 GPS 接收机抗干扰时间滤波器产品。采用 I/Q 同向正交变换处理，所有的本地振荡器安排在下变频器和上变频器电路中。由于滤波源相同，没有频率偏差。

参考时钟在等待执行期间是稳定的，在 GPS 接收机应用中，AIC LO 本地振荡器注入频率需要一个偏置，亦允许 GPS 信号的多普勒频偏进入。Mayflower AIC 2000 附有 P 码能力，有同任何接收机相同的接口和干扰检测器，并能锁定在精密的系统时钟上。两种 AIC$_s$ 均有一个双变换超外差下变频器，具有宽的 AGC 动态范围。图 13－17、图 13－18 分别为 AIC 2000、AIC 2100 的框图，表 13－3 为 AIC 2000 的测试结果。

表 13－3　AIC 2000 测试结果

售货主	J/S(BASELINE)	I/S(W/AIC 2000)	抑制器
A_1	35dB	59dB	24dB
B_1	21dB	47dB	26dB
C_1	33dB	60dB	27dB

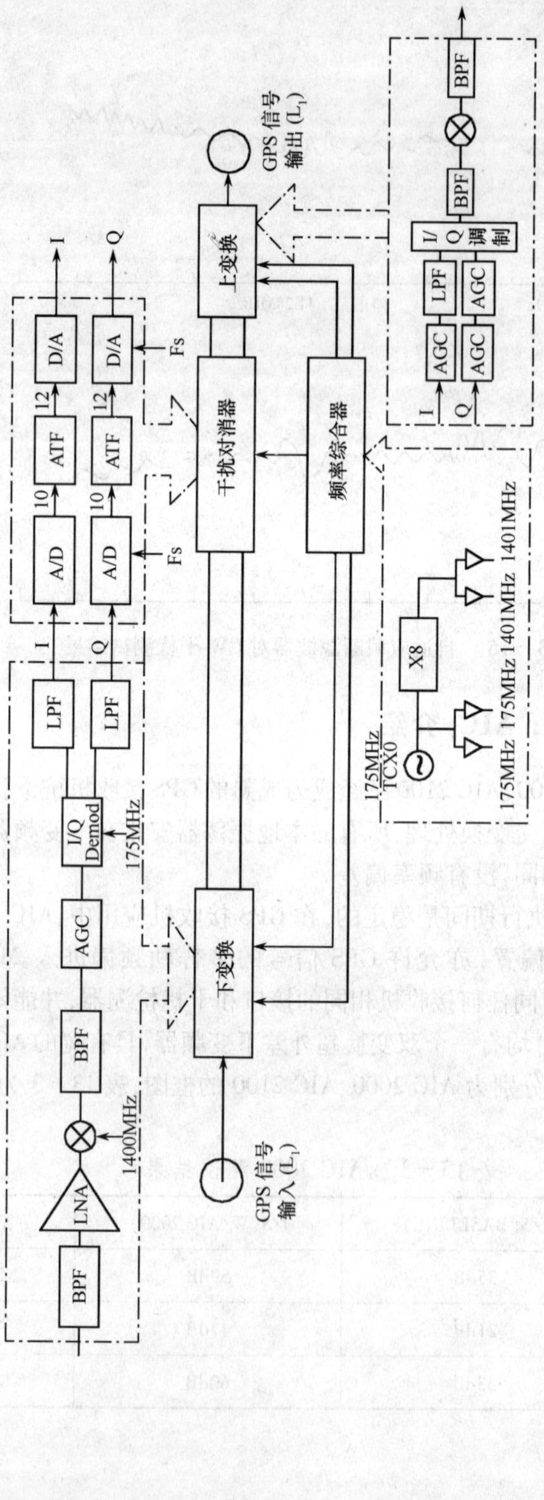

图 13-17　AIC 2000 框图

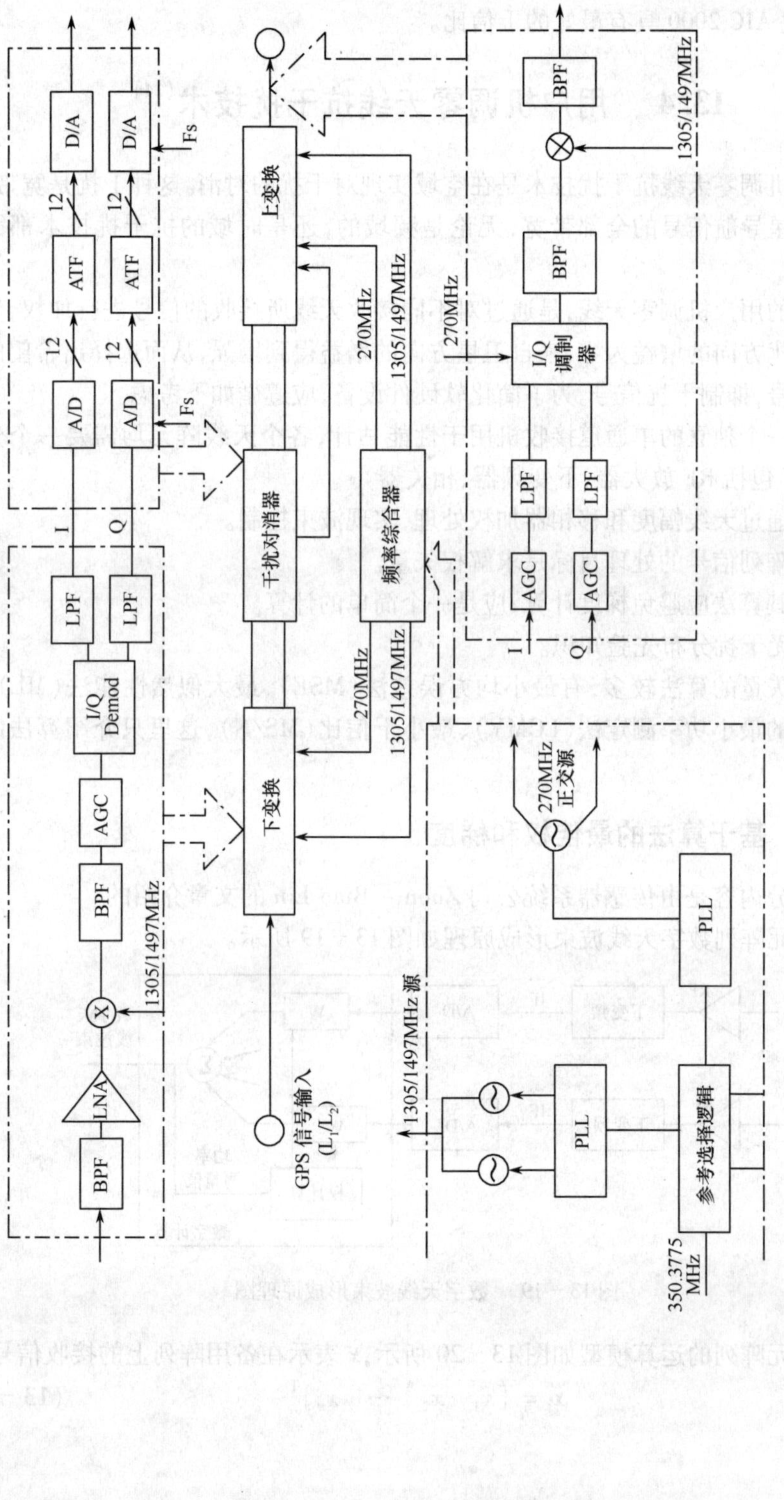

图 13-18　AIC 2100 框图

I/S 为干扰对 GPS 信号的最大干信比，在此干信比下，接收机能正常工作。由此可见，宽 AIC 2000 具有最好的干信比。

13.4　用户机调零天线抗干扰技术[24]

用户机调零天线抗干扰技术是在空域实现对干扰的对消。这种干扰是宽带的，估据了卫星导航信号的全部带宽，无论是频域的，还是时域的抗干扰技术都无济于事。

所谓的用户机调零天线，是通过对不同接收天线所接收的信号进行加权，使来自恶意干扰方向的增益为零，来自卫星方向的增益得到增强，从而选择出希望的导航卫星信号，抑制干扰信号。为了简化软硬件设备，应遵循如下考虑。

（1）一个独立的单通道接收机用于性能估计，各个天线阵元均需要一个分开的接收机（包括 RF 放大器、下变频器、相关器）。

（2）通过天线幅度和移相器加权处理，实现波束控制。

（3）阵列信号的处理目标是求解权矢量。

（4）其算法应避免梯度计算，应是一个简单的计算。

（5）无干扰分布先验知识。

加权矢量的算法较多，有最小均方误差法（MSE）、最大似然性能法（ML）、线性约束下的最小功率测定法（LCMV）、最小干信比（MS/N），这里只介绍算法的基本概念。

13.4.1　基于算法的最佳权和梯度

此部分内容是由传感器系统公司 Zhen - Biao Lin 的文章介绍的。

N 单元阵列数字天线波束形成原理如图 13-19 所示。

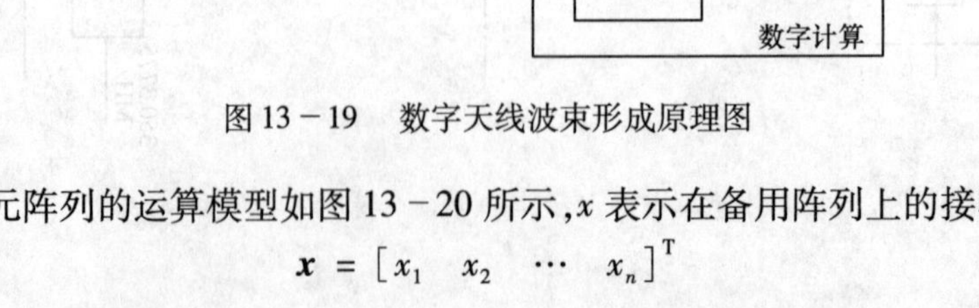

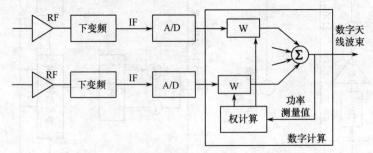

图 13-19　数字天线波束形成原理图

N 单元阵列的运算模型如图 13-20 所示，x 表示在备用阵列上的接收信号。

$$\boldsymbol{x} = [x_1 \quad x_2 \quad \cdots \quad x_n]^{\mathrm{T}} \tag{13-43}$$

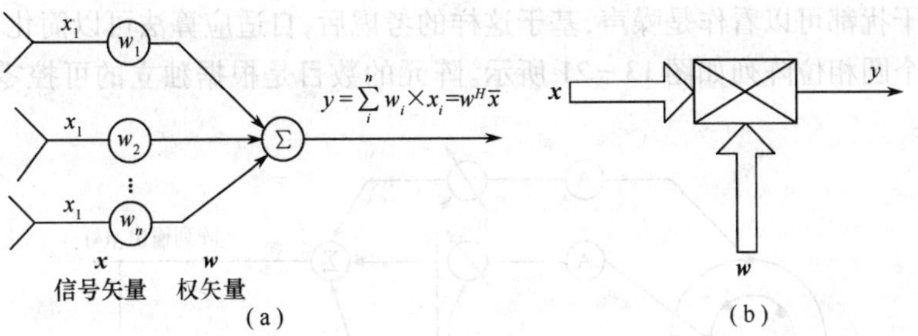

图 13－20　N 单元阵列运算模型

(a) 自适应阵列；(b) 符号。

阵列输出为 $y = w^H x$，权矢量 $\boldsymbol{w} = [w_1 \quad w_2 \quad \cdots \quad w_n]^T$，设参考矢量 x_0、y 和 x_0 之间的误差是 ε，阵列输出的最小方差为

$$J(w) = E\{(wx - x_0)(wx - x_0)\} \tag{13-44}$$

就 w 而言，最佳阵列为

$$\boldsymbol{W}_{opt} = \boldsymbol{R}^{-1}\boldsymbol{\gamma} \tag{13-45}$$

式中　$\boldsymbol{R}$——$n \times n$ 协方差矩阵，n 表示阵元；

$\boldsymbol{\gamma}$——$(n \times 1)$ 在备用阵元与参考阵元之间的相关矢量。

用式(13－45) 直接计算的缺点如下。

(1) 由于 $\boldsymbol{R}^{-1}$ 的计算将导致 $n \times n$ 逆矩阵的计算。

(2) 阵列中的所有单元是容易受影响的。

(3) 这些方法需要 $n(n+1)$ 个自相关和互相关。另外，当信号的统计特性发生变化时，计算是重复的。

式(13－44) 的性能函数可以看成碗形表面，所有的自适应计算可以看成是碗的底部，具有如下性质：碗形底部具有陡峭下降性能；最佳加权矢量为最小均方差(LMS)；性能函数 $J(W) \geqslant 0$，为数值函数。

为简化计算并降低小型 GPS 天线的成本，自适应天线由移相权和单接收机组成，下面的分析就是基于这样的考虑。

13.4.2　导航接收机自适应相位圆阵列

对于任何全球卫星导航系统，如有 24 颗以上卫星(GPS 卫星星座包含 24 颗卫星:21 个工作卫星 +3 个备份卫星) 分布在 6 个轨道平面上，每个平面在赤道上为等间隔，用户在任何时间在视场内可见到 6 颗 ～11 颗卫星。然而，卫星导航接收机定位原理，对二维定位仅需 3 颗卫星，对三维定位仅需 4 颗卫星。因此，对于定位来说，不需要主波束跟踪任意一颗 GPS 卫星，这是由于有冗余的卫星数，且卫星在运动过程中。另外，被接受的 GPS 信号电平在 －135dB · mW，C/A 码和 P 码的热噪声底层是 －114dB · mW 和 －104 dB · mW，GPS 信号在噪声底层 20dB ～30dB 以下。

所有的干扰都可以看作是噪声，基于这样的考虑后，自适应算法可以简化。

一个圆相位阵列如图 13－21 所示。阵元的数目是根据独立的可控零，或零深而定的。

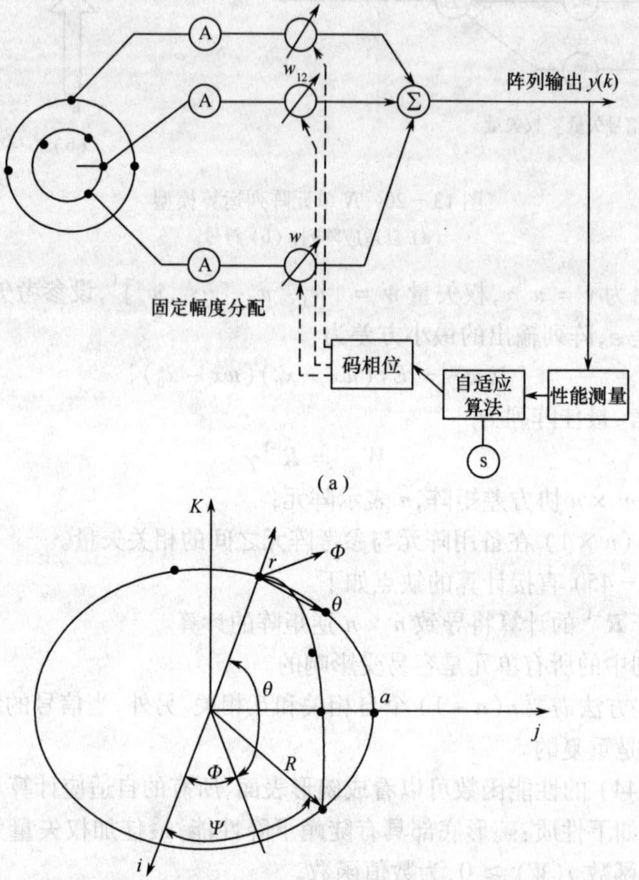

图 13－21 圆阵列坐标系统及框图

(a) 只有相位自适应权的圆阵列；(b) 圆阵列及坐标系统。

1. 最佳相位权和波束空间分解

在式(13－45)中，所有幅度和相位的最佳权是线性的。W_{opt} 的解是唯一的。而仅有相位阵列的零合成分析是困难的。仅有相位形式的权限制是主要困难，各个权必须满足：

$$w_i^* w_i = 1 \quad 对于每个 i \tag{13-46}$$

式(13－44)MSE J(W) 最小化必须联合式(13－84)的约束，那么由式(13－43)给出的最佳相位权为

$$W_{opt} = (\boldsymbol{R} - \boldsymbol{\Lambda})^{-1}\boldsymbol{\gamma} \tag{13-47}$$

式中　$\boldsymbol{R}$—— 接收信号的协方差矩阵；

γ—— 接收信号和参考元之间的互相关系数；

$\boldsymbol{\Lambda}$—— 算法矩阵，$\{\boldsymbol{\Lambda}\}_{ij} = \lambda_i$ 拉格朗日乘法器。

由于式(13-46)是非线性的，那么式(13-46)、式(13-47)的零控问题也是非线解。可利用波束分解开发一个高效率的算法计算权 W，用 Baird 和 Rassweiler 给出了最佳相位阵权的算法：

$$W_{\mathrm{opt}} = \boldsymbol{D}\left[V(\theta_s) - \sum \gamma_k v(\theta_k)\right] \tag{13-48}$$

式中　$\boldsymbol{D}$—— 带有 d_i 分量的实对角线矩阵；

$v(\theta_k)$—— 指向矢量($k = 1,2,\cdots,k$)与干扰零有关。

在式(13-48)中，各个 w_i 由 d_i 定标，d_i 必须为满足式(13-46)w_i 的大小而调整，d 不能影响相位，因此最佳相移可写成

$$w_i = \mathrm{phase}[w_i]$$

有

$$w_i = \mathrm{phase}\left[w_i(\theta_s) - \sum \gamma_k v_i(\theta_k)\right] \tag{13-49}$$

$$\mathrm{phase}[x + jy] = \arctan(y/x)$$

式(13-48)导出有趣的概念：波束空间分解允许减少搜索空间的维数，从阵列元素 n 到干扰个数 k，$n \gg k$。

2. 圆阵列最佳权

由于导航卫星数的冗余性，因此不需要波束指向各个卫星，式(13-49)中的第一项将被消除，因此，在多重干扰的场合，i 分量的最佳权为

$$w_i = \mathrm{phase}\left[-\sum_k \gamma_k v_i(\theta)_k\right] \tag{13-50}$$

图 13-21(b)中，在(ϕ_k，θ_k)方向的干扰为 $\boldsymbol{K}$，其 i 分量定位在方位 ψ_i，那么 $\boldsymbol{K}$ 干扰矢量可以写成

$$V^{\mathrm{T}}(\theta_k) = \left[\mathrm{e}^{j(2\pi\rho\cos\theta_k\cos(\phi_k-\psi_1)/\lambda} \quad \mathrm{e}^{j(2\pi\rho\cos\theta_k\cos(\phi_k-\psi_2)/\lambda} \cdots \mathrm{e}^{j(2\pi\rho\cos\theta_k\cos(\phi_k-\psi_n)/\lambda}\right] \tag{13-51}$$

式中　λ—— 波长；

ρ—— 半径。

因此，i 阵元的最佳相位权为

$$w_i = \mathrm{phase}\left[\sum_k r_k \mathrm{e}^{j[\pi+2\pi\rho\cos\theta_k\cos(\phi_k-\psi_2)/\lambda}\right] \tag{13-52}$$

在单干扰情况下，i 阵元最佳相位权可简写成

$$w_i = \pi + (2\pi\rho/\lambda)\cos\theta\cos(\phi - \psi_i) \tag{13-53}$$

式中　θ、φ—— 干扰源的高度角和方位角；

ρ—— 圆阵列半径；

ψ_i—— 阵列 i 元相对于参考轴的方位角。

3. 自适应算法

在所建议的算法中，搜索矢量$\{U_{ij}(m,n)\}$的正交性提供了非耦合搜索方向，$\{U_{ij}(m,n)\}$的各个矢量是一个$(m\times n)$矩阵，这里m、n表示ρ和φ的元号，在线性空间R里，$\{U_{ij}\}$为正交矢量：

$$\langle U_{ij},U_{k1}\rangle = \sum_m \sum_n U_{ij}(m,n)U_{k1} \quad (m,n) = 0 \tag{13-54}$$

设在时间K的相位矩阵为

$$\boldsymbol{w}(k) = \begin{bmatrix} w_{11}(k) & \cdots & w_{1n}(k) \\ \vdots & \vdots & \vdots \\ w_{m1}(k) & \cdots & w_{mn}(k) \end{bmatrix} \tag{13-55}$$

阵列输出功率$J(\cdot)$是移相器变化前后的测量值。用随机搜索确定下一个$w(k+1)$，假设$\gamma(k)$是各态经历的平稳序列，$J(w_k)$是采样测量的时间平均值，上述过程可以重复。重复过程将连续至满足性能为止，如零深度达到-35dB为止。

自适应处理在本质上形成所选择的U_{ij}的线性结合，迅速发现式(12-52)所表达的最佳相位权。这是一个复杂的随机搜索。将自适应步距和正交距阵$\boldsymbol{U}_{ij}$的控制结合在一起，$\{U_{ij}\}$的正交性与搜索方向分离。现行的算法提供了一个避免本地最佳的梯度算法。在这种情况下，有本地最佳和全球最佳两种，本地最佳可以阻止当梯度计算时的全球收敛性。

4. 单元圆阵列

一个4单元的圆阵列原理如图13-22所示，它包括一个阵列、3个4bit移相器、相应的合成器、相位权，由外部计算机控制。模拟计算和实际测试表明，在1575.42MHz ± 10MHz的频带宽度内，零深均超过35dB。

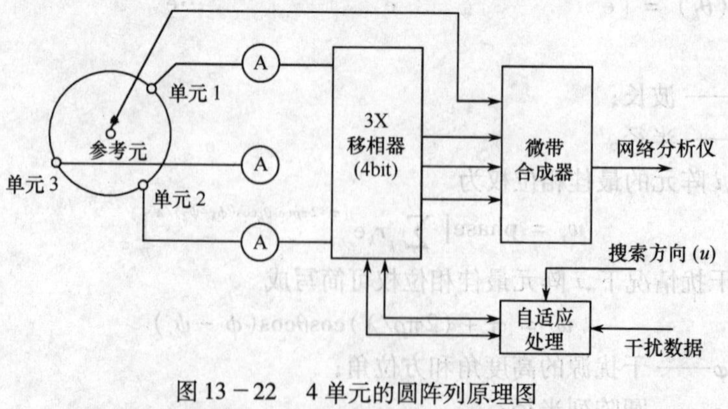

图13-22　4单元的圆阵列原理图

13.5　卫星导航兼容接收机[1]

卫星导航兼容接收机用于对目前已建成或即将建成的GPS、GLONASS、伽利略和北斗导航系统导航卫星信号的接收、伪距测量和定位。如果上述四大系统均具有24颗以上卫星的全球系统,那么在用户视场内,可见卫星数为$(6\sim 11)\times 4 = 24\sim 44$颗,可以极大地增强卫星导航的可用性、连续性、完好性和精度。至少在和平时期对民用用户,尤其是民用航空用户,是极其宝贵的资源。由于用户定位只需4颗卫星,参与定位的卫星如果来自两个系统,需增加一颗卫星完成两个系统的时差测量;如果来自3个系统,需增加2颗卫星,用6颗卫星共同完成定位测速任务。当然,卫星的完好性由系统通过GEO卫星完成。为了使定位卫星有极大的可选择性,设计$4\times 4 = 16$个不同卫星系统的接收相关处理通道是不经济的。设计6个可兼容接收多系统导航卫星信号的方案是合理的,这就是兼容机的设计理由。

13.5.1　多系统兼容的可行性

一个有限接收机通道的用户机,只要上述4个系统(或指定几个系统)中任一个系统的卫星完好,就能确保定位、测速的性能吗?除了系统应完成卫星的完好性监测与预报外,用户机兼容的可行性如何?这是必须回答的问题。

上述四大系统的信号频率、编码方案、卫星位置预报与解算模型,如果相差不大,兼容性是易实现的。从目前系统特点出发,GPS与GLONASS兼容的困难较大,如果完成了兼容设计,就可以进一步推广。下面专门对这两个系统的用户机的兼容性设计进行讨论。

GLONASS采用L频段双频工作,L_1频段的频率$f_1 = 1602\text{MHz}\sim 1615.5\text{MHz}$,$L_2$频段的频率$f_2 = 1246\text{MHz}\sim 1256\text{MHz}$。与GPS不同,GLONASS系统中卫星识别采用的是频分方式,一颗卫星给定一个频率,即为FDMA识别方式。各频率按取值为:$fn = f + \Delta f$,$f = 1602\text{MHz}$(或1246MHz),$n = 0\sim 24$,频道识别号$n = 0$,作检测用,Δf为频道间隔,L_1的频道间隔为0.5625MHz,L_2的频道间隔为0.4375 MHz。与GPS一样,在所辐射的载波上,为双向相移键控(BPSK)调制方式,调制在L_1上有粗码(C/A码,民用码)和精码(P码,军用码),而L_2上目前只调制精码。与GPS一样,GLONASSL_2的P码辐射功率和L_1上相同(GPS的L_1C/A码比P码高了3dB),而且码速率也不相同,GLONASS的C/A码为0.511Mb/s(GPS为1.023Mb/s),P码为5.11 Mb/s(GPS为10.23Mb/s)。由于两个系统都采用扩频调制方式,因此,GLONASS的频谱密度近似为GPS的一半。

GLONASS的调制信号是由伪随机测距序列和星历数据或时标序列及100 Hz方波经模2加而成。调制信号的形成如图13-23所示。

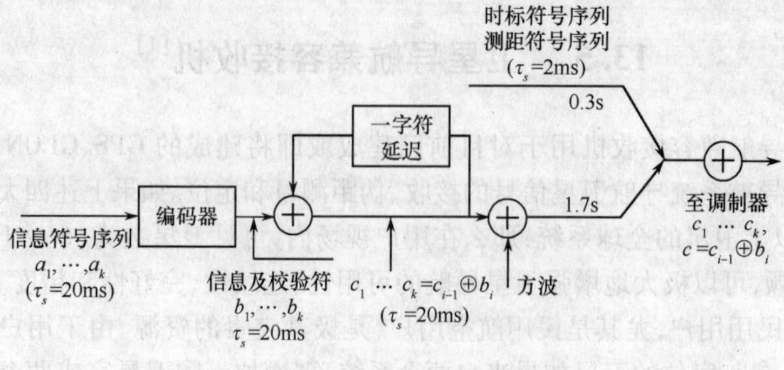

图 13－23　GLONASS 调制信号形成

图 13－23 中，信息符号序列 $a_1 \cdots a_k$ 在编码器中进行校验编码后，变成信息及校验符序列 $b_1 \cdots b_k$，它与一字符延迟的 C_{i-1} 进行模 2 加，获得 $c_1 \cdots c_k$ 序列，即相对码，再与 100Hz 的方法进行模 2 加，避免导航电文中连续多个‘0’或‘1’造成过大的直流分量，影响载波环的跟踪。这样产生的数据序列为 1.7s，再加上 0.3s 的时标随机（截断的）符号序列，构成2s 子帧（或一行）的连续序列，再加测距用的伪随机符号序列，进行模 2 加，最后获得扩频调制信号，送调制器进行 BPSK 调制，从而获得所需的扩谱信号。

就 C/A 码而言，测距用的伪随机符号序列由 9 级线性移位寄存器组成，其特征多项式为

$$G(x) = 1 + x^5 + x^9$$

测距伪码移位寄存器的结构如图 13－24 所示。

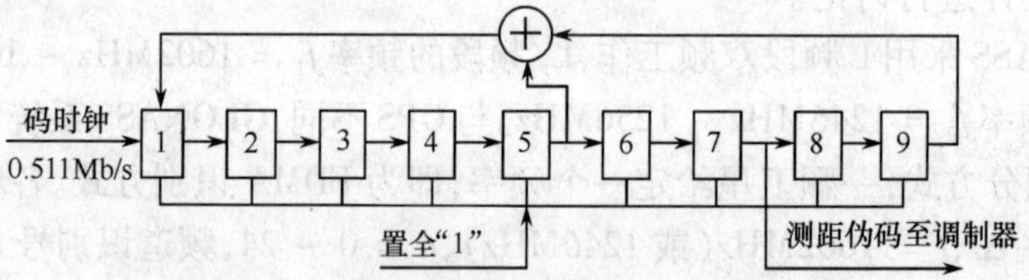

图 13－24　测距伪码形成结构

测距伪码从第 7 级输出，移位寄存器的初始状态为全“1”，伪码信号的初始字符为 111111100，码时钟为 0.511Mb/s，重复周期为 1ms。

时标二进制码为一个截短了的二进制伪随机序列，序列长度为 30 个字符，每字符持续 10ms，共 0.3s，伪随机时标序列的生成多项式为

$$G(x) = 1 + x^3 + x^5$$

序列形成为

111110001101110101010000100101110

每 2s 为一行的数字信息的第一个字符恒为“0”，它是一个“空”位，正好补足了前一行(子帧)被截短的伪随机序列，成为一个完整的伪码序列。另外，此“0”位也用作差分码(相对码)解调的参数。

所发射的导航信号中，每 2s 为一行的边沿，数字信息符的边沿、方波字符的边沿、伪随机时标字符的边沿，以及测距伪随机序列字符的边沿，都是相互同步的，方波字符边沿表示信息字符的边沿，与测距伪随机序列的前沿对准。导航信号中，时标伪随机序列最后一个字符的后沿是一个时标，它与莫斯科法定时间一天的起点差一个以卫星时间标度表示的整偶数秒的时刻对准。

GLONASS 不像 GPS 那样，用卫星轨道参数表示星历，它是卫星在地心直角坐标系中的位置(x,y,z)和它们对时间的导数，即(x,y,z)及(x',y',z')来表示星历。这些数据在其标定值之前 15min 更新，更新率一般为 0.5h。在其最大老化时间 ± 15min 内，推算出的卫星位置误差，在数值上与 GPS 用经典开普勒方程推算的误差相差不多。由于其数据更新率为 0.5h(比 GPS 的数据更新快 1 倍)，所以 GLONASS 发布的星历数值中，只含有与其系统时的时差 a 和时差漂移率 a_1，而没有时差漂移率随时间的变化量 a_2，表 13－4 列出了 GPS 和 GLONASS 两个系统时钟校正参数。

表 13－4　GPS 和 GLONASS 时钟校正参数

参量	最大校正范围 GPS	最大校正范围 GLONASS	单位
a_0	$\pm 9.766 \times 10^{-4}$	$\pm 9.766 \times 10^{-4}$	s
a_1	$\pm 3.725 \times 10^{-9}$	$\pm 9.31 \times 10^{-10}$	s/s
a_2	$\pm 3.553 \times 10^{-15}$		s/s^2

GLONASS 历书中，只包含有将系统时换算为莫斯科主钟协调时 UTC(SU)的校正值 A(相应地，在 GPS 历书中包含有系统时与 UTC(USNO)的时钟校正值 A_0 和时差漂移率校正值 A_1)。GPS 的这一参数更新率(6 天)较 GLONASS(1 天)慢得多。由于世界协调时(UTC)是以置于巴黎的主钟作标准，为了使两个系统的时间归入同一时间系统，应将它们和巴黎主钟标定的世界协调时联系起来。考虑到莫斯科主钟和巴黎主钟是借助于电视和 Lora－C 相联系的，其误差可高达 1μs(相当于 300m 测距误差)，而美国 USNO 与 UTC 是基本相同的，经常用作 UTC，这是应当设法消除的，或者由系统用专门的方法给出，或者由用户通过观测多余卫星直接解算出。图 13－25 说明了两个系统时之间的关系。

此外，GLONASS 发送的电文数据中，没有电离层校正参数，无法进行电离层的模式修正。在 GPS/GLONASS 兼容机中，可借用 GPS 电离层校正参数进行模式修正，但是单 GLONASS 接收机就没有单频使用的方便条件了。所以，GLONASS 系统准备在改进型 GLONASS－M 型卫星 L_2 频率上加 C/A 码，从而使民间用户也可用

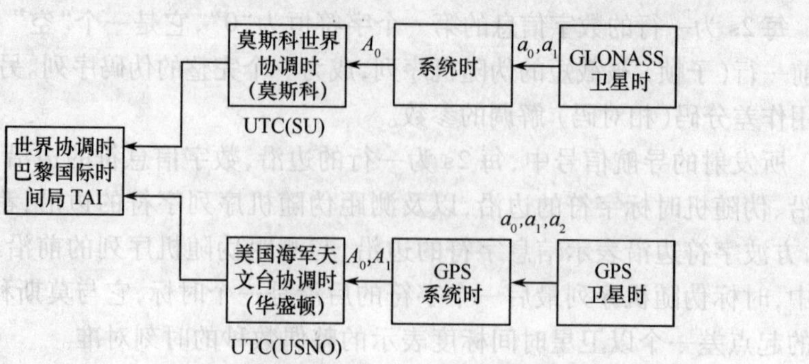

图 13－25　GLONASS 和 GPS 相对 UTC 的时间关系

双频来进行电离层修正。当然，利用双频修正电离层加大了用户使用成本。根据上述分析，以便对相同之处采用共同处理，对不同之处分别处理，其特征比较见表13－5。

表 13－5　GLONASS 与 GPS 特征比较

序号	项目	GLONASS	GPS
1	组网卫星数	24	24
2	轨道平面数	3	6
3	轨道倾角	64.8°	55°
4	轨道高度	19100km	20180km
5	运行周期	11h15min	11h58min
6	星历数据报告方式	笛卡儿坐标位置、速度、加速度表示	卫星轨道的开普勒方程表示
7	测地坐标系统	SGS－85（PZ－90）	WGS－84
8	测距信号相位锁定	GLONASS 同步码上	GPS 同步码上
9	时间基准	UTC（SU）	UTC（USNO）
10	历书内容	120b	152b
11	历书发送时间	2.5min	12.5min
12	卫星信号识别	频分多址	码分多址
13	测距码类型	最长序列伪随机码	Gold 码
14	码元数	511	1023
15	码钟频率	0.511MHz	1.023MHz
16	测距码周期	1ms	1ms
17	临近频道相互隔离	－48dB	－21.6dB

（续）

序号	项目	GLONASS	GPS
18	同步码重复周期	2s	6s
19	同步码比特数	30	8
20	数据形式	相对双向电平码	不归零(NRZ)电平码
21	工作频段	L_1:1602.5625MHz ~ 1615.5MHz L_2:1240MHz ~ 1260MHz	L_1:1575.42MHz L_2:1226.7MHz
22	接收信号功率	-161dBW	-160dBW
23	电波激化模式	右旋圆极化	右旋圆极化
24	数据率	50b/s	50b/s
25	电离层校正参数	无	有

1. 两个系统相同点的利用

（1）GLONASS和GPS都工作在L频段，在L_1的最大频率差为40MHz，相对频率差为2.5%，都是右旋圆极化，因此射频信号可以用同一副兼容天线来接收，并可同用一个低噪声前放和后置滤波器进行放大和滤波。

（2）两个系统都是用伪随机码进行扩频调制的伪随机码测距系统，因此解扩时可用同样的相关器进行解扩和载波恢复处理，用同样的方法实现信号的捕获、跟踪、伪距测量和定位解算。

（3）两个系统卫星轨道高度、倾角、扁率都基本相近，因此相对于用户的多普勒频率也基本相同，可采用相同参数的载波环和码环，进行跟踪处理。

（4）两个系统都有24颗卫星，且几何分布、运行周期大致相同，因而可组成混合定位星座。历书参数的格式基本相同，故可进行统一的预报算法，从而可最大限度地保持最佳DOP值，得到最好的定位测速精度。

（5）两个系统的测距码周期同为1ms，因而可用同一个本地1ms去读取两个系统的相关累加数据、伪距测量数据、多普勒测量数据，同时也可用统一的中断信号控制处理机的工作。

（6）两个系统卫星所发射的功率基本相同，故可用相同的信道增益，分别放大GPS和GLONASS到采样电平，为两个系统共用射频通道创造了条件。

（7）两个系统发布的电文数据都是50b/s，便于用统一的格式进行电文处理、收集、存储。

2. 两个系统不同点的处理

（1）卫星识别方式不同，GLONASS为频分多址识别。为了进行兼容处理，可把码发生器作为既能产生GPS的所有32种码，又能产生GLONASS码，将数字频率综合器做成能输出GLONASS所需24个点频和一种GPS所需的本振。就码发生器而言，两个系统的码结构（生成多项式）各不相同，GPS是用Gold码，它由两个最大长度序列均为1023码元的伪随机码 $G_1(t)$ 和 $G_2(t)$ 的抽头模2加形成复合的C/A码族，而GLONASS采用单一最大长度序列伪随机码，其生成多项式为 $G(x) = 1 + x^5 = x^{-3}$。另外，码钟频也不一样，因此GLONASS发生器必须单独生成，选通输出。就数控频率综合器而言，GLONASS要求提供一个步进为0.5625MHz的数控频率综合器，输出24个点频，以对应24颗不同的卫星，而GPS只需一个单一的本振，使IF频率变换到一个统一的频率上。因为两个系统的参考频率是相互独立的，因此需单独分别综合。

（2）电文格式不同。GPS超帧电文长度12.5min，分为25帧，每帧1500b，共30s，每帧分为5个子帧，每子帧300b，$6S_0$ 分成10个字节，每个字节30b，其中24bit为信息位，6bit为奇偶位，每子帧开头8bit的巴格码为时间同步码，其后为遥测信息。第二字为HOW字，其中的Z计数给出当前时间（从本周午夜零时起算），其标称时间定义在下一子帧前沿，Z计数单位为1.5s。第一子帧余下的bit，发送卫星时间及改正参数，第2、3子帧发送卫星的星历参数，第4子帧发送电离层改正参数，GPS系统时间与UTC（USNO）时差信息以及24～32号GPS卫星的历书参数，每帧的第5子帧主要由1～24号卫星的历书参数组成，供卫星预报用。历书参数至少要12.5min才能收齐，方能进行预报。无预报时，单GPS接收机只能盲目搜索天空，所以单GPS接收机冷启动需要较长的时间，而GLONASS整篇电文的发送为2.5min，故冷启动时间一般较短。这是GLONASS电文编排上的优点，在GPS/GLONASS兼容机中，可以利用这一优点，先完成GLONASS卫星收星，加快冷启动过程。GLONASS的整篇电文由5帧组成，每帧1500b（30s），每帧又分为15子帧，每子帧100b（2s），其中1.7s为信息位，0.3s由截短的随机码构成，作为同步码，即时间标志码（定义为时标码结束时刻）。所以两个系统从电文同步，时标码确定，都各不相同，对于GPS来说由1ms累加值的+，-跃迁，找出比特交界，确定比特同步后，便可用寄存器的巴格码模型与接收机的数据流进行逐一比对，找到同步码，然后进行电文处理、存放。

等到下一个子帧的前沿来到时，使获得时间同步标志，对用户钟进行置位。而GLONASS同步过程是先找到10ms时间码符号跃迁点，以得到时标序列字符，逐一与GLONASS时标码模型比较，找到同步码及2s的时标，其后跟着1.7s的信息位。要获得电文数据，先需对100Hz的方波调制的双电平码进行解调，即以01作为“0”比特，10作为“1”比特，然后再解调相对编码，便可得到GLONASS电文数据码，再按每子帧85b进行收集，用其中8b的汉明码进行校验，获得正确的电文，以备收集整理、存储用。

（3）两个系统的时间基准不同。GPS系统时间是以UTC（USNO）为基准，而GLONASS系统时以UTC（SU）为基准。两个基准之间可差几毫秒，且不固定，是时间的函数。如果在 GLONASS – M 星上增加两个系统的时间偏差，此问题亦可获解决；如果在北斗卫星上增加 GPS、GLONASS 与北斗卫星时间系统差，也同样获得解决。

(4) 两个系统坐标基准不同。GPS 使用 WGS – 84 地心地固坐标系，而 GLONASS 采用 SGS85（或 PZ – 90）地心地固坐标系，两个系统尚无统一而精确的转换参数，比较通用的主要有以下 3 种：

① WGS – 84 与 SGS85 的转换公式：

$$\begin{bmatrix} x \\ y \\ z \end{bmatrix} = \begin{bmatrix} 0 \\ 0 \\ 4.4 \end{bmatrix} + \begin{bmatrix} 1 & 0 & 0 \\ 8 \times 10^{-6} & 1 & 0 \\ 0 & 0 & 1 \end{bmatrix} \begin{bmatrix} u \\ v \\ w \end{bmatrix} \tag{13-56}$$

② WGS – 84 与 PZ – 90 的转换公式：

$$\begin{bmatrix} x \\ y \\ z \end{bmatrix} = \begin{bmatrix} 0 \\ 0 \\ 2 \end{bmatrix} + \begin{bmatrix} 1 & 2 \times 10^{-6} & 0 \\ 2 \times 10^{-6} & 1 & 0 \\ 0 & 0 & 1 \end{bmatrix} \begin{bmatrix} u \\ v \\ w \end{bmatrix} \tag{13-57}$$

③ 1996 年 M/T 提出的新转换公式：

$$\begin{bmatrix} x \\ y \\ z \end{bmatrix} = \begin{bmatrix} 0 \\ 2.5 \\ 6 \end{bmatrix} + \begin{bmatrix} 1 & -1.9 \times 10^{-6} & 0 \\ 1.9 \times 10^{-6} & 1 & 0 \\ 0 & 0 & 1 \end{bmatrix} \begin{bmatrix} u \\ v \\ w \end{bmatrix} \tag{13-58}$$

利用上述公式，地面点在两个坐标系的位置差约 15m，平均 5m。上述分析的结论是：多系统兼容接收机可行。

13.5.2　兼容机工作模式及性能设计

目前兼容机的工作模式应做到可任意选择单 GPS 定位，单 GLONASS 定位，GPS/GLONASS 混合定位以及二维或三维定位选择。今后增加了北斗、伽利略导航系统，也应该有独立选择和混合选择的模式。从目前开展的研究来看，利用 GPS、北斗导航系统，兼容工作基本上可满足高等级民用区域服务。

在卫星的选择上应主动选择有完好性信息的卫星，否则通过接收机自主完好性 RAIM 来完成，势必增加接收机的工作量。兼容机应该按顺序首先自动选用有完好性信息的卫星，如果卫星数不足，可自动通过接收机自主完好性自动选择。这种灵活的方式，可以最大限度地满足用户需要，与系统完好性监测与预报紧密结合，得到最佳的定位结果。

在卫星数目不够的情况下，还可以采用历书模式定位（即用历书参数代替星历参数，进行卫星轨道粗略算法和用户位置粗略算法，改善长码直捕条件）、高度保持模式、时间保持模式等缩短首次定位时间。

兼容机的性能设计包括兼容机的适应性和应用的广泛性各方面要求，以下要求可以折中考虑。

1. 多种输出接口

由于兼容机的用途比单一系统（如 GPS）更为广泛，其中最大的应用领域将是民用航空和空中管制等要求可靠性高的场合，更迫切满足 Ⅰ 类精密进近的高精度、高可靠性场合。因此，应有满足航空设备的 ARINC429 接口、各种差分定位接口（RTCM SC－104）等。

2. 丰富的导航软件

导航软件包括陆地、海上、空中及机场数据库等。

3. 积分多普勒伪距平滑

积分多普勒与伪距差成正比，所以积分多普勒计数器可视为伪距差的测量，但它的精度比码相位测量高两个数量级。第 i 次伪距测量值，可以用 $i-1$ 次的伪距测量值加上第 $i-1$ 和 i 次之间的多普勒计数值乘以波长得到，也可以用 i 次测量值与多普勒计数平滑值进行加权计算。加权的大小，可视伪距测量值的精度而定，一般可取2∶8或3∶7。用这种办法可以提高单次伪距测量精度，然后再进入导航滤波器进行滤波、定位处理。也可以利用高伪距更新率进行平滑，得到较低位置的更新率的定位数据。这种平滑，当伪距更新率在 0.1ms/次以下时，可直接进行伪距平均，将噪声测量误差降低至 $1/\sqrt{N}$，其中 N 为平滑次数。

4. 动态适应能力

兼容机主要解决高动态下高可靠性、高精度定位，应有较宽的动态适应能力，包括速度和加速度，满足近地卫星精密定位等。

5. 接收机自主完好性 RAIM 功能

兼容机的主要对象是航空导航用户。单系统难以完成所需的精度、可用性、连续性、完好性要求，只有多系统才有足够的卫星数满足上述要求。但必须随时测出不可用卫星信号，以确保完好性指标。所以，除了在系统级提供兼容卫星的完好性广播外，接收机自身应有很强的 RAIM 性能。

13.5.3　兼容机的基本组成及工作原理

下面将以 GPS/GLONASS C/A 码兼容机为典型例子，介绍兼容机的基本组成及工作原理。

1. 基本组成

兼容机组成如图 13－26 所示。

GPS/GLONASS 兼容机一般由宽带天线／前放单元、RF/IF 射频单元、数字信号处理单元、频率综合单元、导航定位及滤波处理单元、显示控制单元及 DC－DC 电源单元组成。

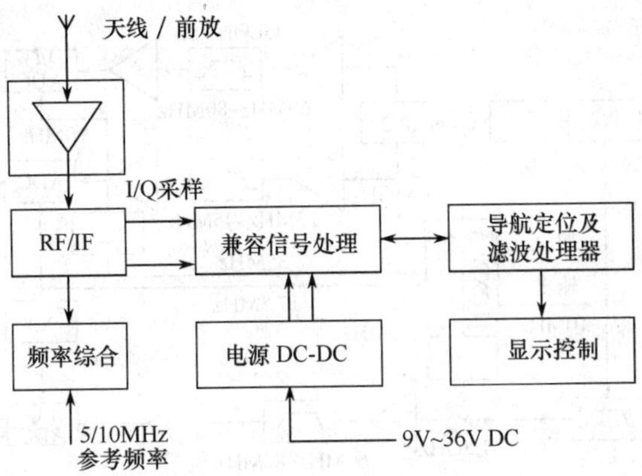

图 13－26　GPS/GLONASS 兼容接收机框图

1）天线／前放单元

右旋圆极化 L 频段宽频带天线，对于单频接收机的频率范围为 1575MHz ~1615.5MHz ±5.11MHz，对于双频接收机的频率范围为1220MHz ~1615.5MHz。

为了防止近强场干扰对前放的烧毁，宽带天线应该加预选滤波器，但必须尽量降低滤波器的插入损耗，以免造成灵敏度的显著下降。

低噪声前置放大器是整机灵敏度的保证，噪声系数应尽量少，其增益根据所需馈线的长度而定，一般为30dB ~ 40dB。天线／前放在机外工作，必须适应全天候工作。

2）RF/IF 单元

从天线前放馈送下来的 RF 信号经放大滤波、下变频器将导航信号移到中频，然后放大变换到基带附近。最后进行所需的采样，一般采样钟频在 17.5MHz，正交采样的数据送数字信号处理器。图 13－27 为美国 3S 公司 R－100L_1/L_2 RF/IF 单元框图。

3）GPS/GLONASS 数字信号处理单元

由 RF/IF 单元所产生的 I/Q 采样信号和时钟，连接到兼容机数字信号处理器，由微机控制，连续对多个 GPS 卫星和 GLONASS 卫星信号进行捕获、跟踪、伪距测量、电文解调，并将定位数据和完好性数据送到微处理器进行定位解算和完好性计算。

4）频率综合单元

频率综合器的参考频率为 5MHz/10MHz，可由内部的温补晶振提供，也可由外部的更稳定的 5MHz/10MHz 参考钟提供。经锁相倍频、分频、综合出兼容机所需的各种本振和采样时钟。

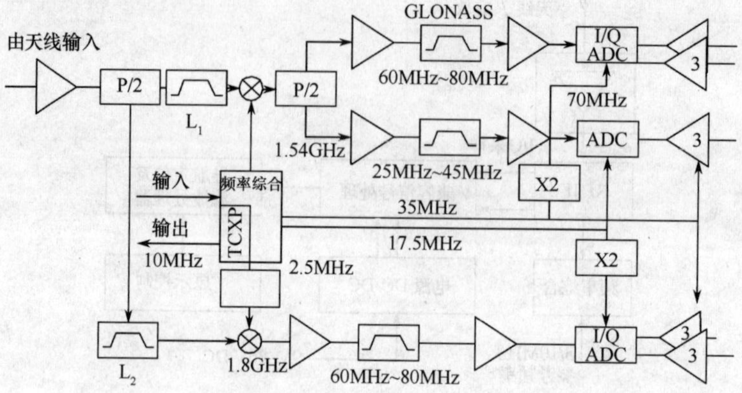

图 13-27 美国3S公司 R-100L_1/L_2 RF/IF 单元框图

5）导航定位及滤波处理单元

数字信号处理器在导航定位及滤波微处理机控制下工作，首先对健康卫星完好性信号选择，并按最佳几何精度因子，选定星座，提供最佳定位精度。微机在获取了电文和测量的伪距后，进行滤波和定位解算，显示位置及时间状态信息。

6）显示控制单元

显示控制单元有 3 个功能，一是对接收机功能进行控制，输入初始设置参数；二是显示航行参数、位置、时间、航迹略图等；三是与外部通信，与其他导航设备联用，进行自动导航等。

7）DC-DC 电源变换单元

为了在各种电源条件下，使用 DC-DC 电源变换器要求有较宽输入电压范围(9V ~ 36V)，以便可以在船上(12V)、汽车(12V)、坦克(36V) 等设备上应用。

2. 工作原理

如图13-26 所示，GPS 和 GLONASS 的 RF 信号(L_1，L_2) 经共用天线接收，通过预选、前放，并由射频电缆馈送到 RF/IF 单元。在 RF/IF 单元中，首先通过功率分配器 P/2，将信号分成 L_1、L_2 两个通道，在每个通道中先进行第一次变频。为使 GLONASS IF 频谱中心落在 70MHz 左右，GLONASS 本振频率选在 1540MHz，下变频后的中频 IF。再经 P/2，将 GLONASS 和 GPS 分别放大滤波，GLONASS L_2 本振为 1182.5MHz。这样，L_1/L_2 中频都潜在 60MHz ~ 80MHz 带宽内，然后用一种特别平坦的群延迟声表面波滤器(SAW) 进行滤波，滤波后的 IF 信号，都将通过一个有 AGC 控制的放大器并加到一个正交 I/Q 下变频器，这个变频器(第二次变频) 由 70MHz 的本振信号来完成。由下变频器获得的 I/Q 基带频谱，其中心频率位于 0Hz 左右，对于 L_1/L_2 的每一个频带的 I. Q 支路，由一个 3b 的模/数变换器(ADC) 进行数字变化，它所采用的中频为17.5MHz。对L_1-I、L_1-Q、L_2-I、L_2-Q采样后的样品，通过差动的ECL驱动器送入数字信号处理器。

对于GPS来说，由GPS L_1通道来的信号经过第一次下变频，1575.42MHz的RF信号变为35.42MHz的IF信号。此中频信号在分离的GPS通道内进行放大和滤波，然后用35MHz的本振信号(L_0)，将它变换到基带，再用3b的ADC进行数字化。ADC的采样钟和GLONASS的一样，也采用17.5MHz数据比特也适用差动的ECL驱动器，送到数字信号板去。

所有的本振(L_0)信号和数字化用的采样钟都被锁相到同一个5MHz或10MHz参考振荡频率上。1pps的定时信号来自5MHz/10MHz参考源，通过缓冲器，送到数字处理板，在数字处理板中，与来自接收到的卫星信号求出的1pps定时信号进行比对，并随进行修正。接收机利用其载波跟踪环和码跟踪环，对卫星进行跟踪，其中载波环一般为二阶或三阶，视接收机的动态性能而定。设计者需要选取环路参数，使之能满足动态性能，又能减少噪声误差。

因为载波环为高阶环，满足动态要求，码环可以用一阶环，仅以载波多普勒的一部分进行辅助，因此码环的动态可以小得多。

对于每一颗被跟踪的卫星，要对几个数据进行测量，才能进行引导航定位解算，位置是利用伪距来确定的，而速度和加速度是利用载波相位的累加值和伪距变率(即多普勒)来确定的。

伪距的表达式为

$$PR = R + c(\Delta T_{\mathrm{R}} - \Delta T_{\mathrm{SV}}) + T_{\mathrm{iono}} + T_{\mathrm{ropo}} + \mathrm{SA} + n$$

按常规进行校正计算。

累积的载波相位测量，由载波相位整周数和载波相位分数部分组成，这些数据是在卫星被跟踪的时刻得的，任何瞬间的失锁都将引入新的整周模糊度。

从一个历元到下一个历元间的累积载波相位的改变，表示接收机天线与卫星发射天线之间的相对运动速度。

累积载波相位为

$$\phi = R + c(\Delta T_{\mathrm{R}} - \Delta T_{\mathrm{SV}}) - T_{\mathrm{iono}} + T_{\mathrm{fropo}} + N_{\mathrm{p}} + \Delta\mathrm{SA} + n$$

式中　ϕ——累积的载波相位；

R——伪距；

c——光速；

ΔT_{R}——接收机钟差；

ΔT_{SV}——卫星钟差；

N_{p}——整周模糊度；

SA——选择可用性引起的误差；

n——噪声。

在连续的功元间隔之内,载波相位的改变为

$$\sigma\phi = v\Delta t + c(d_{r} + d_{sv}) + \Delta t_{iono} + \Delta t_{fropo} + \Delta SA + \Delta N$$

式中 V——Δt 时间间隔内的平均视速度;

d_{r}——用户接收机钟漂移;

d_{sv}——卫星钟漂移。

式中的电离层和对流层非常小,可以忽略,用户钟漂可作为导航解的一部分而被消去,卫星钟漂由导航电文提供。SA 的影响只有被认可用户才能消除。

由于用户接收机的运动,直接多普勒测量可用跟踪的频率与给定的卫星位置与用户所预期的位置产生的频率进行比较,便可得到直接的多普勒测量。用这种方法测得的值,比累积载波相位方法测得的值,一般来说含有更多的噪声,因为这是一种瞬间的测量。

因为 GLONASS 卫星在不同的频率上发射导航信号,对于整体精度来说,与频率有关的误差需要校准。例如,当考虑一个给定的较大的带宽时,对于各个频率的卫星信号来说,其硬件的。群时延是不相同的,而且还会引入通道间的不同时延。当然,考虑用 L_1、L_2 的测量值,也是如此。

当获得了上述测量数据之后,导航解算就简单了。位置和速度可以分开处理,以免造成矩阵过大。全部处理如下。

对于 GPS/GLONASS 混合工作,那么位置的求解存在 5 个未知量,3 个位置分量和接收机钟分别对 GPS、GLONASS 的钟差。对于速度解也有 5 个未知量,3 个速度分量和接收机钟分别对 GPS、GLONASS 的时差偏差率。所以,混合求解至少需要跟踪 5 颗卫星,对于每一个求解过程,测量值与导航解的关系式为

$$\Delta_{z} = \boldsymbol{H}\boldsymbol{\delta}_{x} \tag{13-59}$$

式中 δ_{z}——测量值残差矩阵,也就是所测得的量与估算量之差,估算时是以当前导航解为基础;

$\boldsymbol{H}$——测量矩阵,它由一组原始测量值组成,其中每一个原始测量值为一个单位矢量,它是从接收机天线指向卫星的,“1”代表可应用的时钟项,“0”代表其他钟误差;

$\boldsymbol{\delta}_{x}$——导航校正矢量,也就是位置(或速度)的校正矢量以及钟差(或钟漂的)校正矢量。

这里,校正值可以用卡尔曼滤波来实现、或者简单地用加权的最小二乘法来实现。加权需要预先安排,以便用来区分各种测量值之间的相对质量,特别是对没有 SA 的 GLONASS 测量值与GPS 值。

使用上一次的速度、加速度和钟漂,向当前历元推算,以确定下一个历元的导航解,这个值将由最小二乘法或卡尔曼滤波,对测量值进行求解。

13.6　卫星导航多模用户机

卫星导航多模用户机是中国卫星导航定位历史发展的必然结果，其“卫星导航多模式”的概念既包含了RNSS与RDSS两种定位模式，又包含了在RDSS定位体制中运行的移动卫星业务(MSS)。它既是以多模式定位方式提高了用户机的环境适应能力，增强了用户机的抗干扰性能和可用性，又从系统级，尤其是从用户端上解决了导航与通信的高度集成。将用户的定位信息，在导航定位系统的通道(NPC)内完成了向所需部门的位置报告和用户行动信息的交换，并进一步实现了用户的跟踪与识别等高级别用户功能。特别适用于陆地车辆导航与跟踪，还可替代过去常规的自动车辆定位监测或位置报告。在位置报告的同时完成车辆状况(如发动机温度)报告和货物环境测试(如温度)报告。安全报告是智能车辆公路系统的好帮手，它不同于一般的多模导航仪，仅完成多种模式的导航组合，如卫星导航与惯性导航的组合、卫星导航与天文导航的组合、卫星导航与磁罗盘及速度传感器的组合、卫星导航与罗兰导航组合等。这些组合始终是在导航设备的互联上做文章，手段虽然有所加强，用户负担却越来越重，没有产生系统集成的新效果，没有提高用户综合需求的满足程度，所以难以推广。

13.6.1　多模用户机的基本组成与工作模式

卫星导航多模用户机的基本组成如图13-28所示，它由天线前放单元、RF/IF射频模块、RDSS接收机、RNSS信号兼容处理器、导航处理器、频率合成器频率源、显示控制器和电源组成。

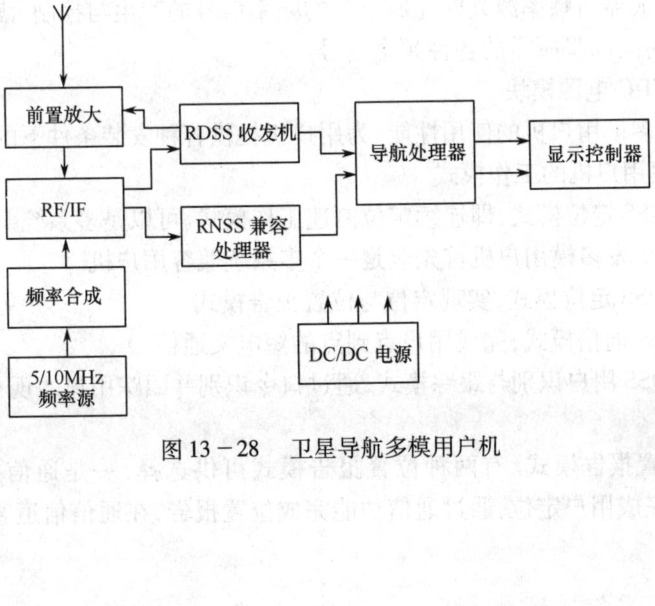

图13-28　卫星导航多模用户机

1. 天线前放单元

工作频段：RDSS(MSS)工作频段，发射 L 频率 1610MHz ~ 1626.5MHz，左旋圆极化。接收 S 频率 2483.5MHz ~ 2500MHz，右旋圆极化。RNSS 工作频段，L 频率 1200MHz ~ 1600MHz 右旋圆极化。

2. RF/IF 射频模块

该模块包括：RNSS 1200MHz ~ 1600 MHz 射频放大、中频变换中频放大，I/Q 采样；RDSS 2483.5MHz ~ 2500MHz 射频放大、中频变换，中频放大 I/Q 采样。

3. RDSS 收发机

RDSS 收发机包括 S 频段信号处理器、跟踪与时间同步处理、L_{RDSS} 信号发射时间同步、调制放大。

4. RNSS 信号兼容处理

根据所选择的卫星导航系统(北斗、GPS、伽利略、GLONASS)完成不同系统的卫星导航信号处理和伪距测量，对于航空民用导航用户机，以选择北斗、GPS 为主要处理对象，兼容处理伽利略等其他导航系统信号，其通道数 6 个 ~ 12 个。

5. 导航处理器

导航处理器完成 RNSS 导航定位及滤波处理、RDSS 通信及定位处理、位置报告处理，以及多系统定位融合处理，其导航处理就 RNSS 功能来说，是北斗、GPS 系统的兼容应用。

6. 显示控制器

实现自动与手动定位模式控制、定位与通信控制、位置报告模式控制与显示等。

7. 频率合成器

频率合成器与频率源共同完成全机的频率信号的产生与控制。满足上下变频、信号采样、时间同步所需的各种频率信号。

8. DC/DC 电源模块

为提高多模用户机的使用性能，为用户机提供各种安装条件下的电源选择。

9. 多模用户机的工作模式

(1) RNSS 定位模式，即连续定位测速工作模式。可以是多系统兼容混合处理，从这个角度出发多模用户机首先应是一个多系统兼容用户机。

(2) RDSS 定位模式，实现定位与位置报告模式。

(3) MSS 通信模式，完成用户点到点的短电文通信。

(4) RDSS 用户识别与跟踪模式，通过口令识别并跟踪用户的现在位置及运动轨迹。

(5) 位置报告模式。有两种位置报告模式可供选择，一是通信报告模式，由 RNSS 功能完成用户定位，通过通信功能完成位置报告，在通信信道直接传输位置数据;二是通过 RDSS 定位功能完成向中心控制系统的位置报告,信道中不传输位置信息数据,由中心控制系统根据时间同步信号解算用户位置坐标实现用户位置报告。

13.6.2　基本工作原理

1. RNSS 基本工作原理

该原理即为伪距定位工作原理,用户观测到 4 颗 RNSS 导航卫星的信号,完成伪距测量,实现用户机自主方式连续定位、测速。

2. RDSS 基本工作原理

中心控制系统在用户机同步应答的配合下完成用户的距离测量和定位处理,如果用户需要了解定位数据,通过 S 频段链路发送给用户机,如果还需作位置报告,由中心控制系统将定位信息通过不同的通信途径传送至报告接收者。一般以后一种工作模式为主。

3. MSS 工作原理

MSS 工作模式完成用户间短电文通信,通过中心控制系统创建的用户随接入系统,接收用户的通信信息,并通过 S 链路传给通信对象。

4. 接收 RNSS 信号下的 RDSS 定位及位置报告原理

在一般情况下,如果用户不需要实时通信,可不跟踪系统发布的 S 频段信号,只工作在 L 频段 RNSS 的工作状态,既可以完成 RNSS 模式下的连续导航定位,又可以完成向中心控制系统的位置报告,这里的关链是在 L_{RDSS} 应答(或报告)链路的信息中填上与 S 波束同步的帧号。下面介绍由 RNSS 信号获得 RDSS S 波束帧号的原理及算法。

这样工作的用户有一个先决条件,即用户跟踪的 RNSS 卫星应是包含 RDSS 功能的 GEO_S 卫星。

S 波束的出站帧号是周期为 1min 的超长帧,每一超长帧共有 1920 帧,每帧帧长为31.25ms。RDSS 中心控制系统根据用户入站的 L_{RDSS} 信号的时延和所携带的帧号,进行距离测量、位置解算和信息查询。用户不接收S 波束信号也可以从 RNSS 信号中换算相应的出站帧号,其基本依据是 RDSS 与 RNSS 均在同一时间系统下同步工作。计算 RDSS 业务响应帧号的实质,是归算到达接收机的 RNSS 信号对应的 S 频段接收时刻,并将它按整分时间,即超帧周期 1920 帧之模,换算成帧号。其已知条件如下。

(1) 选定 RNSS 工作卫星 GEO_S 为 RDSS 入站卫星,并将其中 RNSS 卫星钟差与北斗时的钟差 Δt_s 作为是已知条件之一。

(2) 由 RNSS 伪距测量和定位处理,获得本次伪距测量的本地时间 t_r 和多模用户的钟差 Δt_r。

(3) 将本次伪距测量结束时间作为接收S波束的相应时间,进行S波束的接收帧号换算,其主要步骤如下。

① 由GEO卫星RNSS L波束伪距测量时刻,从恢复接收信号中,确定接收L波束的本次时刻 t_r。

② 由卫星钟差 Δt_s 和接收钟差 Δt_r 将接收L波束的本地时刻换算成BD导航系统时刻,即

$$t_{BD} = t_r + \Delta t_s + \Delta t_r \tag{13-60}$$

③ 将 t_{BD} 按1min(60s)为模,被整除的余数 T_{1nter} 作为接收RNSS波束(即S波束)距整分钟时刻地时延。

④ 由 T_{1nter} 求接收S波束出站帧号,即

$$N_P = T_{1nter} \div 31.25(\text{ms}) \quad (T_{1nter}\text{ 单位为 ms}) \tag{13-61}$$

⑤ 当 N_P 为整数时,则 $N_S = N_P$;当 N_p 为非整数时,则 $N_S = N_P + 1$。N_S 为用户接收出站S波束帧号,NP为计算帧号的整数部分。

13.7　卫星导航与惯性导航组合系统

组合系统仍然是导航手段选择之一。因为导航涉及人的生命安全,所以采用一种措施难以满足可靠性和可用性需要,尤其是卫星导航系统是一种无线导航系统,尽管采取了各种抗干扰措施和低门限捕获跟踪手段,仍不可能在任何环境下均满足使用要求(尤其是武器制导系统),卫星无线电导航仍然有其不可抗拒的弱点,而组合导航(制导)能达到新的高等级的应用效果。

卫星导航与惯性导航相组合,既能克服惯性导航随时间漂移的弊病,又能提高抗干扰能力。组合导航除了利用惯导传感器辅助卫星导航的码跟踪环外,组合的重点是导航处理,通过两种手段不同精度残差的滤波处理(包括卡尔曼滤波与最小二乘法滤波)达到更高、更可靠的定位精度。因为卫星导航定位精度高,而惯性导航速度可靠(无载波失锁引起周跳),完全可以按照不同的校正矢量 $\boldsymbol{\delta}_x$,达到新的导航精度。但是,这种组合只有在大型船舶、飞机、弹道导弹才有条件实现,不适合机动性强的廉价导航用户。

图13-29为卫星导航与惯性导航(INS)组合系统的一般功能结构[13],在图13-29(a)、(b)的结构中把卫星导航接收机和INS看作是导航系统,其中卫星导航给出位置、速度和时间解(PVT解),而INS提供位置速度和姿态解(P,V,θ)。在图13-29(c)的结构中,把卫星导航和INS看作是传感器,它们分别产生视距测量(ρ、$\dot{\rho}$)和加速度/角速率(ΔV、$\Delta\theta$)。除了卫星导航和INS单元外,每种结构还包括各个数据路径以及执行组合算法的处理单元。

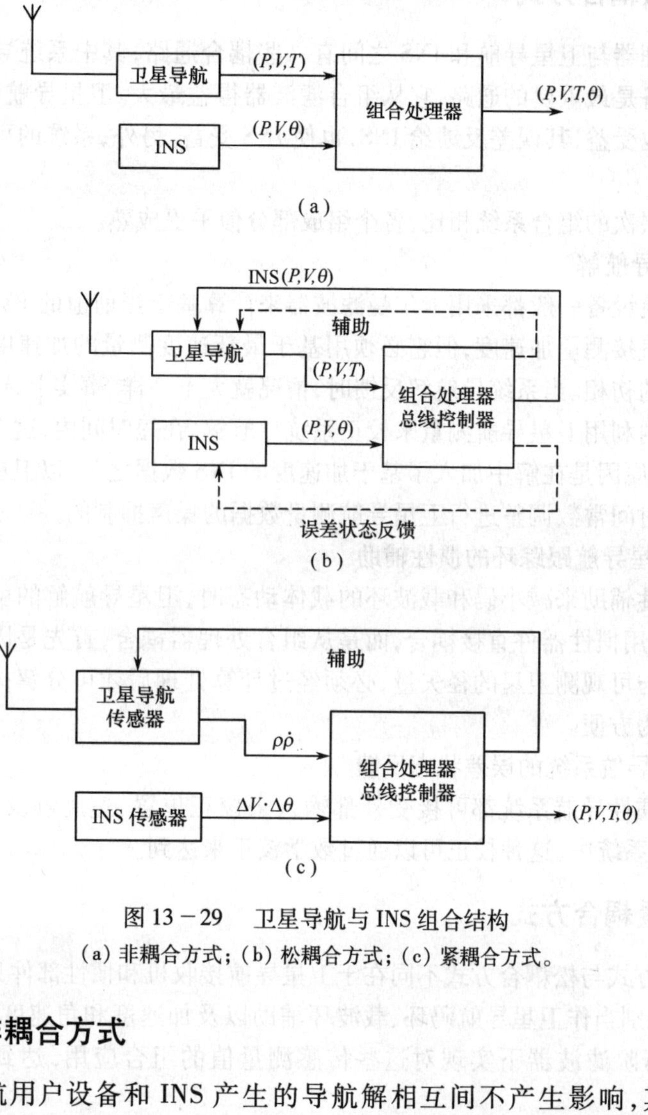

图 13－29　卫星导航与 INS 组合结构

(a) 非耦合方式；(b) 松耦合方式；(c) 紧耦合方式。

13.7.1　非耦合方式

卫星导航用户设备和 INS 产生的导航解相互间不产生影响，其组合导航解通过外部组合处理器得到。该处理器只进行选择输出，所有数据总线都是单向的。非耦合方式的特点是以卫星导航与 INS 导航功能的独立性为依据的，其优点如下。

(1) 当 INS 和卫星导航二者均可用的，这是一种最容易、最方便、最廉价的组合。

(2) 对分系统组合部分的故障具有一定程度的承受能力。

(3) 采用选择算法，提供的航路导航精度至少与 INS 相同。

13.7.2 松耦合方式

组合处理器与卫星导航和INS之间有一些耦合通路，其中系统导航解至卫星导航用户设备是最重要的通路，它从组合滤波器得益最大。卫星导航码环、载波环的惯性辅助也受益，其误差反馈给INS，也使INS受益。另外，系统的可靠性也得到提高。

与更高层次的组合系统相比，各个组成部分似乎更成熟。

1. 基准导航解

卫星导航设备一般都采用卡尔曼滤波器来计算基于当前值的PVT更新值，卫星导航并不直接测量加速度，但它必须用基于最新速度测量的加速度做估值来推算当前环路的初相。当系统导航解反馈时，情况就大不一样。事实上，可在用户设备导航滤波器内利用卫星导航测量来校正系统导航解。在短时间内，这个导航解是十分精确的，其原因是在解中加入了基于加速度的INS数据之后，以卫星导航接收机的滤波器的时间常数调整进行卫星导航测量数据的噪声抑制的。

2. 对卫星导航跟踪环的惯性辅助

当用惯性辅助来减小码和载波环的载体动态时，卫星导航解的可用性显著提高。之所以不用惯性器件直接耦合，而是从组合处理器耦合，首先是因为必须把速度变成用户与可观测卫星的径矢量，必须经过计算处理后才可分解；其次，这个耦合的接口更为方便。

3. 惯性导航系统的误差状态反馈

大多数惯性导航系统都可接受外部输入来校正位置、速度解及姿态对准。在“捷联”惯性系统中，这种校正可以通过数学校正来达到。

13.7.3 紧耦合方式

紧耦合方式与松耦合方式不同在于卫星导航接收机和惯性部件只限于传感器功能，它们分别当作卫星导航码环、载波环辅助以及加速度和角速度INS辅助。然后，在一个高阶滤波器下实现对这些传感测量值的组合应用，达到更高的PVT性能。

13.7.4 组合算法

卫星导航与INS组合导航的基本选择如下。

(1) 有INS重调和无INS重调的选择；

(2) 固定增益滤波器；

(3) 时变滤波器。

每一种选择都可以用图13-29中的任一结构，但较复杂的滤波器能得到更好的性能，还与输入信息的质量有关。

1. 选择算法

无论何时，只要卫星导航用户设备表明它的解在其允许的精度范围内（可以卫星导航性能系数 FOM 衡量），选择算法就选择卫星导航输出解（P,V,T）。当要求的更新速率高于卫星导航更新速率时，可以使用惯性导航数据在两次卫星导航更新间隔内内插。在卫星导航中断的，利用 INS 进行外推，则强制惯性导航解等于当前卫星导航解所指的速度或位置，这个过程叫“重调”。

2. 滤波算法

通常所述的滤波是指估计其变化过程用传播方程表征的时变状态。

状态一般不能直接测出，但可以根据相关测量推断出来。这时测量可以同时进行，也可以在一系列的不同时间点上进行。滤波器一般都含有测量统计内容。

状态的时间变化（传播）方式、各测量与状态、测量统计和测量数据的关联方式，在每次状态更新中都要用到，最常用的更新算法是线性滤波器。在该滤波器中，更新状态是各测量值与前一次状态值的线性加权之和。

飞机的位置和速度是可选滤波器中状态值的例子（全值滤波状态），对于全值位置和速度状态而言，传播方程仅是飞机的运动方程，为了使全值滤波器传播方程能更好地反映实际情况，可加上速度状态（否则就会把加速度当作噪声驱动速度的导数），卫星导航指示的位置和速度是测量的例子，全值状态的组合滤波器可对这些测量进行处理。在某些极端情况下，组合滤波器能忽略卫星导航位置以外的所有一切误差，且把位置当作组合后的位置。

在简化的情况下，GPS 位置权等于 1，而传播状态权为 0，把测量的权称为滤波器增益。为了确定测量以及各传播状态应该给予的权值，通常必须遵守这些原则。

状态的另一种选择是用 INS 给出的位置和速度误差（称为误差状态）。对于状态为惯导误差的滤波器来说，该传播方程的精度表达式近似为线性。如同全值状态那样，可以把外加的 INS 误差状态（如方位、倾斜误差、加速度计偏差和陀螺漂移等状态）加到滤波器中，以使传播方程能更好地反应实际情况。当然，滤波器反应实际情况的程度与估计精度有关。

对于有 INS 误差状态的卫星导航与 INS 组合滤波器来说，测量值实际上是卫星导航位置与 INS 位置之差及速度之差。如用全值状态的情形那样，必须遵循某些规则以确定在计算状态更新时应给予测量值多大的增益，以及传播状态多大的权值。

卫星导航 INS 导航组合系统的目的，是能发挥前者精度高，后者抗干扰能力强的优势。下面将列举一个卫星导航由于种种原因中断的例子，看看组合导航解的优势。

在《GPS 理论与应用》第 2 卷(上册) 第 7 章中,列举了军用飞机航空设备 RCVA 3A 与导航级平台式惯导组合的实验结果。假如在 GPS 信号中断之前,GPS 测量对惯导连续校准 7min,对 GPS 信号中断 5min 的误差增长结果如下。

(1)GPS 信号中断 5min 后的误差(CEP) 保持在 30m(而自由运行状态下惯导的水平误差为 1.0n mile/h)。

(2) 若把 21 个状态滤波器分解为"水平"和"垂直" 两个滤波器来实现,其情况将十分接近最优滤波性能,且具有良好的性能价格比,计算效率也大大提高。图 13-30、图 13-31 分别列出的位置均方误差(rms) 与时间关系的曲线和 GPS 信号中断期间向惯导系统误差增长的情形。在图 13-30 中,曲线 a 表示在大约 2550s 处丢失 GPS 信号后东定位导航误差(rms) 与时间的关系,在这种情况下,以一个 73 个全状态最优滤波器来处理惯导和 GPS 的位置和速度测量值。该滤波器中的动态,噪声参数以及测量噪声参数均与真实模型中的相符。当 GPS 信号丢失 5min 后,水平位置误差中的东向分量增加到 80 英尺(24.4m rms),低频率的 GPS 偏差误差未考虑在内。图 13-31 是各误差源对导航总误差所起的作用。在至少 10min 内,加速度计和重力扰动估主导地位。从信号中断后大约 1/4 个舒拉周期(22min) 起,陀

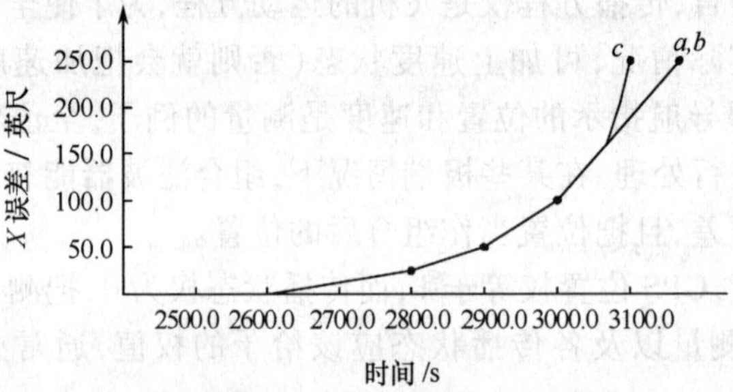

图 13-30 位置均方误差(rms) 与时间关系的曲线(GPS 中断于 2550s)

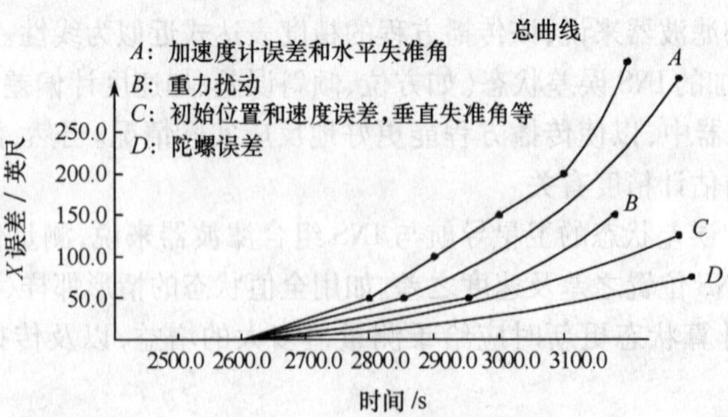

图 13-31 在 GPS 中断期导惯系统误差增长情形

螺误差才开始起主要作用,由上可以看出,GPS 与惯导组合后的性能将优于两者任一单独使用的性能,主要优点如下。

① 随机误差小于 GPS 单独使用时的导航误差。

② 在机动飞行期间和存在射频干扰(RFI) 情况下可提高 GPS 性能。

③ 导航解中的位置和加速度误差将受到 GPS 导航解中误差的制约。

④ 在 GPS 信号中断期间,经校准导航解的误差增长要小于未经校正的自由运行惯导的误差增长。

由于卫星导航与惯导的组合,将提高惯导系统初始反应能力,飞机不必在起飞前等待 5min ~ 10min 的初始对准。这对军用飞机来说,提高了生存能力。

在设计满足导航解要求的卡尔曼组合滤波器时,还必须考虑如下一些问题。

① 应该估计多少个状态?

② 滤波器的更新速率与载体的机动特性相关。

③ 如何处理相关测量?

④ 如何通过采用稀疏的状态动态矩阵或测量协方差矩阵来减轻滤波的计算负担?

⑤ 滤波器如何适应卫星星座变化的瞬态事件所引起的精度跃变?

⑥INS 和卫星导航组合状态下的完好性计算?故障异常诊断?

13.8　接收机自主完好性

13.8.1　RAIM 概念

RAIM,即接收机自主完好性,它是通过接收机自主测量和计算,检出有故障卫星的测量值,从而按照需要的精度自主选择可用卫星,达到确保定位精度的目的。它不同于地面系统完好性通道(GIC) 只检测有故障的不健康卫星,或只计算卫星的距离测量方差,它同样要应用地面系统 GIC 提供的完好性信息进行卫星选择,但仅有 GIC 检测是不够的。RAIM 在 1987 年以前都着重于自备性概念,1987 年由 R. M kalafus 建议的。以后人们不断丰富 RAIM 的测试方法。实质上,RAIM 的理论是一种统计的检测理论,其目的是:

(1) 是否存在故障卫星?

(2) 如果有故障是那一颗?

只回答问题(1) 足以满足辅助导航的应用,这是因为如果检测到了某种故障,还可以求助于可能的另一种导航系统。但是,在单一导航手段的时候,必须对问题(1) 和问题(2) 同时做出回答。此时,只需要识别故障卫星并从导航解中将其消除,所以飞机可以安全地根据不受损害的卫星导航系统来解决飞行问题。要确定故障卫星比确定有否故障要困难得多,它需要更多的冗余测量信息,还要进一步确定是否满足指定精度,比如 I 类精密进近所要求的定位精度。下面将以满足 WAAS 系统规定的 I 类进近为目标,概略地讨论接收机自主完好性检测问题。

I 类精密进近(CAT - I)的需求如下。

(1) 水平和垂直位置误差不超过 7.6m(95%);

(2) 在 2.5min 的进近期间导航非中断概率为 $1 \sim 5.5\times10^{-5}$;

(3) 进近隧道偏差的信号故障完好性非正常报告概率不超过 10^{-8},且完好性故障报告时间不超过 5.2s。

(4) 导航误差分量满足

$$\sqrt{\sum_{j=1}^{N} K_{zj}^2(\mathrm{UDRE}_j^2 + 3.27\sigma_{\mathrm{air}}^2) + \sum_{j=1}^{N} |K_{zj}| F_j \mathrm{UIVE}_i} \leqslant 19.2\mathrm{m}$$

式中 UDRE—— 用户距离误差(99.9%);

UIVE—— 垂直电离层误差(99.9%);

K_{zj}—— 最小二乘估计,其中 j 为卫星高度分量;

σ_{air}—— 航空电子设备均方根误差(rms);

F_j—— 倾斜因子。

其可用度为 99.9% 表示在进近的每一个地点、每一时刻都必须满足。

13.8.2 CAT - I 完好性计算基本依据

以上分析表明,用测距误差等因子表示的需求是难以定量计算的,根据定位精度等于用户等效距离误差 UERE 与精度几何因子 DOP 值的乘积关系式,具体某一位置、某一时刻的定位精度应当在考察 UERE 的同时,考察相应的 VDOP 和 PDOP 值。在多系统广域差分系统中,UERE 是根据用户测距误差、电离层传播误差、卫星钟差和卫星位置误差综合确定的等效距离误差,难以提高。可设一个基本门限,例如 $\mathrm{UERE}_{\max} = 2.0\mathrm{m}$,为满足 95% 概率下 7.6m 的垂直和水平误差,相应的 PDOP 值和 VDOP 值不得高于 $7.6\mathrm{m}/2 \div 2.0\mathrm{m} = 1.9$。那么,可以定性地概括,满足 CAT - I 要求。用户接收机自主完好性的解算步骤如下。

(1) 根据卫星广播电文获得卫星完好性,确定可观测健康卫星。

(2) 根据接收机测距噪声误差、本地钟差精度、卫星钟差、卫星位置误差确定每颗观测卫星的 UERE。

(3) 根据视界内可观测的健康卫星计算 HDOP、VDOP 值,选择哪些 DOP 值低且 UERE 值小的卫星参与定位测速。

(4) 然后对参与定位的卫星的 DOP 值和用户 UERE 值对定位偏差进行估计,以便得出此次进近是否报警的结论。

13.9　卫星导航在战术导弹防御系统拦截导弹上的应用

本节介绍 Raytheon 公司 GPS 辅助惯导系统(GAINS)[30] 在导弹防御系统拦截导弹系统中的应用。在这个特殊的应用中,拦截导弹从舰船上发射后接近目标(对方弹道导弹),拦截导弹和目标是由舰载雷达系统跟踪,拦截导弹的成功率取决于拦截导弹导航精度和拦截导弹与雷达跟踪系统之间对准误差消除的程度,拦截导弹上惯性导航系统的卡尔曼滤波精确确定导弹导航与雷达对准的飞行误差。滤波器处理 GPS 伪距、位距变化率以及舰上上行链路雷达数据。从时间范畴 monte car/o 模拟器分析具有戏剧性的性能。结果表明,改进拦截导弹导航精度和雷达对准精度可以利用雷达和 GPS 测量组合来达到,而不是仅仅利用雷达系统来完成。换句话说,加入 GPS 测量值可改进测量余量,降低性能风险。

13.9.1　任务概述

一个典型的战术弹道导弹防御系统(TBMD) 的侧面图如图 13 - 32 所示,它是一个基于宽场景战术弹道导弹防御系统,由舰上发射的多级拦截导弹携带的动能武器不断接近目标导弹,导弹和目标被舰上雷达跟踪。高精度要求集中在导弹制导系统中,这是因为动能武器是一个窄视场(FOV) 系统,具有分流和约束事态的能力。为了有效拦截,它需要不断清除来自舰船导航系统对准误差、舰船雷达安装角度误差和导弹初始位置带来的对准误差。导弹导航系统的状态矢量包括三维位置、速度和姿态。弹载惯导满足不了希望的精度,这些误差不能用弹载惯导系统来消除,所以,惯导系统通过弹上 GPS 测量和舰上雷达测量数据进行辅助校正。

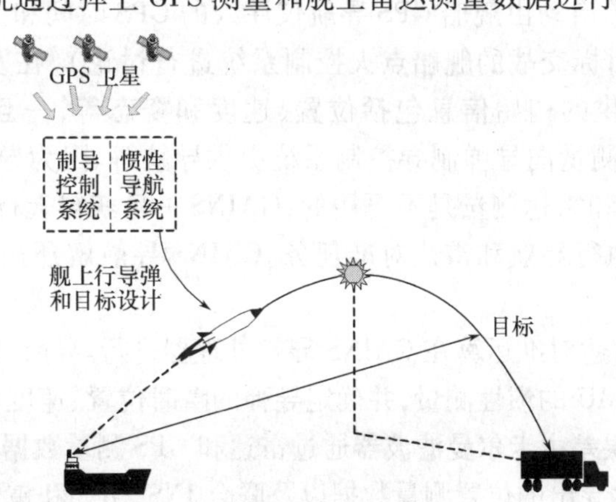

图 13 - 32　典型战术弹道导弹防御系统飞行任务

Raytheon 公司 GPS 辅助惯导系统的型号应用见文献[30]。GAINS 算法可处理上行链路雷达测量数据及 GPS 导航对惯性系统的辅助导航，其性能水平是通过模拟分析提供的。

13.9.2　GAINS 概况

GAINS 单元是动能武器发射以前，拦截导弹最后一级的导航仪。更详细的设计见文献[27]。GAINS 由接收机处理单元（RPU）和惯性测量单元（IMU）组成，如图 13－33 所示。RPU 由导航处理器板、GPS 接收机板和接口板组成，IMU 是一个先进的中程空对空导弹产品（AMRAAM）。导航处理器板包括执行导航功能的 ADA 软件，为了适应雷达测量数据，对这个功能进行了修改。IMU 和 GPS 测量将在后面介绍。为了满足 GPS 其他性能的修改可参考文献[27]，为了发射后对 GPS 的接收和快速捕获，GAINS 通过热启动提供初始时间的先验值，并且从舰船 GPS 导航系统获得星历数据。

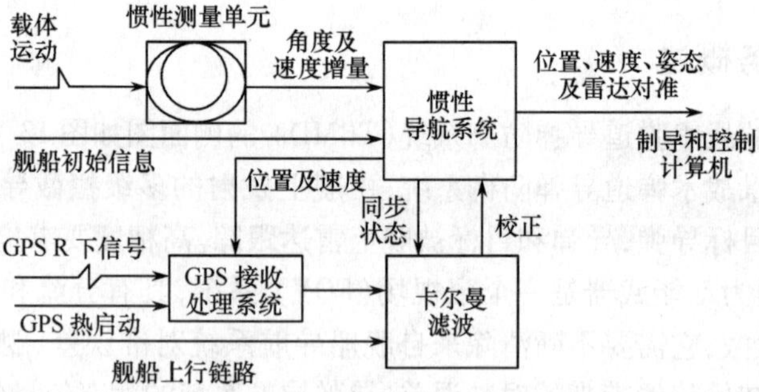

图 13－33　GAINS 功能

GAINS 的初始启动由舰船 GPS 导航仪注入的 GPS 时间和卫星星历完成（这部分内容放在与目标交战的舰船点火控制系统进行讨论）。在发射几秒钟以前，舰船向 GAINS 提供的初始信息包括位置、速度和姿态等，一旦获得初始状态，GAINS 应用 IMU 测量向导弹制导控制系统提供导航解。因为导弹有极大的加速率，早期阶段 GPS 和雷达测量是不可用的，GAINS 一旦获得上行链路雷达数据和 GPS 可用性后便执行导航和雷达对准任务。GAINS 导航解还用于动能武器发射前的初始化。

导弹导航和雷达对准运算在 GAINS 导航处理器进行。导航功能是完成来自捷连惯导测量单元 IMU 的惯性测量，并确定导弹的瞬时位置、速度和姿态。由于初始化和 IMU 带来的误差由卡尔曼滤波器通过雷达和 GPS 测量数据进行校正。卡尔曼滤波器还估计雷达导出的位置测量数据以及联合 INS、GPS 和雷达定位解的误差。GAINS 功能如图 13－33 所示。

13.9.3 导航和雷达对准处理

导航和雷达对准处理在GAINS导航处理器中完成,如图13－34所示。它包括导航仪和联合IMU、GPS与雷达对准的误差估计,换句话说,导航仪向GPS接收机提供导航信息的辅助,用以辅助接收机码捕获环和载波跟踪环。这个过程将不断逼近并改善由于导弹发射初期的高动态性和卫星几何不明及环境干扰引起的信号跟踪特性。IMU由加速度计和陀螺仪构成,分别用来测量弹体的受力和速度。

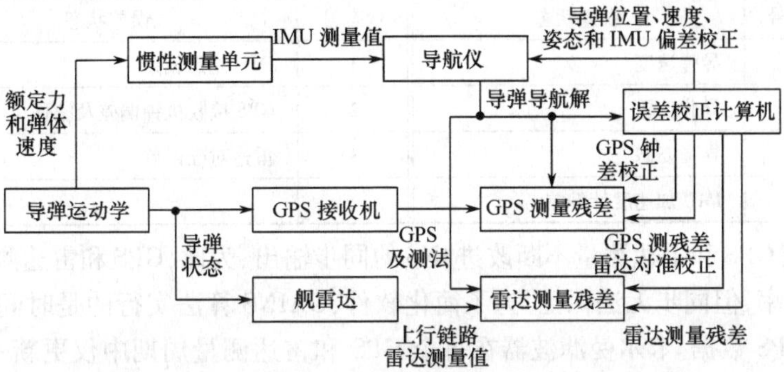

图13－34 GAINS导航和雷达对准运行图

IMU将这些信息以速度增量和角度增量的形式提供给导航仪。导航仪利用这些测量值求解惯性导航方程,这些解是以高速率方式提供的导弹瞬时位置、速度和姿态。导航仪初始化误差、导航算法误差和IMU误差引起的导航状态误差随时间的增涨而逐渐达到期望值。

GAINS利用卡尔曼滤波器校准导航误差。卡尔曼滤波器直接利用GPS伪距、伪距变率测量值替换GPS接收机导出的位置和速率测量值。这一设计允许INS辅助接收机跟踪环(图13－34)。伪距与伪距变化率(德尔塔伪距)的预测量值将从INS解与接收机测量的误差矢量或测量残差的比较后导出。

GPS测量残差可归因于初始INS状态和GPS测量误差。滤波器利用INS误差动力学模型和GPS测量误差特征校准这些误差源。通过GPS校正,GAINS滤波器提供校准后的拦截导弹位置、速度、姿态、加速度偏差、陀螺偏差、GPS钟差和GPS钟漂移率。详细的GAINS导航和滤波方程见文献[27,28]。

GAINS还利用上行链路雷达测量数据校正INS误差,如同GPS测量处理一样,雷达也测量导弹的位置,与INS计算的位置进行比较后形成在统一坐标系中雷达测量残差。这个残差是由于INS位置误差和雷达测量误差所引起的。滤波器利用雷达测量误差特征和相同的INS动态误差模型确定对这些误差源的校正量。由于雷达的改善,GAINS滤波器还提供导弹位置、速度、姿态、加速度偏差、陀螺偏差,校正由于雷达坐标与船参考坐标之间的对准误差而引起的雷达测量误差。

GAINS 卡尔曼滤波器还执行反馈处理。GPS 和雷达测量用于获得希望的 INS、GPS 及导弹 INS 状态下的雷达解。被 GAINS 卡尔曼滤波器校正的误差源表示滤波状态，见表 13－6。前 17 状态是初始 GAINS 滤波状态，由 INS 和 GPS 误差校正组成。最后 3 个状态表示雷达测量误差，由雷达对准误差引起。雷达误差状态的合并涉及 GAINS 软件的最小修改。

表 13－6 GAINS 卡尔曼滤波器状态

状态号	误差状态	状态号	误差状态
3	导弹速度	3	IMU 陀螺偏差
3	导弹位置	2	GPS 接收机钟偏差及漂移
3	导弹姿态	3	雷达对准误差
3	IMU 加速度计偏差		

利用 GPS 和雷达测量不断改进 INS 的同步输出，为此，GPS 和雷达测量应提供同样的速率，但同步无法保证。为了简化软件，GAINS 算法实行的是时间序列雷达数据和 GPS 数据。卡尔曼滤波器在每个 GPS 和雷达测量周期中仅更新一次。无论雷达或 GPS 数据是否可用都是可行的，这样滤波器设计成或仅管理雷达、或 GPS 或联合 GPS / 雷达处理。然而，卡尔曼滤波器在没有雷达测量数据时不可能估计雷达对准误差。

另外一个感兴趣的问题是调整滤波器的处理，通常的情况下，GPS 伪距和伪距变化是被低噪声电平恶化。然而，伪距测量包含有固有偏差，可以认为是用户距离偏差，见文献[28]。对于雷达测量也有一个相应的小偏差，由于噪声随距离的增长而恶化。对于这些应用，雷达测量是发生在 GPS 测量之前，这就意味着雷达测量要用来校正 INS 导航解。当 GPS 变为可用时，导航解的滤波瞬变影响应最少，这是卡尔曼滤波器设计时应注意的。

13.9.4 性能评估处理

GAINS 性能评价如图 13－35 所示，导航计算修改成校正雷达测量和雷达校准误差估计。

GAINS 性能评价处理先进行简单的计算，完成导航和对准运算的原理验证。误差协方差模拟技术应用于各种系统误差源的运算灵敏度的初步评价。误差协方差的研究结果用于确定雷达对准误差，包括 GAINS 卡尔曼滤波器的误差。GAINS 导航和雷达对准计算软件同基于 PC 的模拟驱动器相联，而驱动器提供 GAINS 同 IMU、GPS 和雷达数据的运算程序，时域序列 monte carlo 执行模拟运行程序，GAINS 计算导弹位置、速度和姿态以及雷达对准角，然后同已知的相应

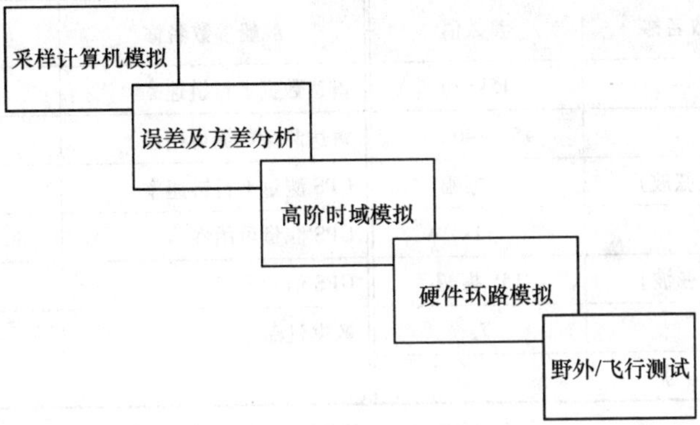

图13－35　GAINS性能评价处理与计算机模拟分析

“真值”进行比较，最后提供一个GAINS初步性能评价。

GAINS计算机模拟图如图13－36所示，模拟驱动程序包括导弹的运动模型，GPS和基于指定导弹、舰船航迹的舰船雷达。它产生IMU GPS和舰船上行链路雷达测量数据文件，以用于GAINS计算。模拟驱动器还产生”真值”数据文件。真值数据和GAINS产生的数据之差用于评价GAINS运算性能，从系列monte carlo模拟运行获得静态误差。

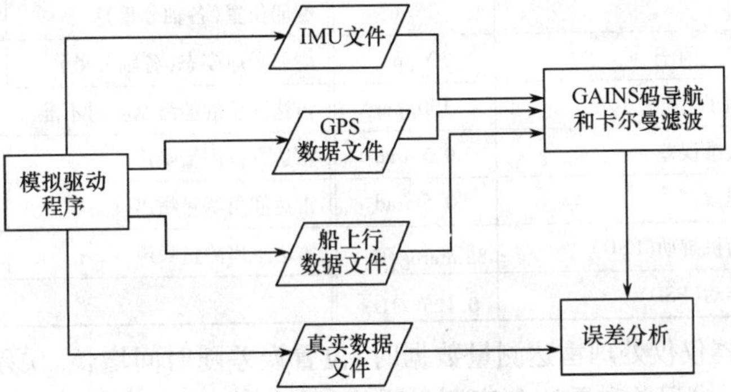

图13－36　计算机模拟图

表13－7是用于模拟分析的简要参数，模拟系统误差由表13－8提供。对两种情况做了考虑，第一种情况是涉及利用雷达和GPS估计导弹导航状态和雷达对准误差。上行链雷达数据是在发射后5s可用，GPS接收机开始跟踪是发射后30s可用。假设一旦雷达和GPS数据有效后，没有数据丢失，其结果表示如图13－37～图13－40所示，以导航位置、速度、姿态和雷达对准误差的历史时间的形式表示，各曲线表示从monte carlo模拟运行获得的静态误差，误差矢量为3σ误差。

表 13-7　模拟方案

舰船参数名称	参数值	舰船参数名称	参数值
速度	15kn/s	雷达数据上行链速率	1Hz
航向(ramp)	45°/140°/s	雷达测量数据可用性	5s 进入飞行
间距幅度(正弦波)	5° 振幅	GPS 测量上行链速率	1Hz
间距周期	11s	GPS 测量可用性	30 s 进入飞行
滚动幅度(正弦波)	15° 振幅	GPS 信号干扰	无
滚动周期	7s	数据延滞	无
雷达和 GPS 信号			

表 13-8　模拟系统误差

误差源	1σ 值	误差源	1σ 值
GAINS 初始导航误差		GPS 伪距偏差	5. 1m
位置(各轴分量)	10m	GPS 钟偏差	300m
速度(各轴分量)	0. 1m/s	GPS 钟漂移	3m/s
姿态(本地水平至载体各轴)	10mrad	伪距噪声	1. 5m
GAINS IMU 及 GPS 接收的误差		德尔塔距离噪声	0. 1m
加速度计偏差	$1\times10^{-3}g$	舰船和雷达相对误差	
陀螺偏差	1°/h	舰船位置(各轴分量)	10m
加速度计尺度因子	300ppm	舰船导航姿态(各轴分量)	1mrad
陀螺尺度因子	150ppm	雷达面至舰船海水帧对不准	17mrad
加速度计校准误差	0. 5mrad	雷达方位测量噪声	3mrad
陀螺校准误差	0. 5mrad	雷达仰角测量噪声	3mrad
加速度计随机游动(PSD)	85microg/$Hz^{\frac{1}{2}}$	雷达距离测量噪声	5m
陀螺随机游动(PSD)	0. 125°/$Hz^{\frac{1}{2}}$		

当滤波器仅仅处理雷达测量数据时,位置误差随时间增长。误差增长的原因可归于雷达对准误差和雷达角度测量噪声。速度误差被恶雷达测量噪声恶化。当 GPS 变为有效时,位置和速度误差消弱,这是由于低噪声和 GPS 测量特性的贡献。位置误差降至与伪距偏差相比例的程度。导弹姿态和雷达对准误差也随 GPS 的接入而改善。

总之,模拟仿真结果表明,系统误差可将低至一个相当低的水平。当雷达和 GPS 有效时,GAINS 提供一个比仅有雷达制导更好的系统性能,可以说拦截导弹成功的概率有更大的设计余量和较低的风险。另外,还可以降低早期飞行轨迹的对准误差,提高晚期飞行阶段的抗干扰能力和精度。

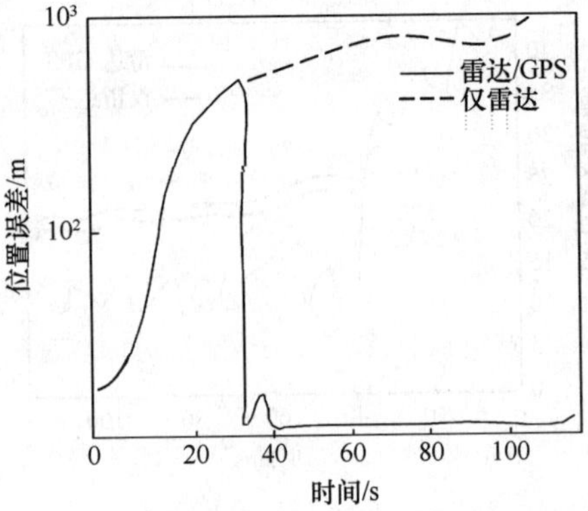

图 13－37　雷达/GPS 和仅有雷达的导弹位置误差

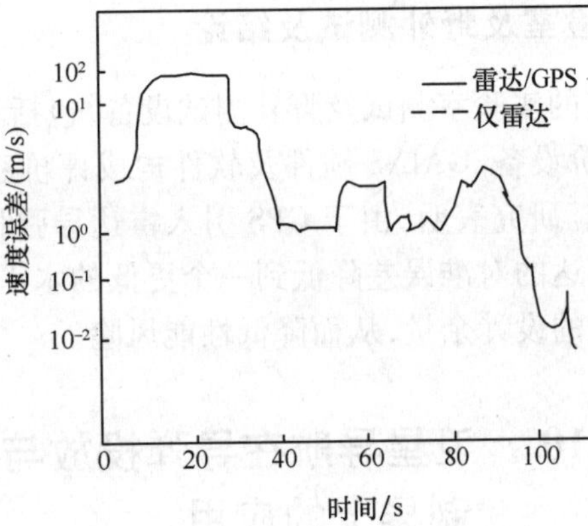

图 13－38　雷达/GPS 和仅有雷达的导弹速度误差

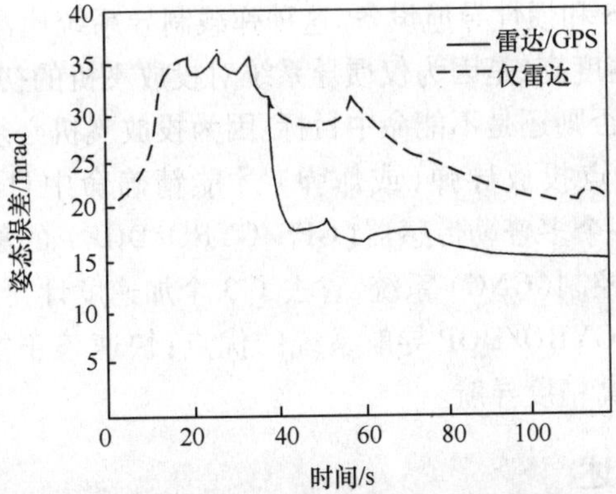

图 13－39　雷达/GPS 和仅有雷达的导弹姿态误差

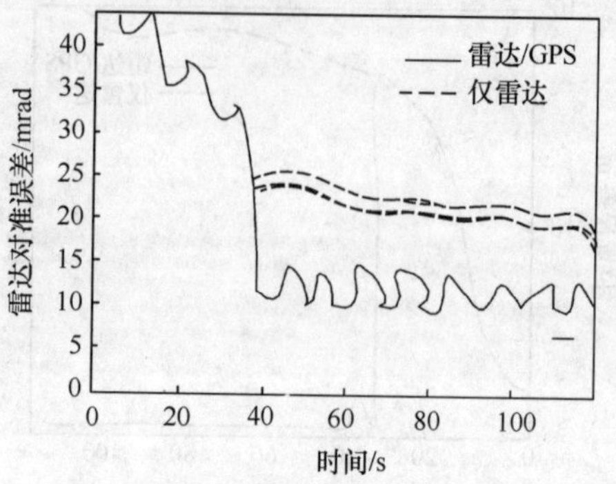

图 13－40　雷达/GPS 和仅有雷达的雷达对准误差

13.9.5　GAINS 实验室及野外测试及结论

GAINS 有一套完整的实验室测试及野外测试设备，包括：实验室评价硬件及软件设备、惯导系统评价设备、GAINS 硬件及软件构成评价系统、GAINS 导航和雷达对准运算评价系统。研究表明，由于 GPS 引入雷达导弹拦截系统，可以将拦截导弹的定位误差和雷达的对准误差降低到一个更低的水平。GPS/雷达制导比仅雷达测量制导有更大的设计余量，从而降低性能风险。

13.10　卫星导航在导弹投放与制导上的应用

由飞机投放的战术导弹和制导炸弹能够精确命中目标，是由于在战术导弹和制导炸弹上装有 GPS 和惯性导航设备。这种弹载制导系统比没有卫星导航系统辅助制导的导弹命中精度高，是因为仅惯导系统对投放飞机的初始位置、速度和航行方向都有严格要求，否则还是不能命中目标。因为投放飞机必须按预定的 S 形投弹航线，在预定的投弹点投放导弹（或炸弹）才能精确命中目标。在此，介绍一个 GPS、3 个陀螺仪和一个多普勒传感器（GPS/GYRO/DOP）的集成导航方案[20]，作为导弹制导、导航和控制（GNC）系统，省去了 3 个加速度计，且可得到米级位置精度的制导效果。GPS/GYRO/DOP 导航系统的优点：快速校正能力，无 S 形转弯需要、抗干扰能力强和高精度导航。

13.10.1　性能概述

GPS/INS 被称为“知识”（State of Art）战术导弹和“聪明”（Smart）炸弹制导与导航控制技术。

众所周知，卡尔曼滤波器的方位通道仅仅当主运载处理S形转弯机动飞行时才显得重要。增强卡尔曼方位通道的传统措施是使其做S形转弯，然而S形转弯在很多场合是非常不希望的，如大型飞机B52、A1、B2，以及在敌人严密设防的目标区飞行的作战飞机等。另外，许多携带炸弹和导弹的飞机也没有发射校准信号的能力，如AGM－130飞机有机载GPS/INS，但主飞机不能向武器发射校正信号。

一个革新的手段是利用附加卡尔曼滤波器测量去增强校正卡尔曼滤波器方位通道的可观测性，这个手段就是利用多普勒传感器去测量导弹载体的速度，以确保校正滤波器的方位通道，其优点概括如下。

(1) 无传递校正和武器传递的限制。附加卡尔曼滤波器测量可确保同GPS/INS和多普勒集成的松耦合，卡尔曼滤波器完全不去注视主飞机的运动。S形转弯对投送飞机有极大的不便和损毁风险，因此它不像传统的手段依赖于S形转弯(S－turns)。

(2) 有利于改善投送主飞机的生存能力，降低战斗飞机损毁概率和空军的临时调度。

(3) 减轻武器投送任务的成本，不需S形转弯，可缩短飞行和护航成本。

(4) 改善导弹的制导及导航控制(GNC)精度，延伸导弹投放的距离，避开敌人严密设防的火力攻势。

(5) 具有快速校正能力。

(6) 改善校准的稳定性，降低对投放主飞机动态性能的敏感程度。

(7) 可以分离惯性传感器误差，不考虑主运载器的动态性能。

(8) 增强GPS接收机的跟踪能力和卫星捕获能力。

(9) 导弹导航系统可以利用低成本的惯导系统。

(10) 增强GPS抗干扰能力。

(11) GPS/INS/DVS制导导弹能在无传递校正发射。

陀螺平台倾斜和陀螺漂移可以用GPS和多普勒测量通过积分卡尔曼滤波器估计。如果导弹速率反馈和姿态能提供稳定的余量且满足时间响应需要的话，导弹GNC系统的加速度可以消除。本文介绍的方案中，低成本的GNS系统由一个GPS接收机、3个低成本的陀螺和一个多普勒传感器(GPS/GYRO/DOP)构成。

13.10.2　GPS/GYRO/DOP制导及导航和控制系统

弹体的速率、姿态和加速度主要用于导弹飞行控制系统的稳定性，通常导弹弹体、旋转速率的反馈不能提供导弹控制系统有效稳定余量。大多数场合，弹体速率和载体姿态的反馈通过补偿器对导弹飞行控制系统内部环的补偿，可提供足够的稳定性。由于导弹飞行控制系统输出环接受了GPS速度和位置反馈，导弹飞行控制系统的加速度被抵消。

一个 GPS/GYRO/DOP 系统不需要加速度反馈至飞行控制系统。DOPPLER 传感器提供了附加卡尔曼滤波测量以增强校正卡尔曼滤波器方位通道的可监视能力。图 13－41 为 GPS/GYRO/DOP 控制系统。

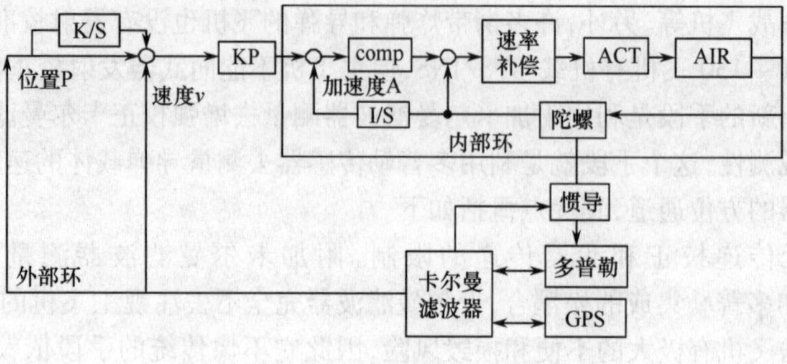

图 13－41　GPS/GYRO/DOP 控制系统

陀螺测量弹体的旋转速率，陀螺测量值通过四元数积分完成运算。由导弹弹体坐标到导弹导航坐标的转换矢量为余弦矩阵，由四参数方程计算。由于多普勒传感器测量的是导弹弹体的速度，导航坐标的多普勒速度由多普勒弹体速度和直接余弦矩阵计算。GPS 接收机测量值和计算的导弹导航坐标上的计算多普勒速度形成卡尔曼滤波器测量值。

GPS/GYRO/DOP 导航系统由两个卡尔曼滤波器组成，GPS 接收机有自己的卡尔曼滤波器。GPS 卡尔曼滤波器提供高精度 GPS 位置和速度，形成第二个卡尔曼滤波器的测量值。第二个卡尔曼设计成 GPS/ 陀螺和多普勒传感器的集成滤波器。GPS/GYRO/DOP 卡尔曼滤波器的主要功能是估计陀螺倾斜、陀螺漂移率和多普勒传感器误差。GPS/GYRO/DOP 集成卡尔曼滤波器如图 13－42 所示。

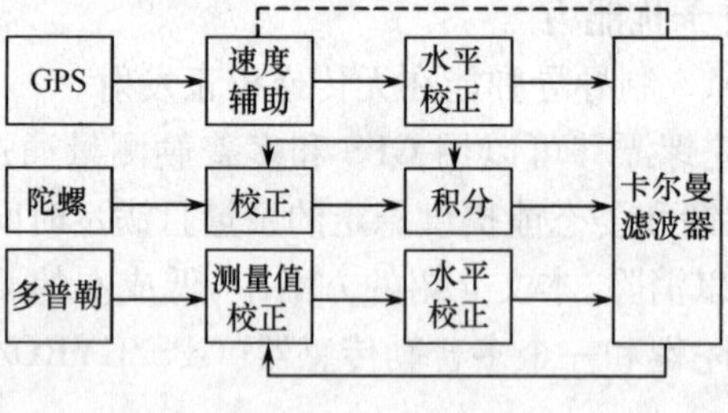

图 13－42　GPS/GYRO/DOP 集成卡尔曼滤波器

在导航坐标系计算的多普勒速度通常不用于辅助 GPS 接收机。当 GPS 跟踪环完全失锁时，用多普勒速度测量值辅助 GPS 接收机，在图 13－42 中用虚线表示。

13.10.3　协方差分析

协方差分析是进行 GPS/GYRO/DOP 导航系统快速校正能力，没有 S 形转弯校正限制的论证，并提供 GPS 受干扰条件下的高精度位置及速度。GPS/GYRO/DOP 导航由一个 GPS 接收机、3 个低成本(1°/h)陀螺和一个低成本 DOP 组成，形成协方差分析。GPS/GYRO/DOP 导航系统的校正卡尔曼滤波器由 9 个导航状态、陀螺倾斜、陀螺刻度因子误差、陀螺随机噪声、多普勒传感器刻度因子误差、多普勒传感器校正误差和 GPS 测量误差组成。

协方差分析的飞机航迹的水平加速度曲线如图 13－43 和图 13－44 所示。协方差分析弹道(航迹)由两个45° 转弯和3 个直线段组成。第一个转弯是在飞行60s 时开始，第二个转弯是在飞行 145s 时执行，总飞行时间是 230s。GPS 是在飞行 100s 更新。飞行 130s 停止时的速度和位置精度用以评定 GPS/GYRO/DOP 导航性能。

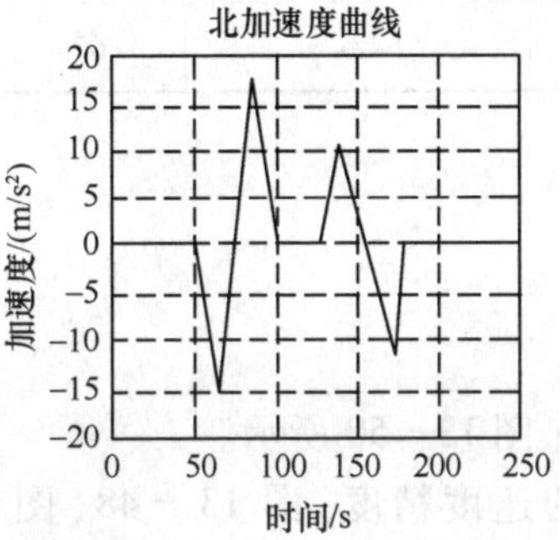

图 13－43　校正弹道的北加速度曲线

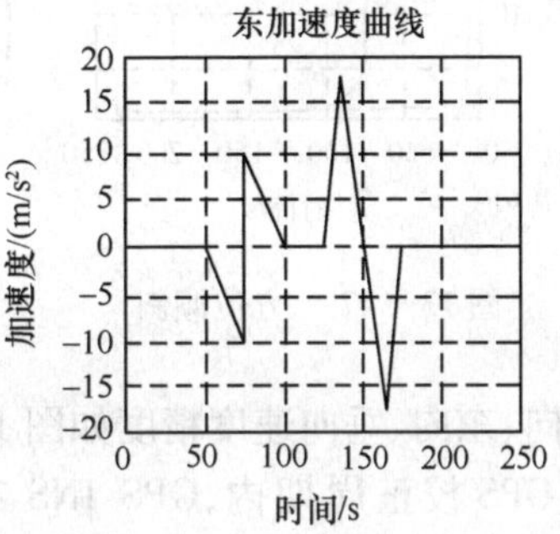

图 13－44　校正弹道的东加速度曲线

GPS/INS 和 GPS/GYRO/DOP 北和东倾斜转换校正精度如图 13－45 和图 13－46 所示(GPS/GYRO/DOP 导航系统用虚线表示，GPS/INS 导航系统用虚线表示，GPS/INS 导航系统导航误差曲线用实线表示)。

图 13－45 和图 13－46 表明，GPS/INS 导航系统北通道和东通道初始阶段的精度优于 GPS/RYRO/DOP 导航系统。在 35s 时，二者精度相同。图13－45 和图13－46 表明在水平机动飞行时其精度都得到改善。

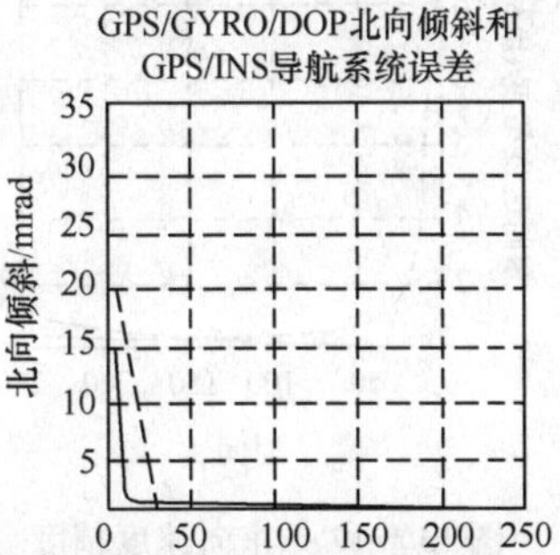

图 13－45　北向倾斜

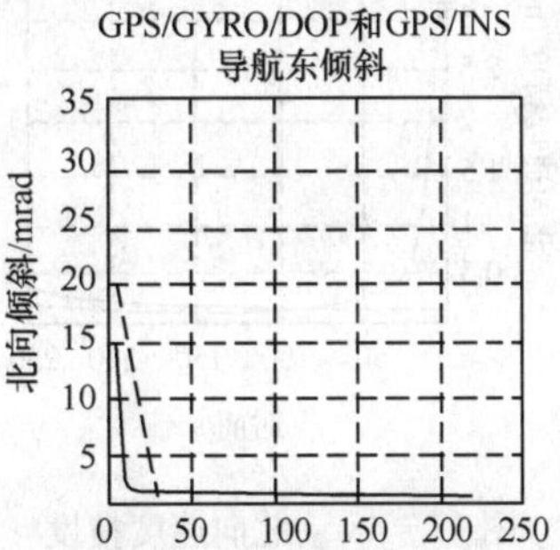

图 13－46　东向倾斜

图 13-47 表示 GPS/GYRO/DOP 和 GPS/INS 导航系统的方位倾斜。可以看出，GPS/GYRO/DOP 导航系统有能力评估并消除平台方位倾斜。当载体不做水平机动时，校正卡尔曼滤波器方位通道的滤波收敛时间见表 13-9。

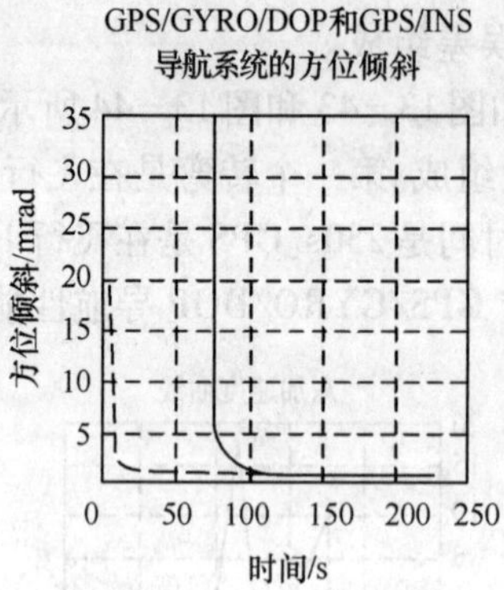

图 13-47 方位倾斜

表 13-9 方向通道校正时间

精度	GPS/GYRO/DOP	GPS/INS
3mrad	22s	62s
1mrad	48s	65s

北向、东向、垂向速度精度如图 13-48 ~ 图 13-50 所示。

在 GPS 校正周期内，GPS INS 有较好的速度精度，图 13-48、图 13-49、图 13-50 分别表示 GPS/GYRO/DOP 导航速度误差的增长比 GPS/INS 导航系统低。

图 13-51 ~ 图 13-53 表示 GPS/GYRO/DOP 提供了 GPS/INS 更好的定位精度，无论是平面位置经度还是垂直方向位置精度都在 10m 以内。

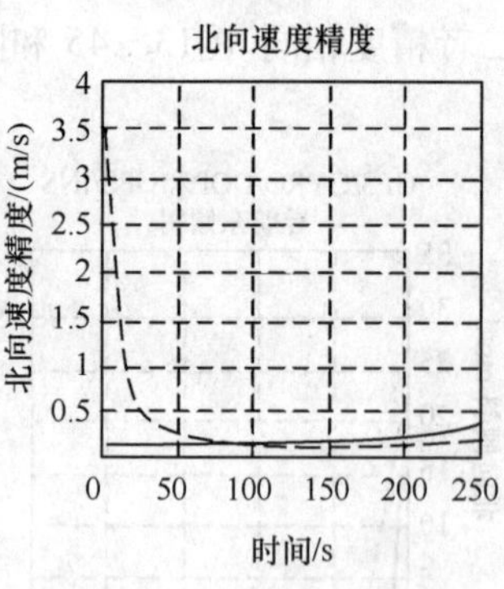

图 13-48 北向速度精度

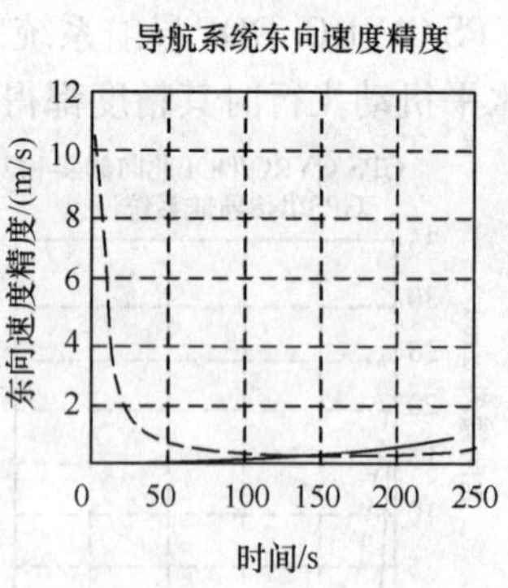

图 13-49 东向速度精度

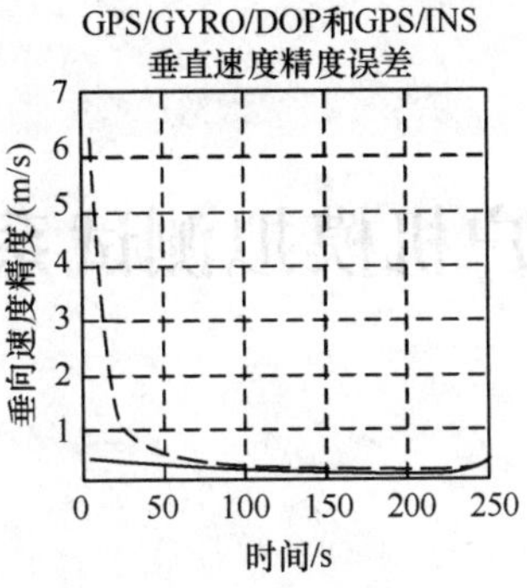

图 13－50　垂向速度精度

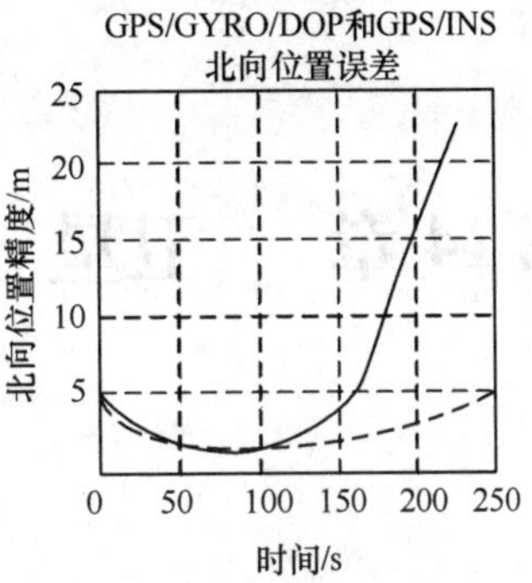

图 13－51　北向位置精度

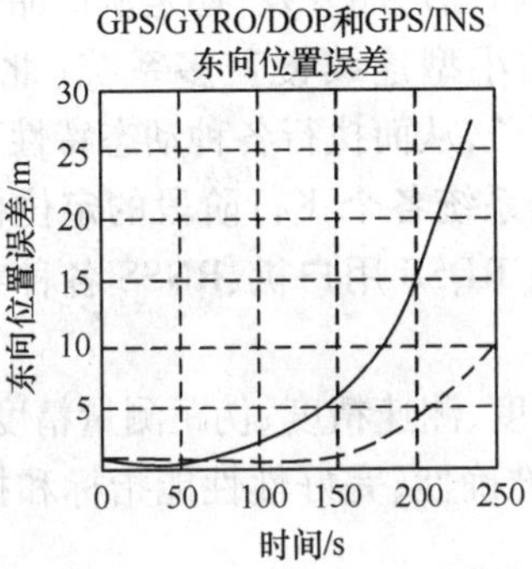

图 13－52　东向位置误差

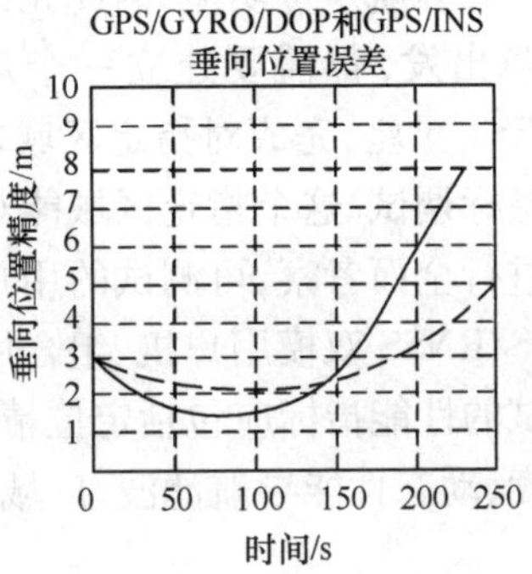

图 13－53　垂向位置精度

13.10.4　结论

协方差分析结果表明,GPS/GYRO/DOP 导航系统具有快速校正能力。GPS/GYRO/DOP 的校正卡尔曼滤波器的方位通道完全可满足方位监视。因此,GPS/GYRO/DOP 导航系统不需要 S 形转弯校正。GPS/GYRO/DOP 导航系统的方位误差可以估计,并可以忽略载体运动对他影响。由于集成 GPS/GYRO/DOP 导航系统可以自校,用于制导导弹时就不需要在发射导弹时变换校正。带有多普勒辅助以后,在 GPS 校正期间可显著改善 LCINS 的性能。GPS/GYRO/DOP 导航系统与 GPS/INS 相比,其定位误差和速度误差都小。同时,还能增强 GPS 接收机的抗干扰能力,延伸武器投射距离,最小化武器操作距离。集成的 GPS/GYRO/DOP 导航系统提供导弹在高干扰环境下的工作能力,所以 GPS/GYRO/DOP 导航系统有很好的导航性能,而且还省掉了 3 个加速度计,从而降低了成本。

第14章　卫星导航用户机模拟测试系统

目前卫星导航用户机体制复杂，不但有北斗 RDSS 定位功能，而且还有 RNSS 多系统兼容导航定位功能，因此无论是从用户机新产品开发，还是从产品性能指标质量保障出发，都需要建立一个理想模型的小型连续覆盖多系统（北斗、GPS、GLONASS）星座，完成对指定区域24h 连续覆盖，从而执行各种动态特性下用户机的性能指标调试。这个指定区域能对各种组合系统各个飞行阶段的定位模式\滤波组合进行全面考察，可测试的用户机应包括 RDSS 用户机、RNSS 各种兼容用户机、RDSS/RNSS 双模用户机、组合用户机等。

测试的性能指标应包括定位精度、定时精度、测速精度、伪距测量精度、伪距时刻准确度、动态性能导航滤波、广域差分校正准确性、完好性性能指标和抗干扰性能等。

14.1　测试系统基本输入条件

14.1.1　星座

（1）星座布设应使测试模拟区域范围大于2000km × 2000km，实现24h 连续覆盖。

（2）星座卫星轨道应包括 GEO、IGSO、MEO 多种轨道。以 GEO + IGSO 构成长时间段连续覆盖，增加 MEO 卫星以便充分检测用户动态性能。

（3）星座几何图形应使 HDOP ≤ 4，VDOP ≤ 4。

（4）卫星位置偏差可调，径向0 ~ 2m，位置0 ~ 5m。

（5）卫星钟误差可调，钟差误差0 ~ 10ns。

（6）GPS 模拟卫星数量 ≥ 2，中国卫星数量 ≥ 5。

14.1.2　传播时延

（1）电离层时延按模型和格网两种形式广播，并反应在伪距模拟量中。

（2）对流层延迟按用户观测仰角按模型反应在伪距模拟量中。

14.1.3　用户动态性能

(1) 在指定模拟测试区域工作。

(2) 速度:0 ~ 300m/s 可调,可扩展至更高速度范围。

(3) 运动轨迹:包含各种曲率半径的转弯、圆弧和直线加速度。

(4) 用户数量:同一运动轨迹的用户数量 1 个,同时参与同一载体测量的用户机若干个。

14.1.4　数字模拟量

(1) 用户位置矢量 $\boldsymbol{x} = (x,y,z,T,\dot{x},\dot{y},\dot{z})$,$(x,y,z)$ 为地固坐标系用户三维位置分量,$(\dot{x},\dot{y},\dot{z})$ 为用户三维速度分量,T 为用户在(x,y,z) 位置的时间。

(2) 伪距 R 与用户误差对应。

(3) 伪距变化率 $\dot{R}$ 与用户矢量对应。

14.1.5　信号模拟量

模拟符合 14.2.1 ~ 14.2.4 小节要求的北斗、GPS(或 GLONASS) 导航信号。

(1) 导航信号频率 ≥ 2 个(例:B_1,B_3)。

(2) 导航信号调制参数:C 码 + P 码 + D 码。

(3) 导航信号符合本系统 ICD 文件。

(4) 导航信息符合指定加密形式。

14.2　伪距测试基本方案

根据伪距时延等于钟差加空间距离延迟的关系,在空间距离时延为常量下的伪距测试基本方案如图 14-1 所示。

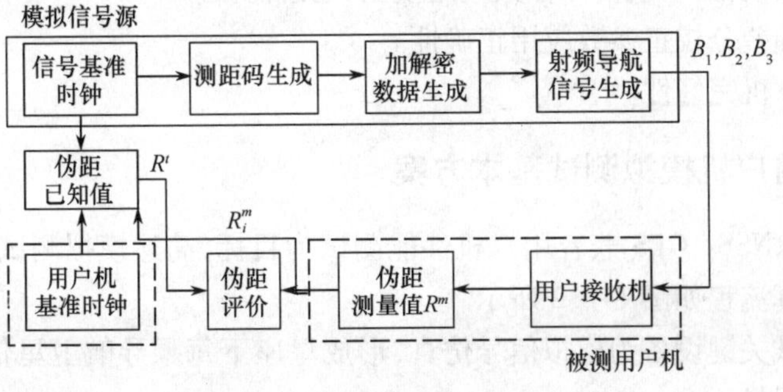

图 14-1　伪距测试基本方案

由模拟信号源、伪距真值测量系统和伪距评价系统组成。

伪距测量误差为

$$\Delta R_i = R^t - R_i^m$$

式中　R^t——伪距已知值,在信号基准时钟与用户基准时钟之差中包含了卫星钟差、用户钟差和距离时延;

R_i^m——用户机伪距测量值。

伪距测量误差为

$$\sigma_{R_i} = \sqrt{\frac{\sum_{i=1}^{n} \Delta R_i^2}{n-1}} \quad (n \geqslant 30) \tag{14-1}$$

模拟信号源基准时钟为低稳定度信号源,以简化模拟卫星与用户相对高速运动产生的伪距变化的动态特性。

14.3　用户机测试基本方案

14.3.1　用户机测试的基本任务

测试机型如下:

(1) RDSS 用户机性能指标测试。

(2) RNSS 北斗用户机性能测试。

(3) RDSS/RNSS 双模用户机性能测试。

(4) 北斗 RNSS/ GPS 兼容用户机性能测试。

测试内容如下:

(1) 伪距,伪距变化率。

(2) 定位模型,导航信号参数应用模型,动态滤波。

(3) 各种差分校正参数应用正确性。

(4) 接收机完好性。

14.3.2　用户机模拟测试基本方案

以北斗 RNSS/ GPS 兼容用户机性能测试为目标,简述模拟测试的基本方案,基本方案仿真流程如图 14-2 所示。

模拟测试关键设备为模拟信号仿真,形成星座下每颗导航卫星信号相对于用户的射频模拟量。

检查的仿真伪距时延仍然是卫星钟与用户钟的钟差及卫星与用户的空间距离

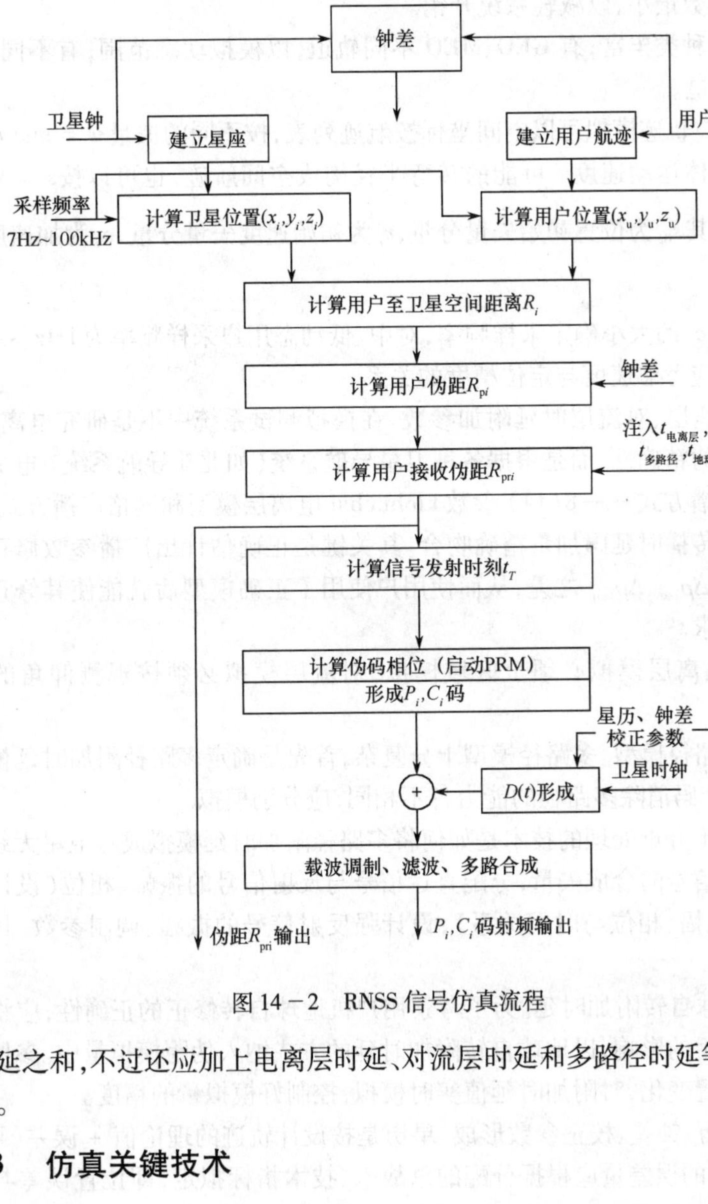

图 14－2　RNSS 信号仿真流程

保持时延之和，不过还应加上电离层时延、对流层时延和多路径时延等伪距偏差量的模拟。

14.3.3　仿真关键技术

涉及的技术包括星座建模、用户轨迹建模、伪距计算与模拟、伪码相位计算与控制、模拟信号生成、电离层、对流层的数据表达与伪距时延模拟、校正参数与真实误差的关系与控制。其关键技术如下：

(1) 卫星星座的建立。

① 卫星星座应满足指定用户测试区域 24h 连续覆盖。

② 区域内 DOP 值变化稳定。

③ 卫星数最小，以减轻系统开销。

④ 卫星种类丰富，有 GEO、MEO 不同轨道，以模拟动态范围；有不同系统（北斗、GPS）卫星。

（2）用户轨迹模拟可以空间坐标按航迹列表，按不同的惯量 $w = mv$（m 为载体质量，v 为载体运动速度）可能的转弯半径构成空间航迹，也可以按 $s = s_{0i} + v_i t + \frac{1}{2}a_i t^2$ 合成，其 s_{0i} 为位置初始矢量分量，v_i 为初始速度矢量分量，a_i 为加速度矢量分量。

根据 v_i、a_i 的大小确定采样频率，对中、低动态用户采样频率为 1Hz ~ 10Hz，对高动态用户应考虑速度与定位精度的关系。

（3）电离层、对流层时延附加参数。在模拟测试系统中不是研究电离层、对流层修正模型的精确性，而是根据各种卫星导航系统（如北斗导航系统）电文所采用的电离层广播方式——8（14）参数 klobuchar 电离层模型和网格广播方式，将两个广播参数与传播时延附加量精确吻合。其关键是正确估计出广播参数修正值与附加伪距时延 $\Delta\rho_{ino}$、$\Delta\rho_{trop}$ 之差，从而使用户使用了正确模型后就能使其修正量达到额定指标要求。

这里，电离层模拟必须全区域模拟，对流层模拟必须按观测仰角的变化而变化。

（4）多路径模型。多路径模型十分复杂，首先是确定多路径附加时延模型量的大小。C 码、P 码消除多路径的能力各不相同，应分别模拟。

第二个十分难处理的技术是如何将多路径附加时延模拟成对卫星无线电直达信号与反射信号的合成矢量，分配直达信号与反射信号的振幅、相位（设计反射信号的个数、振幅、相位与时间关系），设计强反射信号的振幅、调制参数、相位与时间的关系。

（5）地球自转附加时延。为了考察用户机地球自转修正的正确性，应将地球自转对空间伪距的影响，以地球自转附加时延的方式纳入伪距模拟量中。参照不同观测卫星的位置变化，对附加时延值实时模拟，控制好模拟量的精度。

（6）星历、钟差、校正参数形成。星历是按设计轨迹的理论值 + 误差（可控）量构成，其星历的误差量应根据分配的总战术、技术指标拟定，即位置误差与径向距离误差分配。

钟差模拟量应根据模拟卫星的钟实时测得的真实值加偏差值得到的。为了获得准确的理论值，全系统卫星按统一时间，各卫星间时差通过添加固定延迟而得到。真实值的测量精度应优于 1ns，而偏差值也应根据定位精度所分配的时延差（16ns）注入钟差改正数中。

校正参数包括广域差分按信号格式提供的各种改正参数，应根据 ICD 文件提供的种类、模型、尺度、单位一一形成与时延模拟量相一致的数据参数，填入信号格式中，在北斗信号格式中应按ICD文件填入GPS卫星校正参数。

(7) 模拟各种干扰信号源及功率控制。

14.4　用户机模拟测试评价系统

用户机模拟测试评价系统应具备模拟参量值、模拟参量误差值、模拟量与用户机修正后的残差量输出和评估功能，最终给出：

定位精度 = 模拟位置 x_m^i - 定位位置 x_p^i

测速精度 = 模拟速度 $\dot{x}_m^i$ - 测定速度 $\dot{x}_p^i$ 之系统误差与随机误差项有无干扰信号时的定位精度变化

考察用户机的时延校正、伪距测量校正参数模型应用、定位滤波算法。

评价系统既有助于用户机的精度鉴定，又可以分析不满足精度的主要误差项。

14.4.1　仿真系统数据输出

仿真系统的输出数据是模拟评价系统的输入已知值(真值)，同用户机的实测值进行比较后，从而得到对用户机性能的评价结论。

仿真系统的输出数据应包括：

(1) 卫星在时刻 t_i 的位置 $Z(t_i) = (x_i, y_i, z_i)$。

(2) 含电离层偏差的空间伪距 $\rho_{0+\text{ino}}(t_i)$(精度0.1m)。

(3) 含电离层、对流层偏差的空间伪距 $\rho_{0+\text{ino}+\text{trop}}(t_i)$(精度0.1m)。

(4) 经电离层、对流层修正后的空间伪距 $\rho_0(t_i)$(精度0.1m)。

(5) 用户位置 $Z_\text{u}(t_i) = (x_{\text{u}i}, y_{\text{u}i}, z_{\text{u}i})$(0.1m)。

(6) 用户速度 $\dot{Z}_\text{u}(t_i) = (\dot{x}_{\text{u}i}, \dot{y}_{\text{u}i}, \dot{z}_{\text{u}i})$(0.1m/s)。

(7) 还应有各已知值的偏差量。

14.4.2　被测用户机输出数据

通过被测用户机输出数据与仿真数据相比较，得到对用户机的性能评价。仿真数据是评价用户机的真值。

原则上，用户机输出数据与仿真系统的输出数据的种类和形式都相同，包括：

(1) 在 t_i 时刻的卫星位置 $Z^\text{u}(t_i) = (\overset{\text{u}}{x}_i, \overset{\text{u}}{y}_i, \overset{\text{u}}{z}_i)$(0.1m)。

(2) 含电离层偏差的空间伪距 $\overset{\text{u}}{\rho}_{0+\text{ino}}(t_i)$(0.1m)。

(3) 含电离层、对流层偏差的空间伪距 $\overset{\text{u}}{\rho}_{0+\text{ino}+\text{trop}}(t_i)$(0.1m)。

(4) 经电离层、对流层修正的空间伪距 $\rho_0^{u}(t_i)$(0.1m)。

(5) 定位位置 $Z_u^u(t_i) = (x_{ui}^u, y_{ui}^u, z_{ui}^u)$(0.1m)。

(6) 用户实测速度 $\dot{Z}_u^u(t_i) = (\dot{x}_{ui}^u, \dot{y}_{ui}^u, \dot{z}_{ui}^u)$。

(7) 对各种干扰信号的适应能力。

14.4.3 误差计算方法

用户机的各项误差应是用户机测量值 $m^i(t_i)$ 与系统仿真真值 $m_0^i(t_i)$ 之差,可以用 RMS 等误差形式计算。m_0^i 表示各种仿真真值,$m^i(t_i)$ 表示用户机的各种测量值。对于定位误差、测速误差均按 2σ 误差衡量。

参考文献

[1] 谭述森,等.卫星导航应用系统现状与发展,卫星应用现状与发展(上册)[M].北京:中国科学技术出版社,2001.

[2] 罗斯布拉特 M A.卫星无线电测定业务和标准[M].童铠等译.北京:国防工业出版社,1989.

[3] 许其凤.GPS技术及其军事应用[M].北京:解放军出版社,1997.

[4] 韩丽斌,孙群.军用数字地图[M].北京:解放军出版社,1997.

[5] 张守信.GPS卫星测量定位理论与应用[M].长沙:国防科技大学出版社,1996.

[6] 卫星定义之二——阿尔卡特航天工业公司方案,欧洲全球导航卫星系统(GNSS-2)比较研究(五)[R].廖春发译.中国空间技术研究院,2001.

[7] 刘基余.GPS卫星导航定位原理与方法[M].北京:科学出版社,2003.

[8] 系统级的作证文件,欧洲全球导航卫星系统(GNSS-2)比较研究(八)[R].周傲松译.中国空间技术研究院,2001.

[9] 帕金森 B W.导航星全球定位系统[M].曲广吉等译.北京:测绘出版社,1983.

[10] 沈允春.扩频技术[M].北京:国防工业出版社,1995.

[11] 完好性功能权衡比较,欧洲全球导航卫星系统(GNSS-2)比较研究(八)[R].李杨,李向阳,潘屹等译.中国空间技术研究院,2001.

[12] Preisig C.GPS海上接收机性能分析.谭述森译.测绘科技(增刊六),西安测绘研究所,1988.1

[13] Parkinson B W,Spikilker J J, Axlrad P.GPS理论与应用[R].栗恒义,刘乾富,谢洪华译.西安导航技术研究所,1999.

[14] 最终评估与结论,欧洲全球导航卫星系统(GNSS-2)比较研究(一)[R].王南光译.中国空间技术研究院,2001.

[15] 卫星定义—Alenia航空航天公司,欧洲全球导航卫星系统(GNSS-2)比较研究(三)[R].朱毅麟译.中国空间技术研究院,2001.

[16] Chenebault J, Provenzano J P, Richard F, et al. INES An innovative European Navigation System relying on a Low Earth Orbit Constellation[C]. Proceedings of The National Technical Meeting "NAVIGATION 2000". Long Beach, California, 1998:225-238.

[17] Parkinson B W. A History of Salellite Navigation[J]. Navigation,1995,42.

[18] Jocic L,DiEsposti R, Kastenholz C, et al. Architecting GPS Modernization[C]. Proceedings of The National Technical Meeting "NAVIGATION 2000". Long Beach, California, 1998:363-370.

[19] Paul Massatt, Michael Zeitzew. The GPS Constellation Design-Current and Projected[C]. Proceedings of The National Technical Meeting "NAVIGATION 2000". Long Beach, California, 1998:435-445.

[20] Min-I James Chang. A Rapid Alignment Technique Without S-Turn and Accelerometer [C]. Proceedings of The National Technical Meeting "NAVIGATION 2000". Long Beach, California, 1998:569-574.

[21] Betz J W,Kolodziejski K R. Extended Theory of Early-Late Code Tracking for A Bandlimited GPS Receiver[J]. Navigation, 2000, 47(3):211-226.

[22] Jean-Luc Issler, Jean Fourcade, Laurent Lestarquit, et al. High Reduction of Acquisition and Tracking Thresholds of GPS Spaceborne Receivers[C]. Proceedings of The National Technical Meeting "NAVIGATION 2000". Long Beach, California, 1998: 123-131.

[23] David M Upton, Triveni N Upadhyay, James Marchese, et al. Commercial-Off-The-Shelf (COTS) GPS Interference Canceller and Test Results[C]. Proceedings of The National Technical Meeting "NAVIGATION 2000". Long Beach, California, 1998:319-325.

[24] Lin Z B. Antenna Nulling Technique for GPS Adaptive Antenna[C]. Proceedings of the National Technical Meeting "NAVIGATION 2000". Long Beach, California, 1998:309-318.

[25] He X F, Chen Y Q. Analysis of The Performance of A GPS Receiver with Inertial Velocity Aided[C]. Proceedings of The National Technical Meeting "NAVIGATION 2000". Long Beach, California, 1998:175-182.

[26] Moore T A et. al, Use of the GPS Aided Inertial Navigation system in the Navy Standard Missile for the BMDO/Navy LEAP Technology Demonstration Program, Proceeding of ION GPS-95,Palm Springs, CA, September 12-15,1995.

[27] Estrada V, K Yoo T Moore. GPS-Aided Inertial Navigation system (GAINS) Evaluation Methodology for Airborne Missile Applications, Proceedings of ION Navigation 2000 Conference, Long Beach, CA January 21-23,1998.

[28] Parkinson B et. al, Ed., Global Positioning System: Theory and Applications, Vols I and II, American Institute of Aeronautics and Astronautics, Inc. Washington DC,1996.

[29] Brown R G,Huang P Y C. Introduction to Random Signals and Applied Kalman Fitering. 2nd Edition, Wiley, New York, NY 1992.

[30] Renato S Ornedo, Kenneth A Farnsworth. GPS and Radar Aided Inertial Navigation System for Missile System Applications[C]. Proceedings of The National Technical Meeting "NAVIGATION 2000". Long Beach, California, 1998:549-556.

内容简介

卫星无线电导航走过了从低轨道卫星到中轨道卫星,从多普勒导航体制到伪距导航体制,从单一系统、单一体制向多系统、多体制兼容集成的发展历程。继GPS、GLONASS之后,中国北斗导航系统、欧盟Galileo系统相继诞生。卫星导航系统已成为国家信息基础设施建设的重要组成部分。

本书以卫星无线电测定和卫星无线电导航为基础,以用户需求和工程建设为指导进行编著。本书介绍了工作在卫星无线电测定原理下的卫星定位工程,包括基本原理、系统功能、技术指标、信号体制、频率设计、定位卫星工程设计,以及中心控制系统工程设计和应用系统与用户机设计等;介绍了工作在卫星无线电导航体制下的卫星导航业务;论述了卫星导航体制设计,包括设计原则、内容、服务方式、卫星轨道及星座选择、信号频率与调制编码、时间标准与计时方式、星历表达方式等。另外,本书介绍了卫星导航用户机工程设计及国外卫星导航应用实例,为解决实际应用中的抗干扰和工程应用问题提供思路。

本书可供卫星导航系统工程设计与应用专业技术人员、高等院校相关专业师生参考。